本书出版得到河南省中原科技创新领军人才项目（244200510007）、平顶山市重大科技专项（2022ZD002）、河南省高等教育教学改革研究与实践项目（2023SJGLX371Y）、河南省教育教学改革研究项目（2024SJGLX0170）、河南省住房和城乡建设科研开发项目（HNJS-2022-K35、HNJS-2022-K34）的支持

光催化材料表界面性能调控及典型污染物去除

延　旭　李柏欣　毛艳丽　著
康海彦　耿洪超　王超海　参编

中国水利水电出版社
www.waterpub.com.cn
·北京·

内 容 提 要

本书基于作者课题的研究成果，在介绍光催化技术基本原理和研究方法的基础上，深入总结异质结光催化材料的研究和应用现状，分析高效光催化体系设计和表界面性质调控策略、揭示了异质结光催化剂结构组成、界面性质对光催化热力学、动力学的影响和调控机制，为科技工作者的科学研究和工程实践提供了有益的借鉴。

图书在版编目（CIP）数据

光催化材料表界面性能调控及典型污染物去除 / 延旭，李柏欣，毛艳丽著．--北京：中国水利水电出版社，2024. 9. -- ISBN 978-7-5226-2889-9

I. O643.36；X5

中国国家版本馆 CIP 数据核字第 2024SP4839 号

书　　名	光催化材料表界面性能调控及典型污染物去除 GUANGCUIHUA CAILIAO BIAOJIEMIAN XINGNENG TIAOKONG JI DIANXING WURANWU QUCHU
作　　者	延 旭 李柏欣 毛艳丽 著
出版发行	中国水利水电出版社 （北京市海淀区玉渊潭南路 1 号 D 座 100038） 网址：www.waterpub.com.cn E-mail：zhiboshangshu@163.com 电话：（010）62572966-2205/2266/2201（营销中心）
经　　售	北京科水图书销售有限公司 电话：（010）68545874、63202643 全国各地新华书店和相关出版物销售网点
排　　版	北京智博尚书文化传媒有限公司
印　　刷	三河市龙大印装有限公司
规　　格	170mm×240mm　16 开本　12 印张　239 千字
版　　次	2025 年 5 月第 1 版　2025 年 5 月第 1 次印刷
定　　价	98.00 元

环境污染和能源短缺问题日益突出，这两个问题紧密相连，成为当今世界面临的重大挑战。光催化技术能够利用太阳能作为光源，在室温下进行光化学反应，具有绿色可持续的特点，为降解环境中的有机污染物，获取清洁能源提供了一种理想途径。在光催化反应过程中，光催化剂扮演着重要的角色，研发具有高性能的光催化材料是国内外广大学者一直关注的课题。本书总结了作者近年来在光催化降解材料领域的研究成果，分析对比传统水处理技术和光催化技术在去除环境污染物方面各自的优势，系统介绍了多种异质光催化体系的设计、制备和表界面性能调控机制，对光催化活性提升方法和影响因素进行了研究与讨论。

本书共分 12 章，第 1 章绪论部分主要介绍了光催化技术在环境能源领域的应用、光催化材料研究现状及发展趋势，由李柏欣编写；第 2 ～ 12 章主要介绍了不同异质结光催化剂的制备过程、测试表征和性能探究，由延旭编写。毛艳丽负责全书的校对和指导。康海彦、耿洪超、王超海参与了本书研究的资料收集与整理工作，在此表示诚挚的感谢。

鉴于作者的学识和水平有限，书中难免存在疏漏和不足之处，敬请广大读者批评指正。本书可供从事光催化材料开发、表界面性能研究、持久性有机污染去除与光催化技术应用等方面的科技工作者阅读，也可供材料化学、环境化学、环境工程等领域的参考用书。

延旭　李柏欣　毛艳丽

2024 年 8 月

目录
CONTENTS

第 1 章　绪论

1.1 光催化技术概述

能源作为现代社会发展的重要支撑，直接关系着社会经济和人类社会的生存、发展[1-2]。自从工业化以来，随着人口数量的急剧增长，能源与发展的矛盾更加尖锐。传统化石能源（煤、石油、天然气）的大量使用引发了严重的环境问题，威胁到人类健康和社会进步。一方面，传统能源的储量是有限的，并且作为一次性能源，它们会随着不断的开采和消耗而逐渐减少，最终可能面临枯竭的风险。同时，在使用过程中会排放出二氧化硫（SO_2）等气体污染物从而引发环境污染问题。此外，发展传统能源需要大量的投资，运营过程中费用需求高，但是利用效率过低，易造成资源浪费[3]。另一方面，工业化发展的同时人们也付出了沉重的代价。由于传统能源的使用产生了诸多环境问题（如水污染、空气污染、土壤污染等），对人们的身体健康造成了严重威胁[4-5]。那些有毒、有害、难降解的持久性有机污染物（如抗生素、染料、塑料、消毒剂等）的化学性质非常稳定，难以通过环境自净方式去除。目前，已经设计出多种处理方法（如生物法、物理法、化学法）来去除水中有毒有害的有机污染物，但是部分有机污染物因其结构复杂而难以通过传统的处理方式有效消除，严重影响微生物的代谢作用。环境问题从本质上来说也属于能源问题，我国经济快速发展，对煤炭的需求大，煤炭成为主要的环境污染源头之一。化石能源具有高碳、低效、不清洁、不安全的特点，在能源利用过程中产生了大量的烟尘、SO_2、NO_x 和 CO_2 排放，能源开采过程会造成水资源破坏、地面塌陷、水土流失等环境问题，严重制约了社会发展[6-7]。因此，如何有效缓解能源短缺和环境污染的现状成为人们亟须解决的问题。

大力发展清洁能源不仅能够提供充足的能源保障社会和经济发展，同时有助于改善环境质量，战略意义重大。清洁能源的主要特点是分布广泛，资源储量大，应用前景广阔。从可持续发展的角度来看，用清洁能源替代传统化石能源是发展的大方向，能够有效减少能源使用过程中的碳排放，缓解生态环境压力。清洁能源的种类丰富，目前已经开发出的清洁能源主要包括太阳能、风能、生物质能、地热能、海洋能、潮汐能、氢能、核能等[8]，如图 1.1 所示。在所有的清洁能源中，太阳能是一种取之不尽的可再生能源，同时也是一种应用领域极其广阔的清洁能源，其开发与利用已受到世界各国的普遍重视。大规模的开发利用太阳能有利于节约常规能源、保护环境，推动人类向可持续发展模式转型的进程，成为全球解决能源紧张的战略性计划。

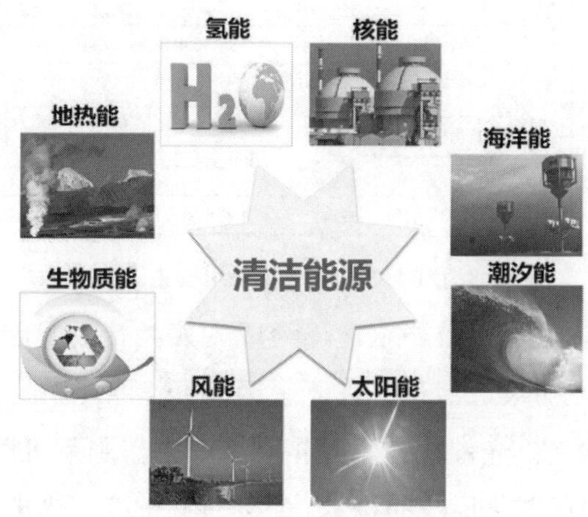

图 1.1 地球上已经开发出的清洁能源

太阳能因其清洁环保、经济安全、可再生的特点成为新时期一种重要的清洁能源，高效利用太阳能将成为人们应对化石能源短缺和气候变化的重要方式。整个太阳光谱包括紫外区、可见区、红外区三部分。在到达地面的太阳光辐射中，紫外区的光线比例很小，大约为 4%，而可见光和红外光分别占到全光谱的 43% 和 53%（图 1.2）。因此，提高太阳能的利用率需要充分利用太阳光中占比例最多的可见光和红外光两部分。

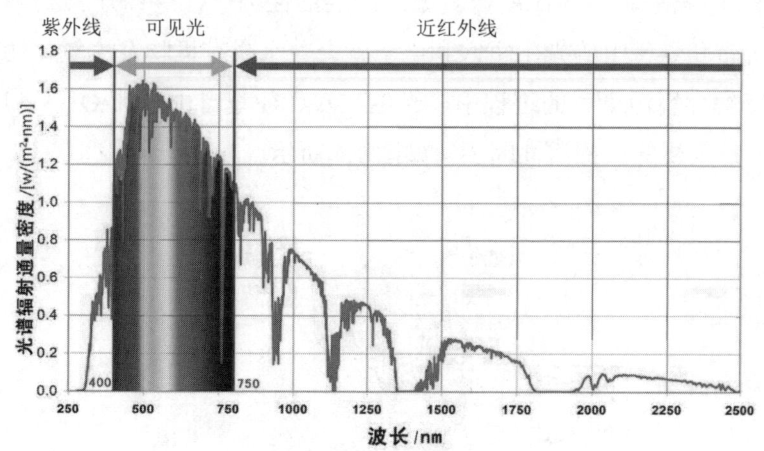

图 1.2 太阳光谱组成情况

目前，我国开发利用太阳能的主要方式如图 1.3 所示。

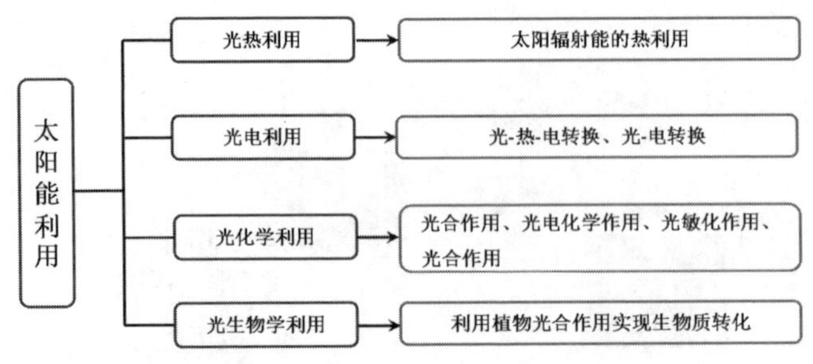

图 1.3 我国太阳能开发利用的主要方式

能源短缺和环境问题日益严重，已经成为人类社会发展需要面对的重大问题。大规模利用洁净无污染、经济高效、无须运输可就地使用的太阳能来解决能源、环境问题具有重大意义。光催化技术是指利用在光作用下可以诱发光氧化 - 还原反应的半导体材料进行催化反应的技术。它是催化化学、光电化学、半导体物理、材料科学和环境科学等多学科交叉的新兴研究领域，是解决环境污染问题的有应用前景的技术之一，已成为环境科学领域的研究热点。由于其具有化学性质稳定、抗光腐蚀、无毒和低成本等优点，已成功应用于废水处理、空气净化、自清洁表面、染料敏化太阳能电池、抗菌等多个领域。

人们最初对半导体光催化的关注是在 1972 年，日本科学家藤岛昭（Fujishima Akira）等首次发现二氧化钛（TiO_2）单晶电极具有光催化分解水活性，并将这一研究成果发表于 *Nature* 杂志上[9]。光催化反应过程中，当半导体吸收能量大于禁带宽度 E_g 的光子，半导体就会被激发产生活性因子，进而迁移到半导体颗粒的表面，价带和导带上的光生空穴和电子就会与水或有机物发生氧化还原反应，在光催化降解环境污染物的过程中，光生空穴、羟基自由基（•OH）和超氧自由基（$•O_2^-$）是主要的三种活性因子，如图 1.4 所示。

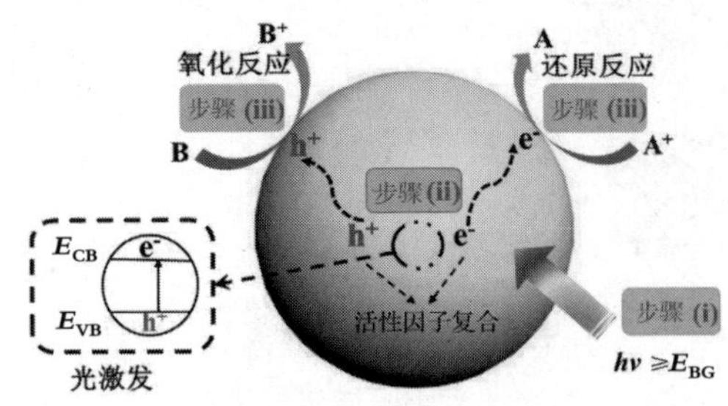

图 1.4 紫外光激发 TiO_2 光催化剂表面光电子转移过程

1.2 光催化技术研究领域概述

近年来，异质结光催化材料引起了科研工作者的广泛关注，在其制备方法和应用方面已经做了许多研究，且达到了良好的催化活性。异质结光催化剂被证明是一种应用于能源环境领域很有前途的光催化剂，如光降解有机污染物、光还原 CO_2 和水分解产氢等。

1.2.1 光催化技术与废水处理

光催化技术在解决环境问题上发挥了独特的优势，尤其是用于消除废水中的有毒化学物质，可以实现对水体有机污染物的绿色处理。与传统的处理方法相比，这种方法的优点是可利用光激发半导体产生具有强氧化还原特性的活性因子，将污染物彻底氧化分解。反应过程可以理解为，生成的电子和空穴与催化剂周围环境中的物质发生反应，并产生一系列用于引发光催化氧化反应的中间体，具体反应过程如下：半导体材料在光激发下高能导带（CB）和充满电子的低能价带（VB）产生具有氧化还原能力的活性物种（$\cdot O_2^-$、$\cdot OH$、e^- 和 h^+），达到降解污染物的目的。例如，Zhang 等 [10] 采用电纺丝 - 煅烧 - 溶剂热法在 Bi_2O_3 纳米纤维上原位生长 Bi_2MoO_6 纳米片，制备了新型富氧空位层次化 $Bi_2MoO_6@Bi_2O_3$ 核壳纤维，可见光照射下对 TC 的光催化降解率为 96.3%，分别是原始 Bi_2O_3 和 Bi_2MoO_6 的 6.0 倍和 4.9 倍。光催化反应至少包括以下基本步骤：当半导体化合物被光照射时，会吸收与其带隙能相当或高于其带隙能的光子（$h\nu \geq E_g$），电子（e^-）从 VB 被激发到 CB，在 VB 中形成一个空穴（h^+），从而形成光生活性因子。当 CB 的电势大于 $OH^-/\cdot OH$（+2.40 V vs. NHE）或 $H_2O/\cdot OH$（+2.72 V vs. NHE）的氧化还原电位时，h^+ 作为氧化剂与水分子或 OH^- 发生反应生成 $\cdot OH$。h^+、$\cdot OH$ 与污染物发生氧化反应生成 CO_2 和 H_2O。当 VB 的电势小于 $O_2/\cdot O_2^-$ 的氧化还原电位（-0.33 V vs. NHE）时，e^- 作为还原剂与吸附氧分子发生反应生成 $\cdot O_2^-$。e^-、$\cdot O_2^-$ 与污染物发生还原反应生成 CO_2 和 H_2O。但是，部分电子和空穴会在催化剂体内直接复合或者跃迁至催化剂表面复合（图 1.5），并以发射光或热的形式耗散。因此，光催化技术研究的一个重要方向就是设法降低光生电子与空穴的重新复合，提高半导体光生电子、空穴的利用率。

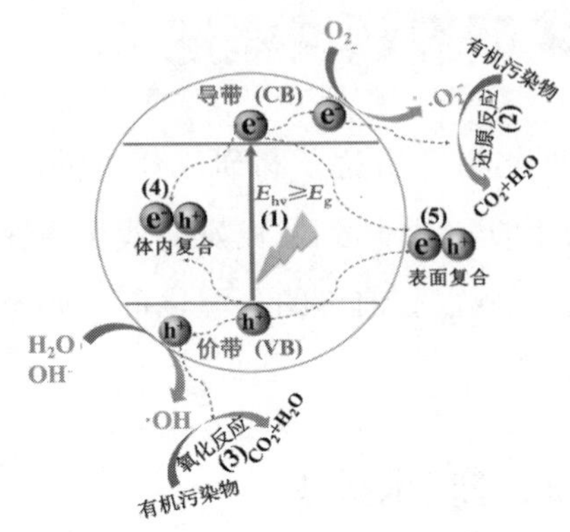

图 1.5 半导体光催化降解有机污染物的机理示意图

1.2.2 光催化技术与废气治理

人类的生存离不开空气，大气污染防治作为环境治理的重要方面直接关系到每个人的身体健康。常见的大气污染物包括 SO_X，一氧化碳（CO），NO_X，多源于汽车尾气和工业废气，严重影响空气质量。利用光催化技术可以显著降低这些污染物的浓度，还可以高效去除空气中的其他有毒有害气体（如苯系物、卤代烷烃、醛、酮、酸等）。生活中可以利用半导体材料做成空气清洁剂，用来去除建筑装饰（如涂料、胶黏剂、油漆、胶合板、地板带、壁纸等）使用所产生的空气有机污染物，如室内低浓度甲醛、甲苯等。将 TiO_2 涂敷在玻璃、陶瓷表面能够用于去除生活和办公区域的有机污染物，还能用于石油、化工等的废气处理，可以极大地改善空气质量。

1.2.3 光催化技术与 CO_2 还原

以可再生能源太阳能为驱动，将 CO_2 作为丰富的 C1（CO、CO_2）资源转化为高附加值化学品，是实现绿色碳循环的理想途径之一。光催化还原 CO_2 原理如图 1.6 所示。CO_2 分子化学性质稳定、反应惰性较大，研究者主要采用元素掺杂、表面修饰或缺陷调控策略促进 CO_2 分子活化以提高其还原反应效率。然而在不添加牺牲剂的纯水体系中，CO_2 转化需同时考虑 CO_2 分子还原及水分解产氧两个半反应。另外，研究表明，异质结光催化剂的构建可以提高光催化剂的光吸收能力和活性因子的有效分离，从而提高 CO_2 的还原速率。Huang 等[11] 通过静电自组装方法成功制备了化学键合 S 型 $BiVO_4/Bi_{19}Cl_3S_{27}$（BVO/BCS）异质结光催化剂，

对 CO_2 还原的连续光催化性能显著提高，24h CO 产率达到 678.27μ•mol•g^{-1}。此外，Yu 等[12] 以自组装的 MIL-68（In）为模板制备 In_2S_3 纳米管，并在其表面均匀生长富含表面氧空位的 Bi_2MoO_6 纳米片构建 Bi_2MoO_6-SOVs@In_2S_3 异质结催化剂，在光催化还原 CO_2 方面表现出优异的催化活性，CO 的产率和选择性分别为 28.54μmol•g^{-1}•h^{-1} 和 94.1%，并且在连续光照下具有较高的稳定性。

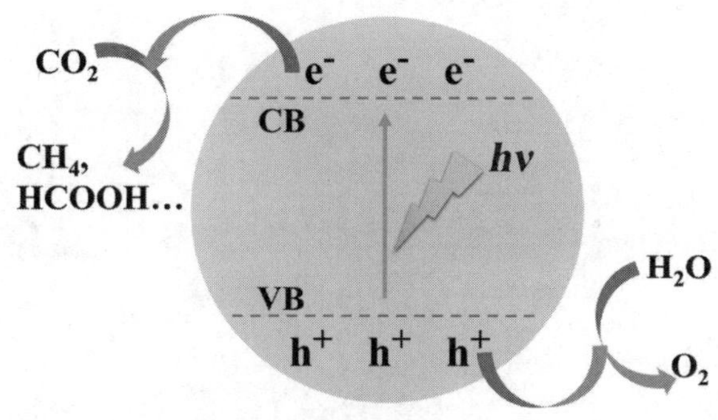

图 1.6 光催化还原 CO_2 原理

1.2.4 光催化技术与分解水产氢

光催化材料可吸收来自外界光源的能量，被光激发产生的电子和空穴将参与光解水反应，其中，空穴氧化水生成氧气，电子还原氢质子生成氢气。光催化水产氢原理如图 1.7 所示。在该反应体系中，在光辐照下实现全分解水产生氢气和氧气是反应的最终目标。而能实现全分解水过程的材料有以下两个要求：其一，半导体的 CB 和 VB 可跨越水的氧化与还原电位；其二，同时对光和氧还具有良好稳定性和较窄的带隙。目前已发现钒酸铋（$BiVO_4$）、钼酸铋、铬酸铋等光催化材料在光解水产氢上表现出优异的性能。例如，Gogoi 等[13] 将 MnO_x 和一维硫化镉（CdS）纳米线空间沉积在三维 $BiVO_4$ 十面体表面，合成了一种阶梯结构的 CdS/MnO_x-$BiVO_4$ 光催化剂。在无牺牲剂的情况下，研究了 CdS/MnO_x-$BiVO_4$ 在可见光照射下的光催化活性。在无牺牲剂的情况下，5CdS/MnO_x-$BiVO_4$ 的 H_2 和 O_2 产率最高，分别为 1.01mmol•g⁻1•h^{-1} 和 0.51mmol•g⁻1•h^{-1}，表观量子产率为 11.3%；Zhao 等[14] 以具有分层多孔结构的碱处理 TS-1（NaOH-TS-1）为载体，制备了比表面积大、光响应范围宽的 NaOH-TS-1/Pd/CdS 催化剂，0.3NaOH-TS-1/Pd/CdS 的析氢速率可以达到 2556.0mmol•h^{-1}；Gao 等[15] 构建 $ZnIn_2S_4$/Bi_2MoO_6（ZIS/

BMO）异质结来增强可见光下光催化析氢性能。结果表明，异质结的成功制备显著提高了光生载流子的分离和迁移速率。11% ZIS/BMO 的光催化产氢性能最高，达到 1502.6 μmol•g^{-1}•h^{-1}，是 ZIS 单体的 2.78 倍。异质结的简单构造和光催化制氢性能的显著提高为光催化剂改性开辟了新视野。Tao 等 [16] 通过研究发现一种吸光带边大于 650nm 的具有全新三斜相晶体结构的 Bi_2CrO_6 半导体材料可以分别实现可见光驱动下的 H_2 和 O_2 反应。

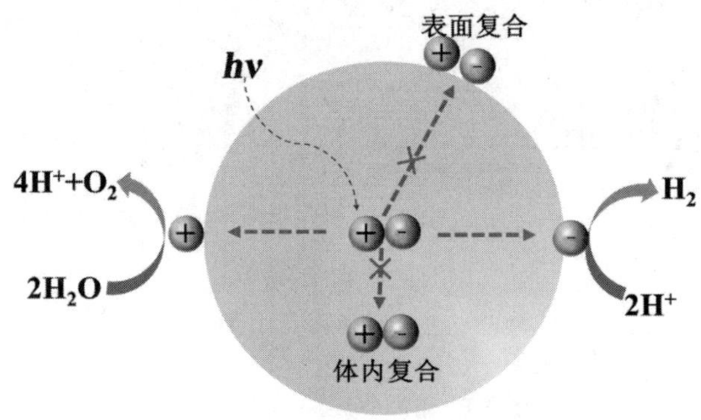

图 1.7 光催化产氢原理

综上所述，异质结的构建有利于改善光吸收能力，促进光生活性因子的分离与转移，从而显著增强污染物降解、CO_2 还原和制氢活性。以上研究启发了未来对钒酸铋、钼酸铋、铬酸铋和钛硅分子筛催化剂的进一步研究，也为协同异质结的制备提供新的技术支撑。

1.2.5 光催化技术在环境领域的其他应用

利用光催化技术在陶瓷、玻璃表面形成半导体薄膜能够使这些材料具有自清洁效应，避免了化学洗涤剂的使用，降低了污水排放量。利用光催化技术还可以进行消毒杀菌，有效地避免了传统杀菌剂使用后有毒组分残留对环境的污染，杀灭微生物的同时不会对人和动物产生任何影响。在固体废弃物处理过程中运用光催化技术能够加速城市生活垃圾降解，美化城市环境，降低固体废弃物的处理成本。随着人们对半导体光催化剂研究的不断深入，半导体太阳能光催化氧化技术在环境保护方面具有突出优势，已经成为解决能源问题和环境问题最理想的方法之一。此外，开发高效的光催化材料并用于解决环境问题已经成为新时期光催化研究领域的热点。

1.3 光催化技术与水体典型污染物去除

自从人类进入工业化时代，人们的生活、学习和工作方式发生了翻天覆地的变化，享受便利的同时，人类活动也引起了一系列环境问题，造成环境污染。在人类面临的众多环境问题（如大气污染、水体污染、土壤污染）中，水体污染问题最为严重。有毒、有害和难降解持久性有机污染物（如染料、人造纤维、农药、除草剂、抗生素、塑料、防腐剂、洗涤剂、杀虫剂、消毒剂、重金属等）的化学性质非常稳定，具有长期残留、生物蓄积、半挥发性和高毒性的特点，难以通过环境自净方式来消除。这类污染物进入环境系统后，由于土壤、空气、水、生物四者之间不断进行能量和物质交换，并在环境中能够通过多种方式迁移、转化，因而污染影响范围大、作用时间长、难于治理，成为人类共同面对的难题[17-18]。随着有机污染物成分趋于复杂化，其数量和种类也急剧增加，毒性也显著增强，会对水环境造成更加严重的危害。有机污染物会引起水生生态系统破坏和水体生物种类减少，也会使水资源日益短缺，不利于人类社会的可持续发展。尽管人们已经研究出多种多样的处理方法（如物理法、化学法、生物法）来消除水体中有毒有害的有机污染物，但是部分高毒性的有机污染物因其化学结构复杂难以采用传统的处理方法有效去除，严重阻碍微生物的代谢作用[19]。

1.3.1 水环境污染物简介

20 世纪 70 年代，水环境污染引起了我国研究人员的重视，他们对水环境中的污染物按其来源（工业污染、农业污染、生活污染、航运污染、养殖业污染）和污染物性质（生物污染、化学污染、物理污染）进行了详细分类和系统深入的研究。水环境化学中研究最多的是重金属污染（含有铬、镉、铜、汞、镍、锌等重金属离子的工业废水）和有机物污染（挥发性卤代烃、苯系物、氯代苯类、多氯联苯、酚类、硝基苯类、苯胺类、多环芳烃类、酞酸酯类、农药、丙烯腈、亚硝胺类、氰化物等）[20-21]。水环境污染物的研究已逐渐侧重于种类繁多的有机污染物，特别是难降解有机污染物日益受到人们的重视。这类有机污染物在环境中的存留期长，容易在自然界的物质交换过程中经过生物链累积和富集，因而严重危害生物生长和人体健康[22]。有机污染废水多来源于化工产业、制药业、农药使用、粮食加工、炼焦行业产生的废水。在众多有机污染物中，染料和抗生素废水逐渐成为具有严重生态环境危害的有机污染物废水。研究这类有机污染物废水的性质、结构、危害对于有效治理此类有机污染物废水、消除水环境污染问题至关重要[23]。

1.3.1.1 染料废水概述

染料工业规模的不断壮大，染料及染料中间体生产行业产生了大量的工业废水，成为染料废水的主要来源，这些有害的工业废水对水环境造成了严重污染[24]。水体中的染料废水色度大、可生化性差，会对水体透光率造成严重影响，直接导致水体生态系统的破坏。工业生产中的染料废水浓度高、组分复杂，同时含有许多难生物降解物质和大量的无机盐、硫化物等[25]。在染料生产中无机原料的90%和有机原料的10%～30%会转移到水中，形成的废水成分复杂，有机污染物浓度高，色泽深，酸碱性强等，已成为重点污染源之一。

为了满足人们对色彩种类的不同需求，需要不断增加染料的品种，因而造成染料更新非常快、成分也逐渐复杂化。高分子络合物存在于很多染料分子中会导致染料分子含有多种生物毒性。这一类染料废水降解处理必须非常彻底，否则很容易产生联苯胺等一些致癌芳香化合物，采用常规的氧化技术无法对其进行有效治理（图1.8）。按照染料分子在水溶液中解离出来的离子状态可以将染料分为阴离子染料（如直接染料、酸性染料）、阳离子染料（如碱性染料）和非离子型染料（如分散染料）[26-27]。其中，离子型和非离子型染料的发色基团，大多含有含氮基团或蒽醌类结构，若处理不当含氮基团还原断裂会形成具有毒性的胺，而含有蒽醌类发色基团的染料中的芳香结构很难被降解，从而使得这类染料废水脱色难度增加。传统的水处理工艺难以彻底去除这些染料，处理效率低下，并且很容易造成二次污染，使废水的毒性大大增加。此外，工业染料废水多以苯、萘、蒽、醌等芳香团作为母体，分子结构复杂同时带有显色基团，造成COD_{Cr}高、色度大，对水环境污染性很强。受染料生产过程及分子结构的影响，染料物质及中间分子多含有极性基团，直接引起染料分子的水溶性增强，造成物质流失量增大。工业染料废水中原料和副产品含量也很高，如卤化物、硝基物、氨基物、苯胺、酚类等有机物，这些物质具有高浓度和很强的毒性。受人们对色彩种类需求影响，染料的品种繁多，表现出抗光解、抗氧化、抗生物降解的特点，这类染料废水难以用一般的废水处理系统处理彻底。在印染工业中，染料的选择和使用往往根据纤维原料和产品的需要来确定，染料、助剂、染色方法、染料的上色率、染液的差异会导致工业染料废水的水质变化具有很强的差异性。

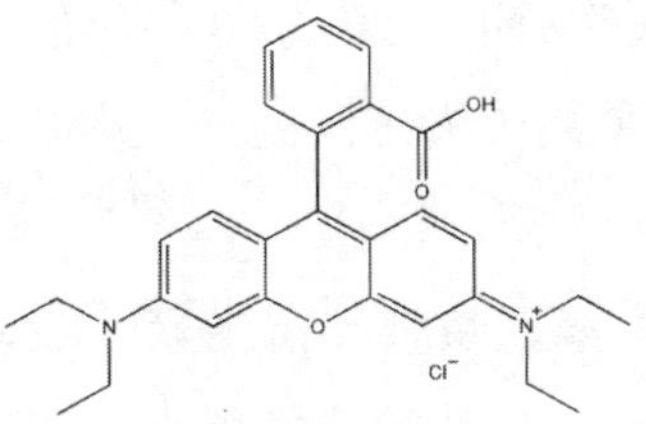

亚甲基蓝分子式 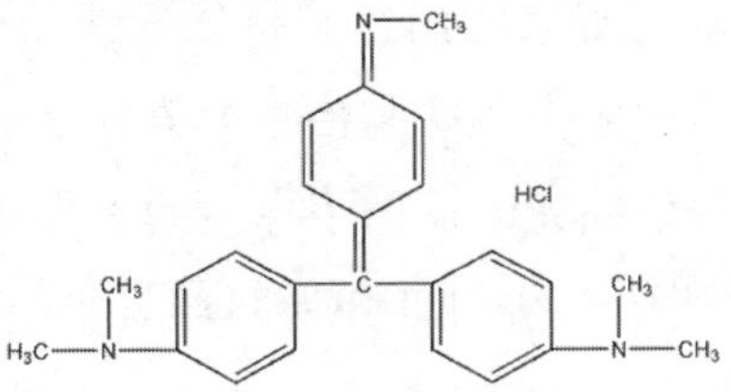　　甲基紫分子式

图 1.8 常见的有机染料化学结构式

染料废水不加处理直接排放会造成严重的环境污染，危害江河湖泊生态平衡，加重水资源不足，对人类的生活和社会发展造成严重影响[28]。染料废水主要的危害如下：

（1）受染料的色度的影响，废水中的染料不仅能吸收光线，使水体的透光性减弱，同时消耗水中大量的氧，造成水体缺氧会抑制水生生物和微生物生长，使水体自净能力大幅下降，造成视觉上的污染。

（2）染料分子通常是由有机芳香族化合物，特别是苯环，经过一系列取代反应后生成的。这些取代反应主要发生在苯环上的氢原子上，取代基团可以是卤素、硝基、胺基等。通过这些取代反应，苯环上的氢原子被这些基团所取代，从而生成了芳香族卤化物、硝基化合物、胺类化学物和联苯等多苯环取代化合物。这些化合物多具有很强的生物毒性，甚至还是“三致”（致突变、致畸和致癌）物质。

（3）一些染料中存在重金属元素，如铬、铅、汞、砷、锌等，这些重金属元素在自然环境中能长期存在而无法被生物降解，随食物链不断富集，最终在人体内积累，危害人类健康[29]。例如，在日本就曾发生过重金属汞污染而引起的“水俣病”等公害事件。染料废水的危害严重还因为废水中含有大量的有机物、复杂的污染物成分和高浓度的有害物质[30]。

1.3.1.2 抗生素废水概述

抗生素最早被称为抗菌素，是由微生物（细菌、真菌、放线菌属）或高等植物在生活过程中所产生的具有抗病原体或其他活性的一类次级代谢产物。抗生素也包括能对其他生活细胞发育功能进行干扰的化学物质或人工合成的类似物，其不仅能用于杀灭细菌，对支原体、衣原体等致病微生物也具有良好的抑制和杀灭作用[31]。20 世纪 90 年代以后，抗生素的使用范围进一步扩大，并广泛用于治疗各种细菌感染或致病微生物感染引起的疾病，一般情况下对宿主不会产生严重的副作用。从青霉素的问世到抗生素新品种的涌现，经过 60 多年的发展抗生素已经成为临床医疗中预防与治疗感染性疾病使用最为广泛的一大类药物，为保障人类健康、降低病死率作出了卓越的贡献[32]。

抗生素按化学结构可分为四环素类抗生素、磺胺类抗生素、喹诺酮类抗生素、β-内酰胺类抗生素、大环内酯类抗生素、氨基糖苷类抗生素和氯霉素类抗生素。其中，四环素类抗生素（Tetracycline antibiotics，TCs）作为一种价格低廉的广谱抗生素在世界范围内得到广泛应用，主要包括四环素（Tetracycline）、土霉素（Oxytetracycline）、金霉素（Chlotetracycline），同时还包括半合成衍生物强力霉素、甲烯土霉素、二甲胺基四环素等，它们的结构中均含有并四苯基本骨架[33]。据统计，每年有约 600t 的土霉素、800t 的金霉素被用于畜禽饲养业中[34]。长期使用抗生素也导致了一系列问题的产生，如人体耐药性不断增加，过量使用抗生素引发环境污染问题。

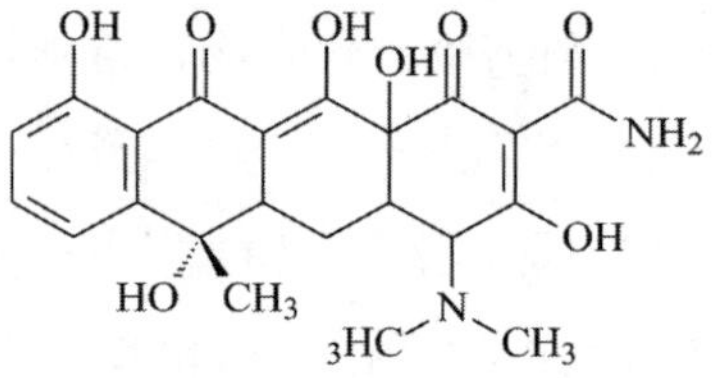

图 1.9 常见抗生素的化学结构式

我国是世界上的抗生素生产和使用大国，抗生素原料年产量约 21 万 t，出口仅为 3 万 t，大多数用于国内的医疗和动物养殖业[35]。临床上常用的抗生素种类多达几百种，而抗生素总体的种类已高达几千种[36]。根据世界卫生组织发布的统计数据可知，我国抗生素的人均年消费量为 138g 左右（美国仅 13g），医源性抗生素的使用率已经超过 80%，比国际平均水平高出 50%，而广谱抗生素和两种及两种以上的抗生素联合使用更高达 58%，严重超出正常使用标准。我国住院患者中使用抗生素的比例高达 70%，其中 97% 的外科患者都会使用抗生素。人类过量使用抗生素后，体内会大量富集抗生素，人体对其耐药性会增强，还会造成肝脏功能受损，其会与牙齿和骨骼中的钙质结合，使牙齿变黄，还会导致牙釉质发育不良，甚至会阻碍骨骼的生长，特别是会影响到儿童的生长发育[37]。如果人体长时间大剂量使用抗生素会使人类在与细菌的长期斗争中处于被动地位，不但会加重经济上的负担和抗生素引起的毒副作用增多，还会使得致病菌的耐药性增强和种类增加。

近年来，抗生素的工业化生产及其在人类医疗、动物养殖的广泛使用导致大量抗生素随着生活污水、养殖污水、制药工业废水等进入生态环境中。抗生素长期暴露会对水生生物产生毒性作用，对微生物群落的抗生素耐药性产生选择压力，抗生素长期存在于自然界中会对生态系统和人类健康带来严重威胁[38]。例如，喹诺酮类抗生素进入环境中会持续存在，会选择性地杀死一些有益环境的微生物，使得具有特殊生态毒理效应的抗药菌群大量产生。喹诺酮类抗生素如果随水体再次进入人体会使消化系统、中枢神经系统和血液系统等产生毒性，对肾脏和心脏等器官也会造成非常严重的损害，严重危害人类健康。目前，抗生素的检测尚未纳入国家水质检测和自来水检测的标准中，也未纳入地表水质的109项检测指标中。抗生素的难降解特性导致其在水循环的过程中会逐渐积累，终将会对人类健康产生危害。传统的污水处理法很难彻底去除水体中的抗生素，极低浓度的抗生素依然能够对生物体产生不良影响，水环境中抗生素残留对水环境质量保护提出新的挑战[39]。抗生素废水对水环境的影响日益突出，低浓度抗生素的去除已经成为人们研究的热点。我国的一些河流——海河、长江、黄浦江、珠江、辽河等河流的部分点位中都检出了抗生素。珠江广州段的采样检测表明，水体中抗生素残留浓度非常高并且严重超出欧美发达国家的标准，其中脱水红霉素浓度为460 ng/L、磺胺嘧啶浓度为209 ng/L，而欧美发达国家河流中抗生素含量要小于100 ng/L。抗生素废水的来源非常多，主要来源于工业生产过程的抗生素废水的超标排放，这类抗生素废水浓度很高而且生物毒性物质含有量和种类也很多，成为生产过程中抗生素废水进入河水和地下水的最主要源头[40]。此外，人体过量使用抗生素后，部分未经代谢的抗生素直接以尿液或粪便形式排出人体，并进入污水处理厂，如果这些抗生素处理不当就会进一步进入地表水和地下水，引起地表水和地下水污染。畜禽业、渔业养殖过程中使用的抗生素也会以粪便的形式排放到环境中对土壤和地下水造成一定程度上的污染。农业生产中使用的抗生素未经处理也会在土壤和沉积物中不断积累，经过雨水冲刷或其他途径进入地下水、地表水，从而导致抗生素污染。因此，抗生素水污染防治已经成为水环境保护的重要问题，迫切需要加强对水环境中抗生素的监测，以及研发新型高效的污染控制技术来保障人类健康和生态环境安全[41-42]。

1.3.2 光催化技术与传统废水处理

近年来，由于工农业生产的高速发展，人口快速增长和人们生活水平的不断提高，导致用水紧张和环境污染严重。对污水进行彻底的处理，保护人类赖以生存的环境，符合国家可持续发展的战略思想。传统的污水处理的目的是分离出污水中的污染物或者将污染物转化成无害和稳定的物质加以处理，从而使污水得到净化。对污水进行处理不但可以减轻或避免对环境造成污染，为人们的身体健康提供保障，更重要的是能够回收利用处理后的水，减少水资源的浪费，实现水资源的重复利用，这具有重大意义[43]。污水处理技术按照处理过程的基本原理分为物理法、化学法和生物法[44]。其中，物理法是通过物理作用分离和去除废水中不溶解的悬浮态的污染物（如油膜、油珠）的方法，但是处理过程中不会对污染物的化学性质造成影响，无法对水体中的有毒有害的有机污染物分子或者重金属离子进行处理。生物法是利用微生物的新陈代谢作用来富集和氧化分解有机污染物分子来达到处理废水中有机污染物的目的，但是有些有毒有害的有机物会杀死这些微生物，一些重金属离子在微生物的代谢过程中会不断富集，也会对处理效果造成严重影响。此外，生物处理废水的处理对象为废水中呈胶体状态和溶解状态的有机物和溶解状态的 N 和 P，处理过程效率较高、速率快，但是易受到反应环境的影响，处理效果不稳定，可降解的污染物种类和范围有限。化学法是利用化学反应的作用分离回收污水中各种污染物质（如悬浮物、胶体和溶解物等），利用化学法能够对工业废水进行处理，常见的化学法有中和法、氧化还原法、混凝法、萃取法、电解法、吸附法和离子交换法等[45]。

1.3.2.1 光催化与染料废水处理

有机染料废水的传统处理方法主要有物理法、生物法和化学氧化法三种。其中，物理法主要有吸附法（如活性炭、树脂、硅藻土等吸附剂）、混凝沉淀法（需加入混凝剂、助凝剂来达到脱色效果）、磁分离法、气浮法等[46-47]。而化学氧化法是通过臭氧、双氧水、氯气等具有较强氧化性的物质氧化染料分子来达到清洁废水的目的，具有色度去除率高的特点，对有机染料的废水深度处理效果好，但是也存在不足之处，如净化过程中能耗较大，在不同废水的处理中单一氧化剂的适应性较差，因而处理效果也不稳定。作为一种新型的先进氧化技术，光催化氧化技术受到了国内外研究人员的关注，利用光催化氧化技术处理有机废水前景

广阔[48]。生物法处理染料废水是利用微生物分泌的酶来催化裂解染料分子的化学结构或还原染料分子并经过微生物来消化去除染料分子[49]。常见的生物法有活性污泥法、序批式活性污泥法、生物转盘、生物滤池、接触氧化法等。但是，染料废水的生物毒性往往会使生物处理过程中的微生物中毒或者死亡，直接导致生物法处理有机染料废水的脱色率严重降低。

采用传统的处理技术对废水中染料的去除和水环境保护产生了一定的效果，但仍存在一些不足之处。例如，有机染料不能被彻底降解，二次污染问题严重。一些对生物有毒有害的有机废水或高浓度难生物降解的有机废水不能采用生物法来去除，大多采用燃烧方法和化学氧化法来处理，或者采用先化学氧化法预处理然后再利用生化过程处理。这就导致技术难度增加，处理的设备仪器成本升高，还容易产生二次污染。有些处理技术去除污染物具有专一性，难以大规模推广使用。除此之外，能耗高、效率低、投资大、操作复杂、运行周期长、对环境条件要求苛刻也是影响这些处理方法推广应用的主要问题。

1.3.2.2 光催化与抗生素废水处理

目前，传统的抗生素废水的处理方法主要分为物理法、化学法、生物法[50]。尽管这些方法均有各自的优点，但其局限性也较为明显。物理法是基于物理原理来去除水体中的抗生素，主要包括气浮法、砂石吸附过滤法、膜过滤法、絮凝法、活性吸附过滤法。这些方法的处理过程都只是实现了污染物的转移，而抗生素的化学结构从本质上没有发生变化，只是被简单的聚集和沉淀，只能用作其他高级处理过程的预处理阶段。此外，采用吸附法时矿物污泥表面的吸附位点数量对吸附效果有决定性影响，但是这些位点常常会被腐殖质覆盖，导致吸附效率过低。化学法主要包括高级氧化法、臭氧氧化法、紫外光解法等[51-53]。利用这些方法处理抗生素可以将抗生素大分子裂解为小分子，有一定的去除效果，但是处理过程中容易产生二次污染，生成有毒有害的副产物。采用臭氧氧化法去除水体抗生素会导致处理成本升高，经济投入多，还会受到水中可生物同化有机碳增加的影响，导致其生物稳定性变差。除此之外，光解作用也是去除水体中抗生素的一种方式。然而，光解作用与光的强度和频率有关，只有当光解作用吸收的光频率与有机污染物的吸收光谱对应时才能裂解有机物分子。这种处理方法的效果容易受水体中的沉积物、pH 值和水的硬度影响，一些难降解的有机物分子也很难通过这种方法来彻底去除。生物法处理工业抗生素废水的过程需要一定的温度和化学需氧量（COD），通过活性污泥在有氧或者无氧条件下对有机物进行降解。这种处理技术降解抗生素周期长、降解不完全，且由于抗生素的抑制作用，常常导致微生物降解组织失活，甚至会导致死亡。此外，生物降解过程对大多数化合物不起作用，对于抗生素的降解只能通过活性污泥的吸附作用去除四环素和苄青霉素的矿化。

利用传统污水处理方法处理染料和抗生素废水存在处理不彻底易产生二次污染的问题，同时，能耗高、效率低、投资大、操作复杂、运行周期长、对环境条件要求苛刻[54]。所以，为了对水体中难降解有机污染物进行妥善处置，研究深度处理过程并开发出具有低能耗、高效率、高稳定性、应用范围广和无二次污染的高级氧化技术一直是水处理科学中亟待解决的重要课题。

1.4 光催化氧化技术去除水体污染物的优势

光催化氧化技术主要是利用半导体光催化剂在光照射下产生的活性物种降解环境中的有机污染物，具有对环境污染较小，无二次污染，降解彻底，常温常压下反应的突出优势[55]。利用光催化氧化技术能够将光能转变为化学能，使许多难以实现的反应在比较温和的条件下得以进行。当半导体材料受到能量大于自身禁带能量的光照射后，半导体会被激发在其导带和价带上分别生成光生电子和空穴，空穴与水中的 OH- 和水分子进行反应，生成具有强氧化性的含羟基自由基（•OH）对有机污染物进行氧化分解[56]。另外，半导体表面高活性的电子具有很强的还原能力，可以还原水体中的重金属离子成为金属单质沉积在催化剂的表面，可以用于水体中重金属离子的高效去除[57]。近年来，光催化氧化技术与传统污水处理技术联用（如光催化氧化 - 混凝工艺联用、光催化氧化 - 臭氧氧化技术联用等）处理有机废水效果非常显著，具有巨大潜力[58]。

与传统物化法相比，利用太阳能光催化氧化技术能够对有机废水中低浓度的可溶有毒物质进行有效处理而不会产生复杂、有毒的中间体，避免二次污染[59]。农业和工业废水中许多有机污染物都能利用这种高级氧化技术来直接氧化分解，如工业有毒试剂、化学杀虫剂、染料、酚类等中的有机污染物能够被直接分解为一些无毒无害的有机小分子、二氧化碳和水[60]。农业废水中通常含有大量对人体有害的重金属离子，利用纳米光催化剂的光催化反应能够还原高价的 Hg、

Pt、Pb、Ag 等重金属离子并沉积在催化剂的表面，这样既减少了重金属的污染又可以进一步回收利用[61]。农药废水中的含磷、含硫有机农药可以完全被无机化，生成相应的 PO_4^{3-} 和 SO_4^{2-} [62]。在玻璃纤维上固定 TiO_2 形成氧化膜，能够去除自来水中 60% 以上的有机物，对多种有害有机物的去除效果达到检出限以下[63]。此外，光催化氧化技术还可以用于地表水藻降解，饮用水消毒，废水中有机有毒物质的光催化降解和无机污染物的去除等[64]。光催化氧化技术处理染料废水能大幅降低染料的色度，使水体的透光性增加，还能彻底降解染料分子中的苯环、胺基、偶氮基团等致癌物质。在处理抗生素废水方面光催化氧化技术同样表现出很大潜力，抗生素废水中的硝基乙苯、硝基苯乙酮、多硝基苯、硝基苯酚等都能通过光催化反应来有效去除，并且光催化反应的反应条件温和，在常温常压下就能进行反应，能快速彻底、无二次污染的破坏有机物的分子结构，是一种非常理想的废水处理方式。

1.5 光催化材料的研究与发展

1.5.1 单一半导体光催化剂

TiO_2 因其化学性质稳定、抗光腐蚀能力强、无毒无害、低成本，成为近年来研究中使用的最为广泛的光催化材料，也是最具前景的绿色环保型光催化剂[65]。然而，TiO_2 的禁带宽度为 3.2eV，对应的吸收波长为 387.5nm，光吸收仅局限于紫外光区，这部分光谱仅占地表太阳光谱组成的 5%，大大限制了 TiO_2 对太阳能的利用率[66]。为了提高 TiO_2 的可见光响应能力和光催化活性，国内外学者对 TiO_2 进行了一系列的改性研究，通过金属 / 非金属离子掺杂，贵金属沉积、稀土金属离子掺杂、复合半导体、光敏化等改性手段来提升 TiO_2 的活性和可见光响应能力[67-68]。

经过长期的发展，大量的新型半导体光催化剂被研制出来，光催化剂的研制仍然围绕高效稳定的总目标，从简单半导体光催化剂逐步向多元化、功能化发展。光催化剂在化学组成上分为单金属氧化物、多金属氧化物、硫化物、氮氧化物、钛酸盐、铌酸盐、钽酸盐、矾酸盐、铬酸盐、钨酸盐、钼酸盐和非金属光催化剂[69-70]，光催化剂种类繁多，光催化性质千差万别。尽管人们已经研制出大量的光催化剂，但是大部分单一半导体光催化剂的光催化活性都不高，这很大程度上受限于单一半导体的低光量子效率，严重限制光催化技术的推广应用。

光吸收、光生电荷的分离和迁移、氧化还原能力是影响单一半导体催化活性的重要因素。理想的光催化剂同时拥有良好的太阳光收集能力和足够的氧化还原能力。然而，这两个条件本质上是矛盾和不可调和的，这在单个半导体中是不切实际的，因为良好的太阳光收集能力需要窄带隙，但是窄带隙也意味着活性因子的复合效率也较高，从而导致可以有效参与氧化还原能力的光生活性因子的数量减少，这对污染物的降解性能是不利的。另外，良好的氧化还原能力需要高CB和低VB，因此导致带隙大，这种情况不利于光能利用和光催化活性的提升。因此，促使半导体光催化剂光生电子与空穴对高效的分离，提高光催化剂的量子效率，扩大激发光的波长范围，提升太阳光能利用率，成为新时期研制高效稳定的纳米半导体光催化剂的主要目标。

1.5.2 光催化剂改性及界面性质调控方法简介

光催材料经过近些年的发展，研究人员已提出并实施多种高效策略来提高光利用率、界面性质和光生载流子的分离及迁移过程，进而提高光催化剂的催化活性，主要的改性及界面性质调控方法包括元素掺杂、形貌调控、金属纳米颗粒负载、构建异质光催化体系等。

1.5.2.1 元素掺杂

许多光催化剂在可见光条件下不能有效工作，因此有必要研制一种新型的光催化剂。掺杂元素到光催化剂中，可以改变催化剂的的电子结构，从而优化其光学性质和光催化性能。常见的掺杂元素包括金属离子元素和非金属离子元素。

（1）非金属离子掺杂。掺杂非金属离子（如C、O、N、B、S等）是一种有效提高光催化剂活性的方法。一方面，非金属离子的引入会在光催化剂的价带（VB）上方引入新的局域态。这些局域态可以作为电子的受体或给体，从而扩展光催化剂的光吸收范围。这种扩展通常会使光催化剂对可见光甚至近红外光的吸收增强，提高了光能的利用率。另一方面，非金属离子的掺杂还可以促进光生活性因子的分离。在光催化过程中，光激发产生的电子和空穴往往容易重新结合，导致光催化效率降低。非金属离子的引入可以形成新的电荷转移通道，降低电子

和空穴的复合率，从而提高光催化效率。例如，Prabakaran 等 [71] 通过水热法合成掺 N 的 ZnO 纳米颗粒（N-ZnOCBs）。与 ZnO 相比，N-ZnOCBs 具有更强的光吸收能力和更大的比表面积。光吸收能力的增强是由于 ZnO 晶格中掺入 N 后形成的缺陷。Binto 等 [72] 利用 S^{6+} 取代了 Ti^{4+} 离子，从而调整了 TiO_2 的电子结构，并产生氧空位以抑制活性因子的重组，产生高于 VB 的杂质能级，从而缩小带隙。Tie 等 [73] 在 ZnS 中掺入 N，有效抑制光生载流子的复合，缺陷的形成可有效降低空穴的氧化能力，从而降低 ZnS 的光腐蚀性。另外，掺杂 N 的 ZnS 表面粗糙，有利于形成高表面积，提供高密度活性位点，从而促进氧化还原反应。

（2）金属离子掺杂。金属离子（如 Fe、Pr、Fe、Cu 等）的掺杂被广泛用于调整光催化剂的电子结构，以提高其光催化性能。一方面，金属离子掺杂可以在光催化剂的禁带中产生新的能级，这有助于扩大光催化剂的光谱响应范围，使其能够吸收更广泛的光谱段，从而提高光能利用率。例如，Chiang 等 [74] 制备 Pr 掺杂的 RhCrOx/Pr-$LaFeO_3$ 光催化剂与 $LaFeO_3$ 相比光催化性能显著提高，具有更窄的带隙和更正的价带，从而提高光吸收能力。另一方面，金属离子的引入可以改变光催化剂的电荷分布和转移路径，促进活性因子的分离，减少它们的复合概率，从而提高光催化效率。Vaiano 等 [75] 合成 Cu 的掺杂 ZnO 并用于析氢反应，Cu 的引入显著提高了 ZnO 光吸收范围并阻止了光生电荷的复合，表现出很强的稳定性。同样，Ag 掺杂也是提高光催化效率的一个重要方法。Sumadevi 等 [76] 通过共沉淀制备掺 Ag 的 ZnS 纳米粒子，与纯 ZnS 相比晶粒尺寸有所减小，由于激子的约束效应 ZnS 的光吸收边发生蓝移，禁带宽度增加，促进了光生活性因子的分离。

1.5.2.2 形貌调控

光催化剂的活性受到多种因素的影响，包括晶体大小、颗粒大小、结晶度和表面积等。通过控制光催化剂的形貌，如纳米颗粒、纳米片、纳米线、纳米管等，可以增加表面积和反应活性位点的数量，这就使光催化剂与反应物的接触面积增大，从而增加反应的可能性，提高光催化效率。同时，形貌控制对光催化剂的光学性质和电子传输也有影响。量子尺寸效应在调节能带结构方面起到关键作用，通过调控光催化剂的尺寸，可以优化其能带结构，从而提高对光的吸收和利用效率。而更短的电荷传输距离有利于抑制光生电荷的重组，提高光催化反应的速率和效率。除了形貌控制，结晶度也是影响光催化剂效率的重要因素。通过煅烧可以降低缺陷的密度，提高洁净度，从而有利于电荷载流子的快速转移，减少能量损失，提高光催化性能。虽然颗粒尺寸减小导致比表面积增大，可以增加活性位点的数量，但悬空键和氧空位的增加也可以成为电子复合的中心，降低光催化活性。因此，优化光催化剂时，需要综合考虑各种因素，合理设计光催化剂的结构对提高其催化活性尤为重要。

1.5.2.3 异质光催化体系

将两种或两种以上半导体材料复合在一起通过彼此之间形成的空间电势差来提高活性因子分离效率，能有效改善单一半导体光催化剂光响应范围窄、量子效率低、活性位点过少等问题。此外，还能够显著提升半导体催化剂的光催化活性和光化学稳定性。异质结按组成分为：半导体 - 半导体异质结、金属 - 半导体异质结、碳材料 - 半导体异质结、多种半导体异质结等[77-78]。根据组成异质结的半导体能带结构、电子能级特点可以将异质结分为以下几种。

（1）Z 型异质结。受到自然界中植物光合作用（图 1.10）光反应的启发，研究人员研发出 Z 型异质结光催化反应体系（图 1.11），这种异质光催化剂的电子转移过程类似英文字母 Z，故而称为 Z 型异质光催化剂。在人工 Z 型光催化体系中，由两种半导体材料分别参与氧化、还原反应，各自具有很强的氧化、还原能力，两种半导体之间通过能级结构耦合，电子空穴的分离效率高，所以其光催化性能显著优于单一组分的光催化剂。一些 Z 型光催化体系中还引入了氧化还原对（IO_3^-/I^-、Fe^{3+}/Fe^{2+} 等）作为电子传导媒介来提高两种半导体材料之间的电荷传导能力[79-80]。

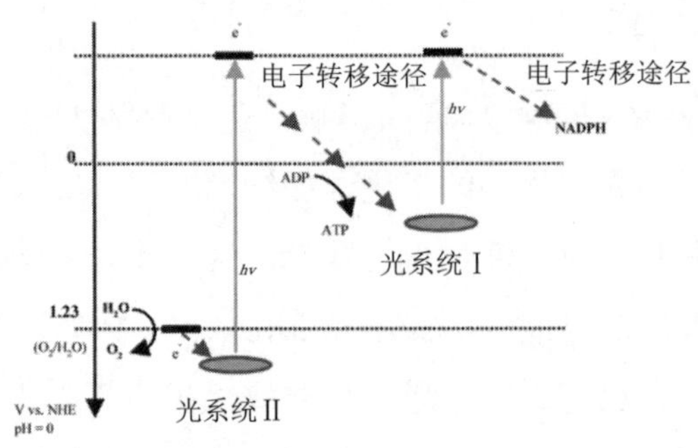

图 1.10 自然界的光合作用

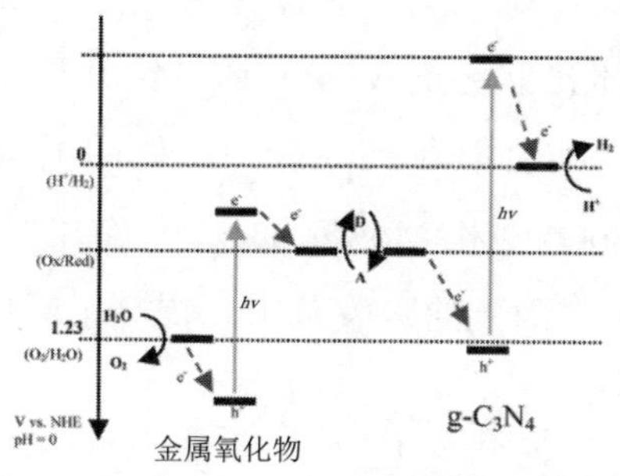

图 1.11 g-C_3N_4 和金属氧化物的人工 Z 型光催化体系 [79–80]

随着研究的不断深入，Z 型光催化剂的研究逐渐转向不含氧化还原对的固相 Z 型光催化体系，这类 Z 型异质结光催化体系中导带位置较低的半导体上产生的电子与另一种价带位置较高的半导体上的空穴发生复合，这种异质结被称为固相 Z 型异质光催化剂，如 CdS/$BiVO_4$、Ag_3PO_4/$SnSe_2$、$Bi_2Sn_2O_7$/g-C_3N_4 等 [81-83]。此外，采用一些导电性良好的材料（如碳材料，金属导电介质：Au、Ag、Cu 等）取代传统 Z 型光催化体系中的氧化还原对来提高电子空穴分离效率，如 CdS/Au/TiO_2[84]（图 1.12）、$SrTiO_3$: La，Rh/C/$BiVO_4$: Mo[85]、$ZnIn_2S_4$/RGO/$BiVO_4$[86]、g-C_3N4/RGO/Bi_2WO_6[87]（图 1.13）、$BiVO_4$/RGO/Bi_2O_3[88]、$SrTiO_3$: La，Rh/Au/$BiVO_4$: Mo[89]、AgBr/Ag/Bi_2WO_6[90]。这类固相 Z 型异质结具有以下优点：由于反应体系中不涉及氧化还原对，因此缩短了体系内电子传递的距离；消除了离子电子的逆反应的影响和氧化还原对对入射光的屏蔽；由于催化体系全固相的特点，在气相、液相的环境中都可以应用，具有更为广阔的应用前景。

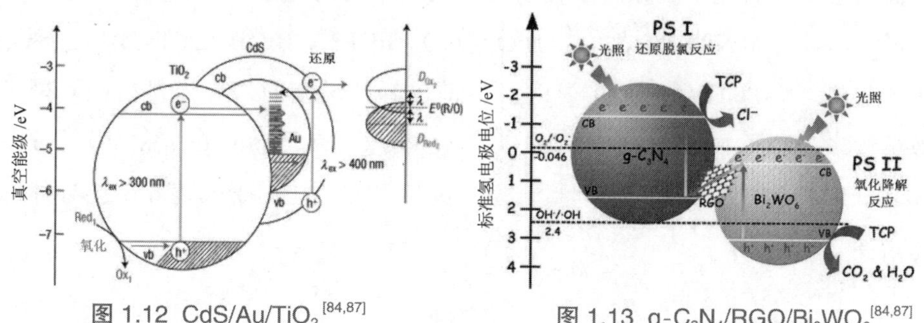

图 1.12 CdS/Au/TiO_2 [84,87]

图 1.13 g-C_3N_4/RGO/Bi_2WO_6 [84,87]

（2）S 型异质结光催化剂。在对传统异质结理解的基础上，一种新的 S 型异质结的概念被提出。武汉理工大学余家国教授发表了题为“*S-Scheme Heterojunction Photocatalyst*”的观点文章，详细阐述了 S 型异质结在电荷转移机理方面同其他异质结的不同以及局限性和未来的发展方向。S 型异质结主要由功函数较小、费米能级较高的还原型半导体光催化剂（RP）和功函数较大、费米能级较低的氧化型半导体光催化剂（OP）通过错开型方式构建而成，可以实现活性因子的有效分离，保留强氧化还原能力，如图 1.14 所示。例如，成功制备 MoS_2/PANI[91]、ZnS/$CoMoO_4$[92] 和 MoS_2/g-C_3N_4[93] 等 S 型异质结，增加了半导体之间的界面接触，改善了太阳光的吸收范围，提高了活性因子的分离效率。

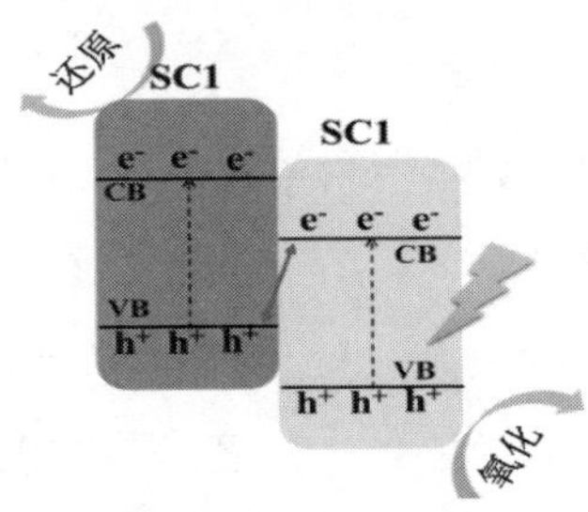

图 1.14 S 型异质结

（3）p-n 异质结。p 型半导体和 n 型半导体中费米能级位置有显著差异，分别靠近其价带位置和导带位置，n 型和 p 型半导体复合在一起之后，在内建电场的作用下能带会发生弯曲直到二者费米能级平衡，最终形成一个电场方向由 n 型半导体指向 p 型半导体内建电场，由于 p 型半导体的导带比 n 型半导体更负，而 n 型半导体的价带比 p 型半导体更正，因此电子会从 p 型半导体转移到 n 型半导体，同时引起空穴反向传导，促进活性因子的有效分离，这种异质结构被称为 p-n 异质结（图 1.15）[94]。p-n 异质结有利于电荷快速迁移到催化剂的表面，延长了光生电荷的寿命，氧化、还原反应分别位于两种不同的光催化剂上，因而具有很好的光催化活性，如 NiO/TiO_2[95]、（BiO）$_2CO_3$/BiOI[96]、BiOBr/$La_2Ti_2O_7$[97]、g-C_3N_4/$Bi_4Ti_3O1_2$[98]、α-Fe_2O_3/$Ag_6Si_2O_7$[99] 等。目前已经开发出的半导体材料中 n 型半导体数量较多，利用 NiO、Co_3O_4、Bi_2O_3、Ag_2O、Cu_2O、$CuFe_2O_4$、MoS_2 等 p 型半导体复合形成 p-n 异质光催化剂组合方式灵活多样，能用于改善 n 型半导体的光催化活性[100-106]。

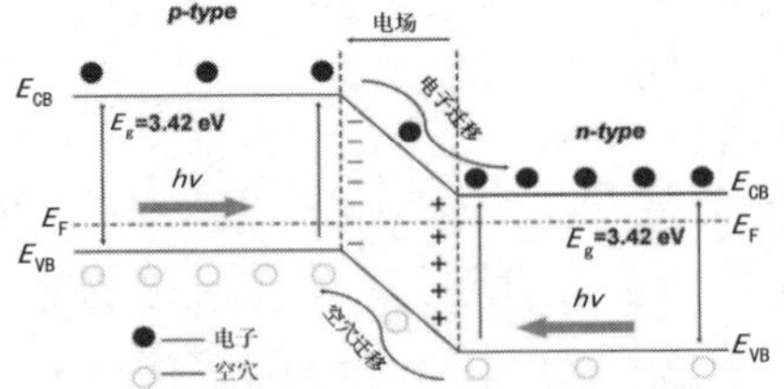

图 1.15 p-n 异质结的能带结构和活性因子分离示意图[94]

（4）异相结。异相结是由不同晶相的同种半导体由于晶体结构和电子结构的差异而形成的异质结构。在异相结中具有不同晶相的半导体之间会形成带势差和内电场，进而促进活性因子的分离。Ga_2O_3 和 Bi_2O_3 异相结光催化体系如图 1.16 示所。

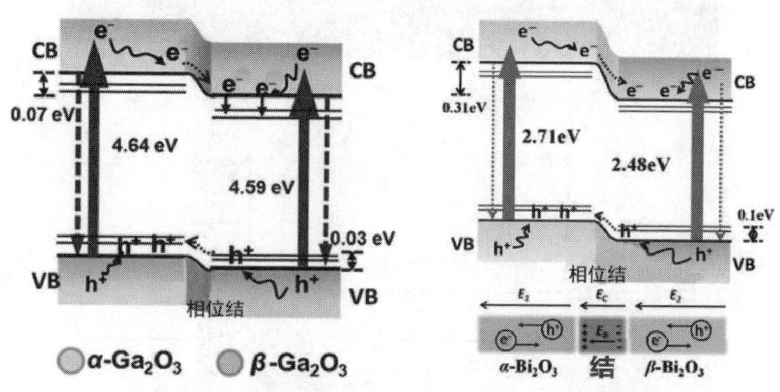

图 1.16 Ga_2O_3 和 Bi_2O_3 异相结光催化体系 [107,112]

2008 年，李灿院士的课题组在国际上首先提出了表面异相结的概念，构筑了锐钛矿和金红石相的 TiO_2 异相结光催化剂，用于光催化全分解水研究 [108]；2012 年，课题组进一步发表了 α、β 相的 Ga_2O_3 异相结，用于光催化分解水制氢研究，结果表明异相结能够大幅提高半导体的光催化活性，同时表明异质结中的界面电荷传导性质对光催化活性具有重要影响 [107]。2015 年，南京大学邹志刚院士深入研究了具有不同晶面组成的 CeO_2 异相结光催化剂的性能，研究表明晶面对电子空穴分离和传递的性能有显著提升 [109]。另一项研究表明由 α、γ 相 Bi_2O_3 形成的异相结显著提升光催化降解罗丹明 B 活性。其他半导体的异相结光催化剂，如 Bi_2WO_6、Fe_2O_3、Bi_2O_3、BiOCl、$BiVO_4$、C_3N_4、Cu_2O、CdS、WO_3 等 [110-118]，也同样具有很好的光催化活性。

（5）金属 - 半导体异质结。近年来，半导体等离子体金属粒子在提高光催化剂催化活性方面的应用取得了显著进展。半导体和金属（Ag、Au、Pt、Cu、Bi 等）纳米颗粒的复合是一种常见的改变半导体电荷迁移动力学的方法。金属颗粒通过多种不同的作用来提高半导体的光催化活性，在电荷和能量转移方面包括两种机理，一种是形成肖特基结，另一种是金属的等离子体效应 [119]。金属 / 半导体复合纳米结构的等离子体促进化学反应的原理如图 1.17 所示。

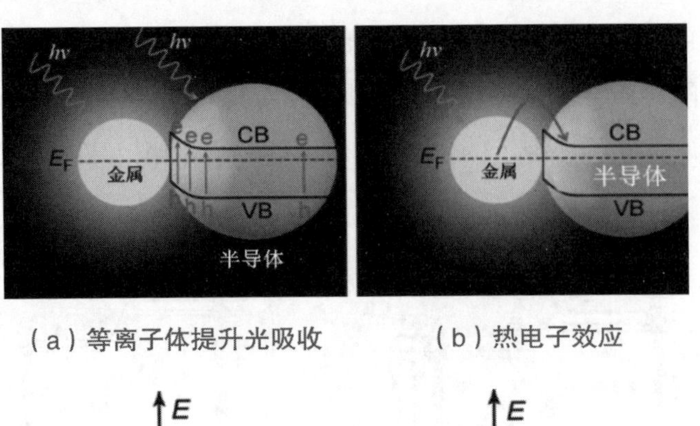

（a）等离子体提升光吸收　　（b）热电子效应

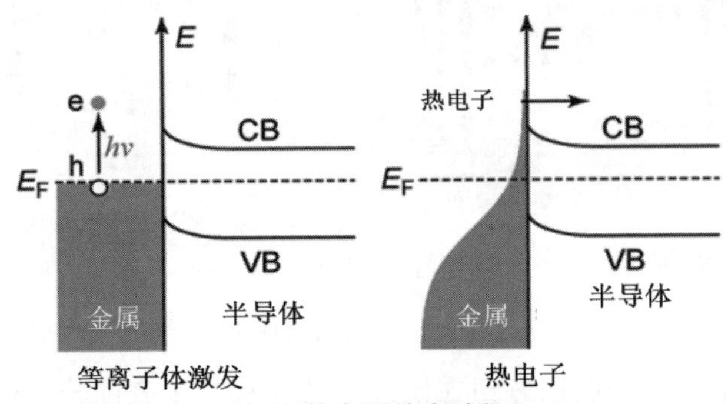

（c）热电子效应过程

图 1.17 金属 / 半导体复合纳米结构的等离子体促进化学反应的原理

在金属 - 半导体光催化剂受到光照时这两种机理同时或者单独作用。光催化过程中，引入的金属纳米粒子不仅具有良好的导电性和光吸收能力，还能在电场中产生表面等离子体共振效应（Surface Plasmon Resonance，SPR），从而显著增强光催化剂的性能。首先，由于金属纳米粒子（Ag、Au、Pt 等）的 SPR 效应，可以有效地拓宽半导体光催化剂的光学响应范围，增加光催化剂对光的利用率，提高了光催化效率。其次，金属纳米粒子的引入可以促进电子从半导体光催化剂的价带跃迁到导带，并在导带中稳定存在，从而减少了电子和空穴的复合概率，这种空间上的载流子分离为氧化还原反应提供了更多的活性位点，进一步提高了光催化性能。例如，Au、Pt 与 WO_3 形成的异质结在可见光照射下具有很高的分解水活性，金属纳米粒子 SPR 效应起到了关键作用[120]；通过构筑 Au/SiC 异质光催化剂用于有机反应中的催化加氢，表现出高选择性和转换率[121]；在介孔石墨状 C_3N_4 表面修饰单原子的 Pt 或 Pd 得到的异质结能够用于光催化还原 CO_2，负载单原子 Pd 后还原 CO_2 得到的还原产物为 HCOOH，负载单原子 Pt 后可以将 CO_2 还原为 CH_4，贵金属原子同时作为还原 CO_2 反应的活性位点[122]。

（6）碳材料和半导体异质结。碳材料（如石墨烯、碳纳米管、活性炭等）

具有和金属相似的导电能性质，不但具有高电荷转移能力，还拥有大比表面积，利用碳材料和半导体材料复合形成异质结 [123-124]。石墨烯 / 半导体光催化体系如图1.18所示，在可见光照射下半导体材料光生电子很容易迁移到碳材料上，其中，活性炭和半导体材料复合能够增加催化剂的比表面积和对污染物的吸附能力，进而提高催化剂的活性，如活性炭 /TiO_2。除此之外，还包括其他碳材料与单一光催化剂形成的异质结，例如碳点 /C_3N_4、碳点 /TiO_2、碳球 /C_3N_4 异质光催化剂 [125-128]。

由于碳纳米管的大比表面积和优良导电性，半导体和碳纳米管材料复合后除了增加比表面积外，碳纳米管与半导体材料之间还能够形成肖特基结来降低电子 - 空穴复合的概率。碳纳米管具有的储存电荷的能力，能够对半导体光照产生的光生电子加以存储，达到电子 - 空穴分离的效果，光催化活性提升。石墨烯作为一种独特二维单层石墨，具有高导电性、高电子迁移能力、大比表面积和廉价的特点 [129]。近年来，大量研究表明石墨烯 / 半导体复合光催化剂，石墨烯优良的导电性可提高半导体表面电子 - 空穴分离效率，显著改善半导体材料的光催化活性 [130-131]。

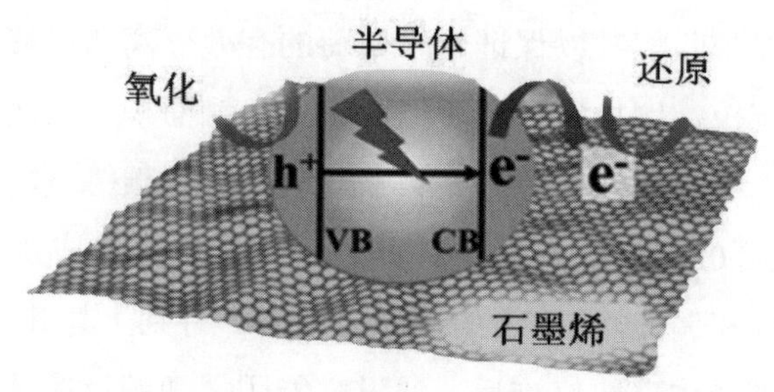

图 1.18 石墨烯 / 半导体光催化体系 [130]

（7）多组分异质结。将两种或多种可见光响应的组分及电子迁移介质整合而成的异质光催化剂称为多组分异质结，其具有良好的可见光吸收和电子 - 空穴分离效率，如 RGO/Ag_2S/TiO_2、Bi_2WO_6/MoS_2/RGO、AgBr-Ag-TiO_2、Cu/Cu_2O/CuO/TiO_2 等 [132-135]。光催化剂中金属与半导体之间形成的肖特基结或者石墨烯的优良导电性使其光催化活性与单一半导体和常见异质结相比明显提升。此外，还可以吸收多个波长的光，增加光吸收范围，提升了光利用率，不同半导体材料的两步激发过程会产生更多的活性因子参与光化学反应过程，从而提升光催化活性。

$CoP-CdS/g-C_3N_4$异质结光催化剂光反应过程中电子-空穴分离原理如图1.19所示。

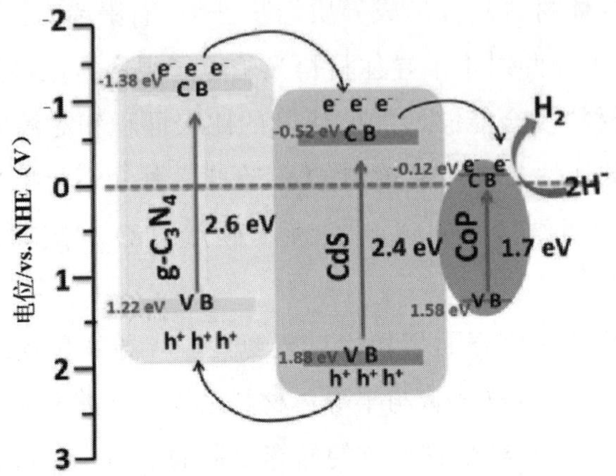

图1.19 $CoP-CdS/g-CN_4$异质结光催化剂光反应过程中电子-空穴分离原理

1.5.3 异质结界面电荷传输调控

构筑异质光催化剂能够有效提升单一半导体催化剂光生载流子的分离和迁移效率，提升半导体光催化剂的光催化活性，组成方式灵活多样。半导体的能带结构、界面晶格匹配程度通常是构筑异质光催化剂考虑最多的要素。然而，界面只考虑晶格匹配和能带匹配难以保证光生电荷的有效分离和迁移，因此需要对异质结界面性质进行调控，例如增加异质结的有效接触面积（核壳结构、包覆结构等）、大比表面积二维材料（石墨烯、类石墨烯的氮化碳等），或者纳米片结构半导体材料结合形成0D-2D的异质结。此外，在异质结合成过程中，对半导体材料的表面进行修饰和调控，产生大的接触面积同样有利于与其他半导体的复合。利用不同官能团对半导体表面修饰后，通过官能团之间的反应使不同半导体发生复合。调节不同半导体表面的电性、亲水/疏水性能来提升两种半导体材料之间的接触面积。通过极性半导体的内电场来提高单体光催化剂电荷分离概率，优化电荷迁移路径，促进电荷迅速迁移到催化剂表面的活性位点参与反应，提升异质结整体的光催化活性等。因此，研究不同类型异质结光催化反应过程中的光生电荷分离、迁移过程的动力学及其光催化反应机理，整合不同类型异质结电荷传导的优势对提高半导体光催化剂的活性和实际推广应用非常重要。

第 2 章 $Ag/SrTiO_3$ 异质光催化剂的制备及其可见光降解盐酸四环素

2.1 引言

近年来，金属纳米颗粒（如 Au、Ag、Cu、Pt 等）由于表面等离子共振（SPR）效应而具有对可见光的强吸收特性。通过构筑等离子体异质光催化体系能够提升半导体光催化剂的可见光吸收能力，同时有效减少半导体材料光生电子 - 空穴复合概率，该体系被广泛的应用于环境、能源领域（如污水处理、光分解水、二氧化碳还原等）[136-137]。这些催化剂都是基于金属纳米颗粒的功函数高于 n 型半导体，因此电子会从半导体表面经由金属 - 半导体界面迁移到金属纳米粒子上，使二者之间的费米能级达到平衡，形成肖特基结。半导体表面富集正电荷，而金属颗粒上富集的电子通过金属与半导体之间的肖特基结来促使半导体光生电子 - 空穴高效分离。金属 - 半导体异质结光催化体系的催化活性的提高主要有以下两方面的原因。

（1）金属纳米粒子与半导体之间形成肖特基结来促进半导体光生载流子的分离和迁移过程，提升半导体光生活性因子的分离效率。

（2）贵金属的局部表面等离子体共振（Localized Surface Plasmon Resonance，LSPR）效应增加半导体材料对可见光的强吸收，通过产生大量的载流子参与光催化反应[138]。所以，构筑金属 - 半导体异质结光催化体系已经成为研发新型高效可见光响应光催化材料的研究方向，这一类异质结催化剂被称为等离子体光催化剂。

在众多的光催化剂中，钛酸锶（$SrTiO_3$，STO）是一种光稳定性强、无毒无害、低成本的钙钛矿氧化物。由于其价带位置较低，产生的空穴具有很强的氧化能力，其导带位置高于 TiO_2，光激发后产生的电子也具有很强的还原能力，被广泛的用于光催化分解水和有机污染物的降解研究[139-140]。然而，钛酸锶的禁带宽度为 3.2eV，不具备可见光响应能力，人们开展了大量的研究来减小钛酸锶的禁带宽度，提升对可见光的利用，其中过渡金属元素掺杂是人们研究最多的 STO 改性方法，虽然这种方式可以使 STO 的能带变窄，但金属元素掺杂会不可避免地引起活性因子的复合[141]。人们研究了很多基于 STO 的等离子体光催化剂，通过 Au、Ag 纳米颗粒负载使 STO 可见光吸收能力和光催化活性提升，同时有效地避免了元素掺杂带来的不利影响，成为改性 STO 的理想方式[142-143]。

本书采用低温水热法合成纳米立方体钛酸锶，进而利用简单的光沉积法在纳米钛酸锶表面负载银纳米颗粒来形成等离子体光催化剂（Ag-STO），通过调

节 $AgNO_3$ 的浓度来制备不同银负载量的 Ag-STO 样品，利用 X 射线衍射仪技术（X-ray difiaction，XRD）、透射电子显微镜（Transmission electron microscope，TEM）、X 射线能量分散仪（EnergydispersiveX-rayspectrometer，EDX）、紫外-可见光吸收光谱（Ultraviolet-visible spectroscopy UV-vis）、高分辨率的透射电镜-扫描透射电子显微镜（HighResolution Transmission ElectronMicroscope-Scanning Transmission Electron Microscopy, HRTEM-STEM ）对得到的异质结样品进行系统的测试和表征，考察制备的等离子体光催化剂在可见光照射下降解 TC 的光催化活性，并研究其光催化反应机理。

2.2 实验部分

2.2.1 实验材料

实验过程中所使用的原料和化学试剂见表 2.1。

表 2.1 原料和化学试剂一览表

药品名称	化学式	纯度	生产厂家
P25	TiO_2	AR	中国医药集团有限公司
氢氧化锶	$Sr(OH)_2$	AR	中国医药集团有限公司
氢氧化钾	KOH	AR	中国医药集团有限公司
硝酸银	$AgNO_3$	AR	中国医药集团有限公司
盐酸四环素	$C_{22}H_{24}N_2O_8$	AR	中国医药集团有限公司

2.2.2 $SrTiO_3$ 的制备

称取 0.847g Sr（OH）$_2$，加入 35mL 水中，超声搅拌 20min，使 Sr（OH）$_2$ 完全溶解。再将 0.3g P25 在搅拌下缓慢加入上述溶液，然后再加入 2.1g 矿化剂 KOH，使 pH 为 13。搅拌约 30min，使其能够均匀混合，接着将混合溶液转移到 50mL 聚四氟乙烯内衬的反应釜中，在 150℃烘箱中持续反应 72h，取出，冷却至室温。将水热产物经过沉淀、过滤、洗涤至中性。得到的产物在 60℃烘箱烘干 24h，收集备用。

2.2.3 Ag/STO 的制备

首先，将 1mmol STO 样品分散在浓度为 2mmol/L 的硝酸银溶液中，经过充分超声搅拌后，将得到的溶液在紫外光下照射 1h，最终得到的样品经过水洗和干燥（60℃，12h）。采用相同的实验过程，通过调节 $AgNO_3$ 溶液的浓度为 4mmol/L、6mmol/L、8mmol/L、10mmol/L，来制备不同银负载量的 $Ag/SrTiO_3$ 等离子体光催化剂。通过调节硝酸银溶液浓度分别为 2mmol/L、4mmol/L、6mmol/L、8mmol/L、10mmol/L 来制备不同银负载量的 Ag-STO 样品，所得样品分别标记为 2mM、4mM、6mM、8mM、和 10mM。

2.2.4 实验仪器

实验过程所使用的主要实验仪器见表 2.2。

表 2.2 实验仪器一览表

仪器名称	型号
磁力搅拌器	85-1B
真空干燥箱	DZF-6020
电热恒温鼓风干燥箱	DHG-9140A
电子分析天平	BS124S
超声波清洗仪器	KQ2200
台式离心机	TG16W
高温烘箱	DHG-9078
X 射线行射仪	D8ADVANDCE
扫描电子显微镜	JSM-7001F
紫外可见光光谱仪	UV-2450
透射电子显微镜	JEM-2100
光化学反应仪	GHX-2
紫外可见分光光度计	TU-1810

2.2.5 光催化降解实验

首先，配制 100mL 浓度为 10mg/L 的盐酸四环素（TC）溶液，将配好的溶液置于暗处。然后，称取 100mg 相应的催化剂放入含有目标降解液的反应器中。黑暗条件下，持续搅拌 30min 使催化剂在溶液中分散均匀并达到吸附 - 脱附平衡后，打开冷却水源、光源，进行光催化降解实验。每隔 10min 吸取一定体积的光催化降解液，立即离心后用紫外 - 可见吸收光谱仪测量其吸光度，TC 的最大吸收波长为 357nm。

2.3 结果与讨论

如图 2.1 所示，对 $Ag/SrTiO_3$ 样品（$AgNO_3$ 浓度为 8mmol/L）进行了表征。

如图 2.1（a）和图 2.1（b）所示，TEM 和 HRTEM 测试结果表明，所制备的 SrTiO3（STO）样品为立方体，边长约为 50nm，可以明显的看到 Ag 纳米颗粒附着在 STO 的表面，尺寸大约为 10nm 图从 2.1（b）中还可以看出，Ag 纳米颗粒对应的晶格间距为 0.23nm，对应银的（111）晶面，钛酸锶的晶格间距为 0.382nm，对应立方晶相钛酸锶的（100）晶面。图 2.1（c）为所制备样品的 XRD 测试结果，当 2θ分别为 22.8°、32.2°、40°、46.5°、58°、68°、77.2° 时的衍射峰与 STO 的标准卡片（JPCDS No.35-0734）一致，所有的衍射峰都能够一一对应，没有出现其他杂峰，这表明所制备的样品为纯相钛酸锶。银负载后的 STO 样品 XRD 图谱中同样具有 STO 的衍射峰，表明负载银纳米颗粒后并没有对 STO 晶相产生影响，未观察到单质银的衍射峰可能是由于银的含量过低导致。为了进一步确定样品中是否存在银，对 Ag-STO 进行了 EDX 测试，结果如图 2.1（d）所示，从图中可以看出样品中所含有的元素为 Sr、Ti、O、Ag，其中的 C 和 Cu 元素来源于 STEM-EDX 测试过程中使用的铜网。

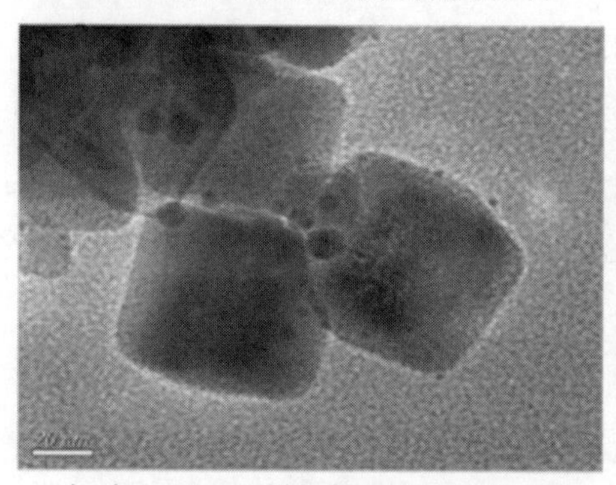

（a）Ag-STO 样品的 TEM 测试结果

（b）Ag-STO 样品的 HRTEM 测试结果

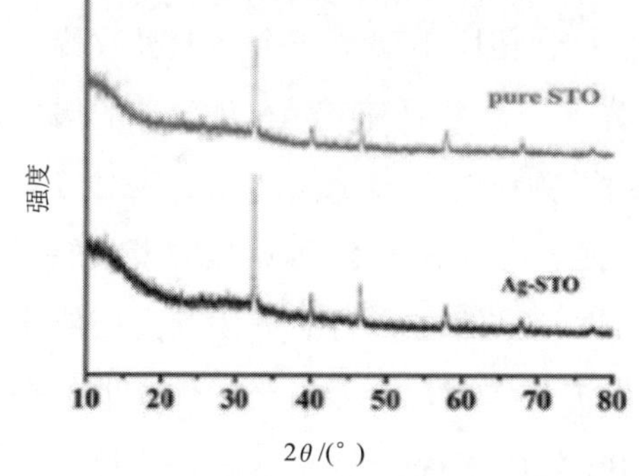

（c）Ag-STO 样品的 XRD 测试结果

（d）Ag-STO 样品的 EDX 测试结果

图 2.1 Ag-STO 样品的各项测试结果

对制备的 Ag-STO 纳米光催化剂的成分和元素组成进行了表征，通过 TEM 切换至扫描模式（STEM），将不同的元素（Ti、O、Sr、Ag）的积分强度分布绘制得到 STEM-mapping 图片，测试结果如图 2.2 所示。

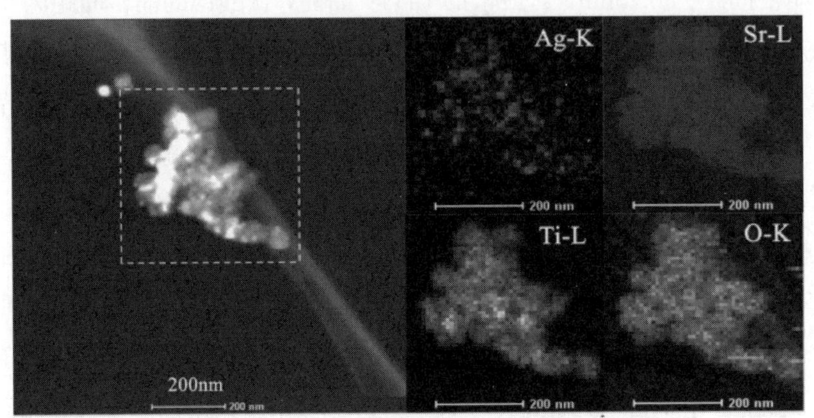

图 2.2 Ag-STO 样品在透射电镜下的 STEM 分析

从图 2.2 中可以看出，Ag-STO 纳米光催化剂由分散的纳米颗粒组成。对单一元素的空间分布进行观察可以看出，Sr-L、Ti-L、O-K 的分布与左侧样品的 TEM 形貌轮廓基本一致，而 Ag-K 呈分散的点状分布，银纳米颗粒尺寸约为 10nm。综上所述，Ag 纳米颗粒是附着在 STO 的表面而不是以离子状态掺杂在 STO 的晶格中。

通过对制备的 STO 和含有不同比例 Ag-STO 样品测试固体紫外漫反射谱图（图 2.3），发现纯 STO 的吸收边大约为 400nm，对于波长大于 400nm 的光没有吸收，这是由于 STO 的禁带宽度太大引起的。从图 2.3 中还可以看出，Ag-STO 样品在 400 ～ 800nm 可见光区域与纯 STO 相比出现了一个宽的吸收峰，这个吸收峰对应的波长范围包含了整个可见光区域，并且随着 Ag 负载量的增加这个吸收峰的强度明显增强。这是由于 Ag 纳米颗粒的等离子体共振效应对可见光的强吸收而产生的。结果表明，银负载可以显著提升 STO 对可见光的吸收能力，有助于提高 STO 在可见光范围的光催化活性。虽然过高的银负载量会使催化剂的吸光能力大幅提升，但也会对入射光产生屏蔽作用，会导致半导体光催化剂的活性降低。因此，利用金属纳米颗粒的 SPR 效应来提升半导体对光的吸收能力和光生活性因子的分离效率时，控制金属纳米颗粒的负载量非常重要。

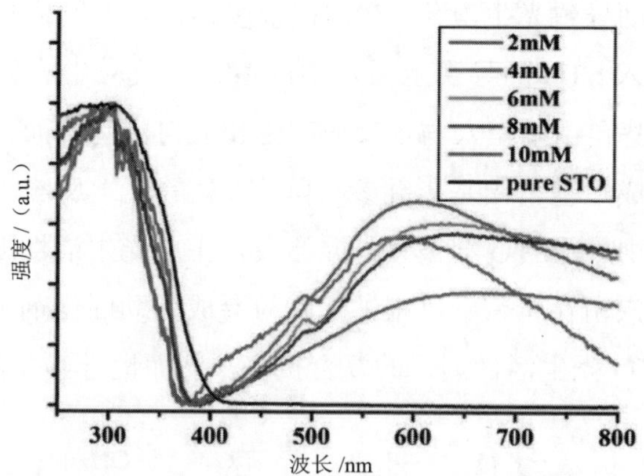

图 2.3 所制备的 STO 和 Ag-STO 样品的固体紫外漫反射谱图

利用可见光光催化降解盐酸四环素（TC）的实验来测试所制备的光催化剂的催化活性，实验结果如图 2.4 所示。实验结果表明，随着合成 Ag-STO 样品所用 $AgNO_3$ 溶液浓度逐渐增加（2 ～ 8mM），样品降解 TC 的光催化降解率逐渐升高，这是由于 Ag 纳米颗粒的等离子体共振效应所引起的。当光照时间延长至 60min 时，采用 8mM 硝酸银溶液制备的 Ag-STO 样品具有最佳的降解活性，TC 降解率达到了 41.5%，继续增加硝酸银浓度（10mM）所得样品的降解活性反而降低，这表明，过多的银负载会抑制光生电荷传递，引起了光催化活性的降低。对照实验表明，纯 STO 样品在可见光照射下降解 TC 的活性仅为 2%，这其实是由于 TC 的光解作用引起的。

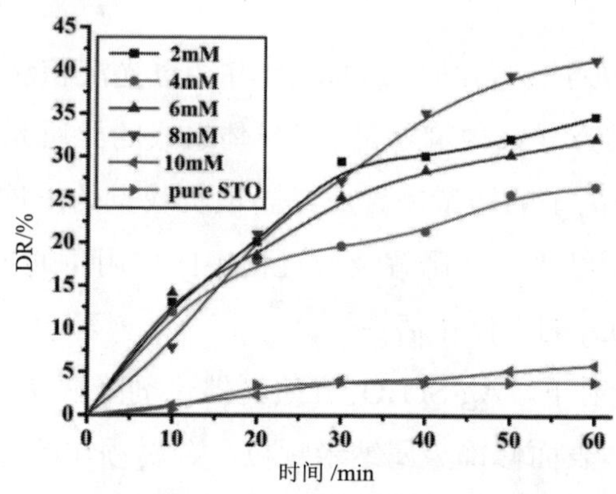

图 2.4 不同银负载量的 Ag-STO 样品的光催化降解 TC 实验

综上所述，根据实验提出了 Ag-STO 等离子体光催化剂可能的反应机理，如图 2.5 所示。首先，银纳米颗粒通过等离子体效应吸收入射光（可见光），引起内部电荷的简谐振动导致光生电荷 / 空穴在金属颗粒表面的富集，同时产生热效应；然后，电子注入 STO 的导带上与水中的溶解氧反应生成超氧自由基，并经过多步反应产生羟基自由基空穴与水反应产生超氧自由基，而银纳米颗粒上的空穴直接与水反应生成羟基自由基，并参与降解 TC 的化学反应。当利用全光谱作为光源来降解污染物时，STO 会被紫外光激发，生成光生活性因子，电子迁移到 STO 的导带上，空穴留在价带上，银纳米颗粒会成为助催化剂来提升界面间电荷传导能力，降低 STO 光生活性因子的复合机率，从而提升其光催化活性。

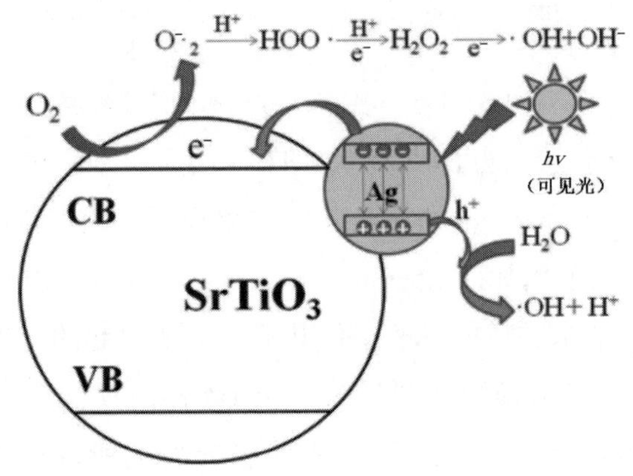

图 2.5 Ag-STO 等离子体光催化剂的光催化反应机理示意图

2.4 本章小节

（1）利用水热合成法制备纳米 $SrTiO_3$，并通过光沉积法在 $SrTiO_3$ 的表面光还原沉积银纳米颗粒的方式来构筑金属 - 半导体组成的异质光催化剂。

（2）通过控制银离子的用量来合成不同银负载量的光催化剂，研究金属颗粒等离子体效应在异质结光催化降解反应过程中的作用。通过对 TC 的光催化降解来评价不同 Ag-$SrTiO_3$ 的光催化活性。

（3）在可见光照射下，Ag-$SrTiO_3$ 异质光催化剂降解 TC 的催化性能明显升高，表明宽能带半导体表面修饰金属纳米颗粒，金属颗粒的等离子体效应能够显著提升其可见光吸收强度和光催化活性。

$AgBi(MoO_4)_2$界面性能调控及其光催化活性研究

3.1 引言

利用光催化反应来应对能源与环境问题引起了学者们的极大关注，对半导体光催化剂能带结构的研究对提升半导体催化活性具有重要影响。与一般的金属氧化物相比，含有两种或更多金属元素的多金属氧化物，其电子结构多样，光物理化学性质突出，是一类非常重要的光催化剂[144]。$AgBi(MoO_4)_2$ 作为一种多金属氧化物，具有白钨矿结构和较低的价带位置，光激发后产生的空穴能够与水反应产生 •OH 参与化学反应。早在 2010 年，南京大学邹志刚院士的课题组就采用固相合成法制备 $AgBi(MoO_4)_2$，并用于异丙醇的光催化降解实验，证明了这种能够被用作可见光响应的光催化剂参与有机物分解的化学反应过程[145]。此外，用微波水热法合成 $AgBi(MoO_4)_2$，得到的纳米 $AgBi(MoO_4)_2$ 具有良好的光电化学性质[146]。因此，构筑 $AgBi(MoO_4)_2$ 与其他半导体材料复合形成异质光催化剂，对进一步提升可见光照射下 $AgBi(MoO_4)_2$ 的光催化性能非常重要。

金属纳米颗粒具有的等离子体效应能够显著提升单一半导体的可见光吸收能力和电子 - 空穴分离效率，因此，金属 - 半导体异质结光催化通常具有很高的光催化活性。随着等离子体光催化剂的研究不断深入，人们发现卤化银（AgX，X=Cl、Br、I）吸收光子后，会产生活性因子，光生电子能够迅速还原 Ag^+，形成 Ag^0，最终形成 Ag 纳米颗粒附着在 AgX 的表面。由于 AgX 的不稳定性，其在光催化领域的应用一直受到限制。然而，最近的研究表明 Ag/AgX 具有很高的可见光催化活性和稳定性[147-148]。通过将 Ag/AgX 与其他半导体复合可以得到三元等离子体光催化剂，将 Ag/AgX 与半导体复合形成三元结构不仅有利于提升光催化材料的比表面积，还能够在光催化材料内部形成有利于电子 - 空穴分离的结构[149]。因此，深入探究 Ag/AgCl 与半导体材料复合形成的等离子体光催化剂的合成方法、组成结构、光催化活性和光催化反应机理，并研究其中的动力学和热力学规律具有重要意义。

3.2 实验部分

3.2.1 实验材料

实验过程中部分所使用的原料和化学试剂见表 3.1。

表 3.1 原料和化学试剂一览表

药品名称	化学式	纯度	生产厂家
硝酸银	$AgNO_3$	AR	中国医药集团有限公司
硝酸铋	$Bi(NO_3)_3$	AR	中国医药集团有限公司
钼酸钠	Na_2MoO_4	AR	中国医药集团有限公司
氯化钾	KCl	AR	中国医药集团有限公司
二甲基吡啶 N- 氧化物	$C_6H_{11}NO$	AR	中国医药集团有限公司
盐酸四环素	$C_{22}H_{24}N_2O_8$	AR	中国医药集团有限公司
EDTA 二钠盐	$C_{10}H_{14}N_2Na_2O_8 \cdot 2H_2O$	AR	中国医药集团有限公司
重铬酸钾	$K_2Cr_2O_7$	AR	中国医药集团有限公司
异丙醇	$(CH_3)_2CHOH$	AR	中国医药集团有限公司

3.2.2 $AgBi(MoO_4)_2$ 的制备

采用微波水热法制备 $AgBi(MoO_4)_2$ 纳米颗粒。具体实验操作步骤如下：首先将 1mmol $AgNO_3$ 和 $Bi(NO_3)_3$ 溶解于 5mL 去离子水中，充分超声搅拌 30min 后，将 5mL 浓度为 0.4 M 的 Na_2MoO_4 溶液逐滴加入上述的溶液中，继续搅拌混合溶液 5min 后，将溶液转移到水热釜中，设置反应温度为 160℃，微波反应 5min。待水热釜自然冷却至室温后，将得到的沉淀用乙醇和水交替清洗三遍。最后，将得到的样品在 60℃条件下干燥备用。

3.2.3 $Ag/AgCl/AgBi(MoO_4)_2$ 的制备

利用离子交换法和光还原法来制备 $Ag/AgCl/AgBi(MoO_4)_2$ 异质光催化剂，首先将 0.2g 制备完成的 $AgBi(MoO_4)_2$ 样品和适量的 KCl 分别分散到 50mL 的乙二醇中，经过不断搅拌后超声分散 30min，在搅拌过程中将两种溶液混合在一起，继续搅拌 4h 后收集得到的沉淀物就是 $AgCl/AgBi(MoO_4)_2$ 样品，并且水洗干燥。通过进一步的光还原过程得到 $Ag/AgCl/AgBi(MoO_4)_2$ 等离子体光催化剂样品。不同氯化钾用量（0.02mmol、0.1mmol、0.2mmol、0.4mmol、0.5mmol）所得的样品分别记为 AC-0.02、AC-0.1、AC-0.2、AC-0.4、AC-0.5。此外，采用光分解 AgCl 的方法来制备 Ag/AgCl 样品。

3.2.4 实验仪器

实验过程所用部分主要实验仪器见表 2.2，其余实验仪器见表 3.2。

表 3.2 实验仪器一览表

仪器名称	型号
电化学工作站	CHI 660B
荧光分光光度仪	Cary Eclipse
电子顺磁共振仪	A300-10/12
X- 射线光电子能谱仪	PH5300
比表面与孔吸附分析仪	NDVA-2000e

3.2.5 光催化降解实验

首先，配制浓度为 10mg/L 的 TC 溶液，将配好的溶液置于暗处。然后称取 50mg 相应的催化剂放入含有 100mL 目标降解液的反应器中。黑暗条件下，持续搅拌 30min 使催化剂在溶液中分散均匀并达到吸附 - 脱附平衡后，打开冷却水、光源，进行光催化降解实验。每隔 10min 吸取一定体积的光催化降解液，立即离心后用紫外 - 可见吸收光谱仪测量其吸光度，TC 的最大吸收波长为 357nm。通过在光催化降解过程中加入浓度为 1mM 的不同捕获剂来捕获光催化降解过程中产生的相应活性组分，实验过程中的取样、测试过程与光催化降解实验过程相同。

3.2.6 电化学性能测试

电化学阻抗测试采用不同样品来修饰玻碳电极（Glassy Carbon Electrode，GCE）的方法制备样品。首先对玻碳电极依次用 1.0 μm、0.3 μm、0.5μm 的 α -Al_2O_3 粉浆在碳化硅砂砾纸上打磨抛光，然后将电极在超声波清洗仪中依次在无水乙醇、去离子水中分别超声洗涤 3min，最后待电极表面干燥后备用。将 2.0mg 不同的光催化剂 [$AgBi(MoO_4)_2$、AC-0.4、Ag/AgCl] 样品分散在 1mL 超纯水中，充分超声分散后，取 6 μL 分散后的样品滴在处理好的电极表面，并自然风干样品，得到的不同样品修饰后的电极分别标记为 $AgBi(MoO_4)_2$-GCE、AC-0.4-GCE、Ag/AgCl-GCE。测试过程中利用电化学工作站并用三电极法来测试不同样品的电化学阻抗，电解液为 0.1 M KCl 溶液，其中 Fe（CN）$_6^{3-/4-}$的浓度为 5mM。

光电流测试过程中，利用电化学工作站来测试不同样品的光电流，实验过程中采用 Ag/Cl 作为参比电极，Pt 作为对电极，采用不同的光催化剂样品 [$AgBi(MoO_4)_2$、AC-0.4、Ag/AgCl] 旋涂 FTO 导电玻璃形成工作电极，光电流测试过程中用 300W 氙灯作为光源，并且滤去紫外光部分，光电流测试过程中电解液为 0.5 M Na_2SO_4 溶液。

3.3 结果与讨论

Ag/AgCl/$AgBi(MoO_4)_2$ 等离子体光催化剂的合成过程如图 3.1 所示，首先，利用微波水热法合成 $AgBi(MoO_4)_2$ 纳米颗粒；然后，利用阴离子交换法合成 AgCl/$AgBi(MoO_4)_2$；最后，通过光还原过程合成 Ag/AgCl/$AgBi(MoO_4)_2$ 等离子体光催化剂。从不同过程得到样品的 TEM 测试结果可以看出，$AgBi(MoO_4)_2$ 约为 120nm 大小的纳米颗粒，经过离子交换反应后结构发生了变化，颗粒尺寸有所减小，表明离子交换反应对 $AgBi(MoO_4)_2$ 的形貌产生了显著的影响。经过进一步的光还原过程后可以看到，AgCl/$AgBi(MoO_4)_2$ 表面有纳米颗粒生成，这可能是光照后 AgCl 分解产生的 Ag 纳米颗粒。为进一步确定所制备的纳米材料的结构、组成和光化学性质，对合成的样品进行了一系列的测试和表征。

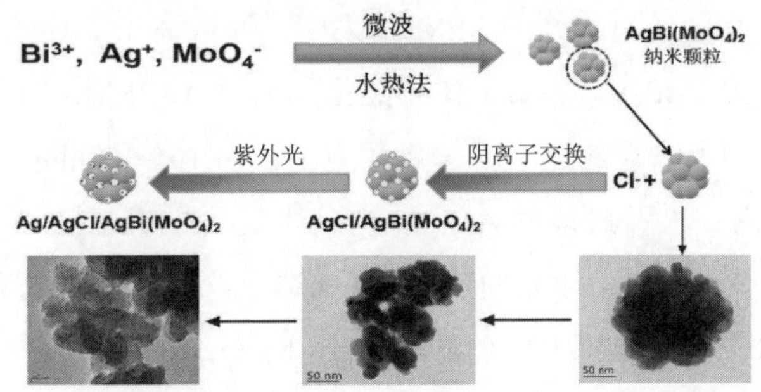

图 3.1 Ag/AgCl/$AgBi(MoO_4)_2$ 等离子体光催化剂的合成过程示意图

图 3.2 为合成的样品进行 XRD 测试的结果，从纯 $AgBi(MoO_4)_2$ 的 XRD 结果中可以看出，当 2θ 为 18.4°、28.3°、30.2°、33.9°、46.2°、48.6°、53.1° 和 57.2° 时的衍射峰与 $AgBi(MoO_4)_2$ 的标准卡片（JCPDS No.32-0999）所包含的特征峰一致，没有出现其他杂峰。而实验制备的不同氯离子浓度的 Ag/AgCl/$AgBi(MoO_4)_2$ 样品在 27.8° 和 32.2° 两个位置出现了两个衍射峰，分别对应 AgCl 的（111）和（200）晶面（JCPDS No. 31-1238），并且这两个峰的强度随着氯离子浓度的增加而逐渐增高，表明氯化银的含量也逐步增长。结果表明，离子交换过程中部分 $AgBi(MoO_4)_2$ 参与反应生成了 AgCl。当氯离子用量过高时，在 38.2° 处出现了一个微弱的衍射峰，这是 Ag（JCPDS No. 87-0717）纳米颗粒的衍射峰。

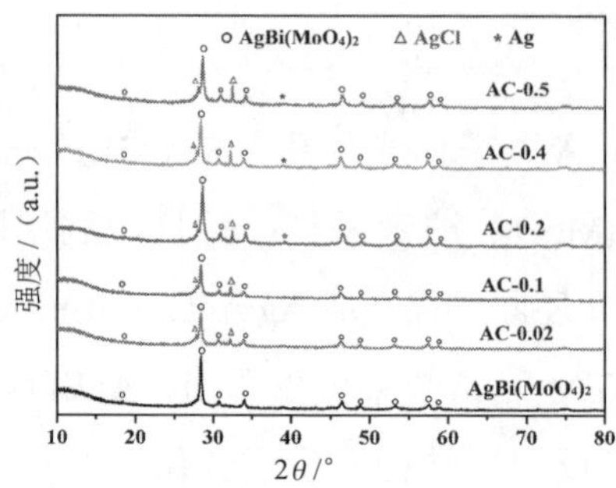

图 3.2 制备的 $AgBi(MoO_4)_2$ 和 $Ag/AgCl/AgBi(MoO_4)_2$ 样品的 XRD 测试结果

利用 SEM（Scanning Electron Microscope，扫描电镜）、TEM 和 EDX 元素分析对得到的样品进行表征测试的结果如图 3.3 所示。从图 3.3（a）中的测试结果可以看出纯 $AgBi(MoO_4)_2$ 是一种形状不规则的纳米颗粒，直径约为 100nm，边缘比较规整，表面光滑，每一个纳米颗粒都是由许多更小的直径约为 20nm 的纳米颗粒所组成。在图 3.3（b）的 SEM 结果中，通过离子交换法和光还原过程制备的 $Ag/AgCl/AgBi(MoO_4)_2$ 等离子体光催化剂也由 $AgBi(MoO_4)_2$ 所组成，但是构成 $AgBi(MoO_4)_2$ 纳米颗粒的微小粒子尺寸更小，为 10 ～ 20nm，表面变得粗糙。EDX 测试结果显示，所制备的 AC-0.4 样品中包含的元素为 Bi、Mo、O、Cl、Ag。图 3.3（c）是 AC-0.4 样品的 TEM 测试结果，从图中可以看出 AC-0.4 纳米颗粒的大小为 10 ～ 20nm，明显小于纯 $AgBi(MoO_4)_2$ 的颗粒尺寸，这是由于颗粒表面生成了 Ag/AgCl 纳米簇，其中银纳米颗粒尺寸约为 5nm，均匀分散在 AgCl 的表面。图 3.3（d）是 AC-0.4 样品的 HRTEM 测试结果，从图中可以看到，晶格间距 0.232nm 和 0.315nm 分别对应与 $AgBi(MoO_4)_2$ 的（211）和（112）晶面，晶格间距 0.204nm 对应于 Ag 的（200）晶面。此外，晶格间距 0.196nm，0.277nm 和 0.321nm 分别对应于 AgCl 的（220）、（200）和（111）晶面。

（a）$AgBi(MoO_4)_2$ 的 SEM 测试结果

（b）AC-0.4 样品的 SEM 和 EDX 测试结果

图 3.3 $AgBi(MoO_4)_2$ 和 AC-0.4 样品的测试结果

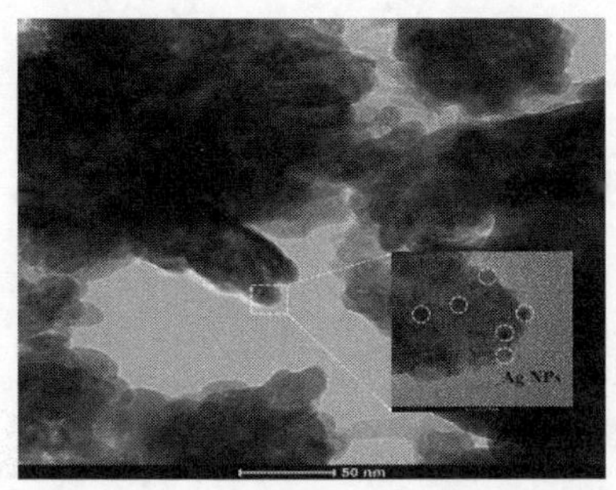

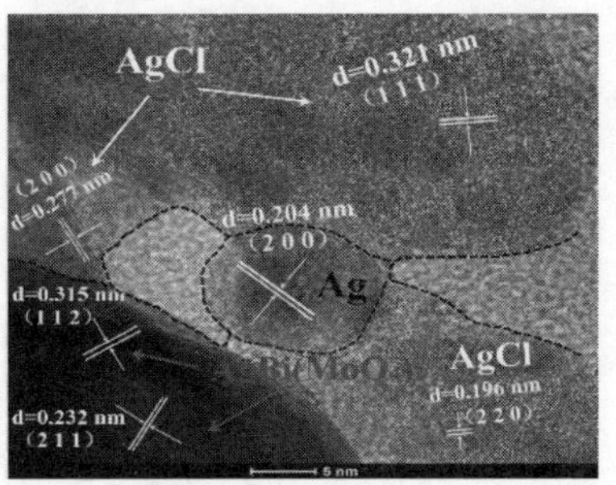

（c）AC-0.4 样品的 TEM 测试结果 （d）AC-0.4 样品的 HRTEM 测试结果

图 3.3 $AgBi(MoO_4)_2$和 AC-0.4 样品的测试结果（续）

对制备的 $AgBi(MoO_4)_2$、$AgCl/AgBi(MoO_4)_2$ 和 $Ag/AgCl/AgBi(MoO_4)_2$ 样品进行氮气吸附 - 脱附实验来测试样品的比表面积变化，结果分别如图 3.4 所示。结果表明，纯 $AgBi(MoO_4)_2$ 的比表面积为 10.556 m^2g^{-1}，经过离子交换反应之后比表面积显著增加达到 17.48 m^2g^{-1}，这是由于离子交换过程中部分 $AgBi(MoO_4)_2$ 参与反应，使得构成 $AgCl/AgBi(MoO_4)_2$ 的 $AgBi(MoO_4)_2$ 具有更小的尺寸，因而比表面积增加。经过进一步的光还原过程，部分 AgCl 在光照下分解，表面生成了尺寸更小的 Ag 纳米颗粒，因而 $Ag/AgCl/AgBi(MoO_4)_2$ 的比表面积进一步增加到 20.16 m^2g^{-1}。结果表明，经过离子交换反应和光还原反应后 $AgBi(MoO_4)_2$ 的比表面积会显著增加，这有利于光催化剂表面产生更多的活性位点，光催化剂能够和有机污染物分子更好的接触，有利于光催化活性的提高。

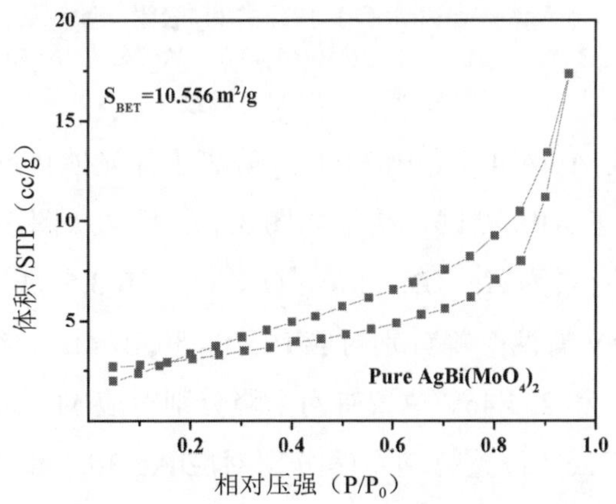

（a）$AgBi(MoO_4)_2$ 样品的 N_2 吸附 - 脱附等温线

图 3.4 $AgBi(MoO_4)_2$、$AgCl/AgBi(MoO_4)_2$、$Ag/AgCl/AgBi(MoO_4)_2$ 样品的 N_2 吸附 - 脱附等温线

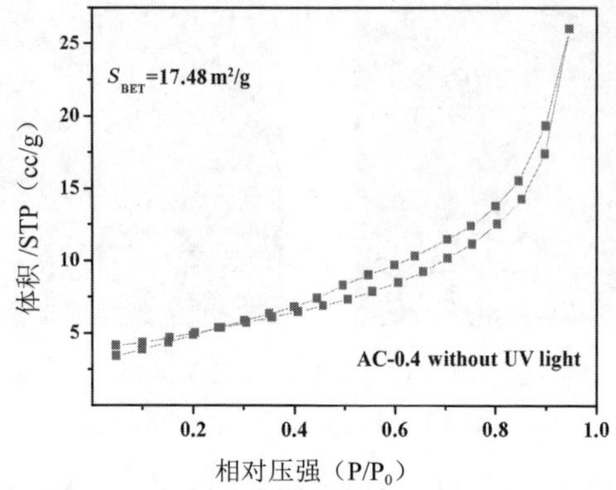

（b）$AgCl/AgBi(MoO_4)_2$ 样品的 N_2 吸附 - 脱附等温线

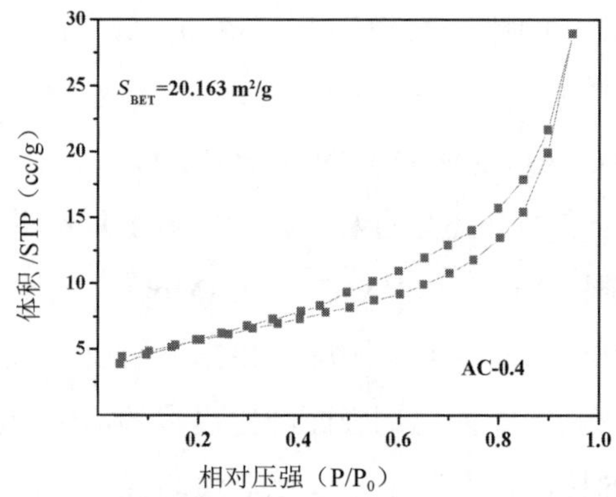

（c）$Ag/AgCl/AgBi(MoO_4)_2$ 样品的 N_2 吸附 - 脱附等温线

图 3.4 $AgBi(MoO_4)_2$、$AgCl/AgBi(MoO_4)_2$、$Ag/AgCl/AgBi(MoO_4)_2$ 样品的 N_2 吸附 - 脱附等温线（续）

为了进一步确定 $Ag/AgCl/AgBi(MoO_4)_2$ 等离子体光催化剂的表面化学组成，对 AC-0.4 样品进行了 XPS 测试，结果如图 3.5 所示。从图 3.5（a）中可以看出 AC-0.4 样品中组成元素为 Ag、Bi、Mo、O 、Cl。图 3.5（b）中可以看出 Bi 4f 在 159.2eV 和 164.5eV 有两个峰分别对应 Bi $4f_{7/2}$ 和 Bi $4f_{5/2}$。在图 3.5（c）中 Mo 3d 在结合能 232.4eV 和 235.4eV 位置有两个峰分别对应 Mo $3d_{5/2}$ 和 Mo $3d_{3/2}$。Ag 3d 在 367.2eV 和 373.2eV 位置有两个峰分别对应 Ag $3d_{5/2}$ 和 Ag $3d_{3/2}$。此外，Ag 3d 在 368.1eV 和 374.1eV 两个位置对应的两个小峰是由于 Ag^0 的存在所引起的。图 3.5（e）中对应的是 Cl 2p 轨道，Cl $2p_{3/2}$ 和 Cl $2p_{1/2}$ 分别对应的 XPS 峰位置在 197.2eV 和 198.7eV。在图 3.5（f）中，可以观察到 O 1s 轨道，对应 XPS 峰位于 530.2eV。

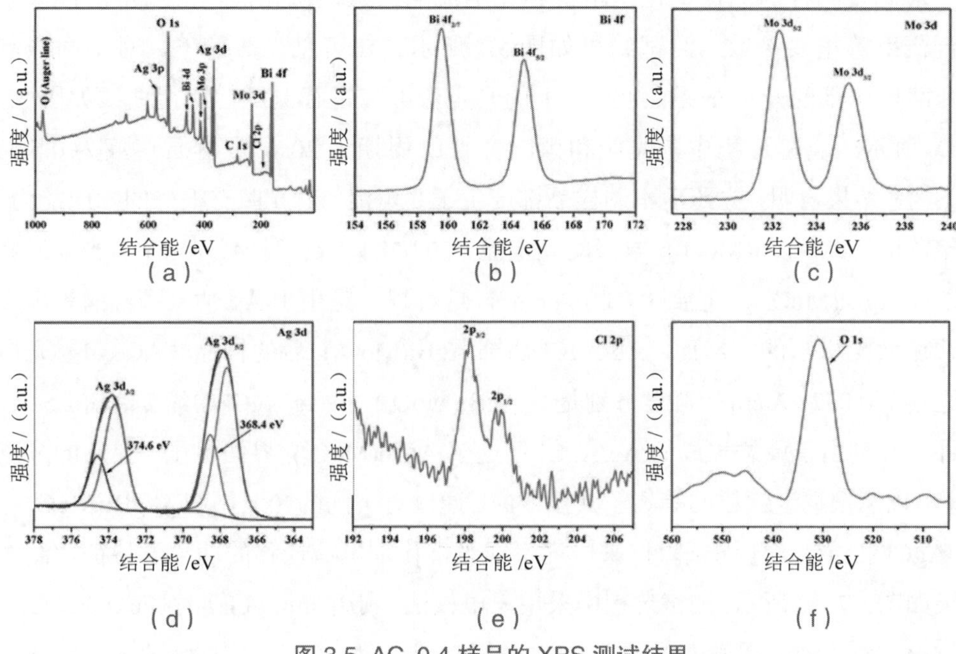

图 3.5 AC-0.4 样品的 XPS 测试结果

对制备得到的光催化剂测试 UV-vis 光吸收谱图的结果如图 3.6 所示。从图中的曲线可以看出，纯 AgBi(MoO_4)$_2$ 的吸收边在 428nm，能够吸收可见光。当表面修饰 Ag/AgCl 后，在 500 ～ 700nm 出现了一个吸收峰，这是由于 Ag 纳米颗粒的等离子体效应所引起，使得其在可见光范围的吸收能力逐渐增加，有利于提高催化剂的光催化活性。此外，通过经验公式计算得出 AgBi(MoO_4)$_2$ 的禁带宽度，进而通过绝对电负性和禁带宽度计算得出 AgBi(MoO_4)$_2$ 的导带（CB）和价带（VB）位置分别为 0.26V 和 3.16V。

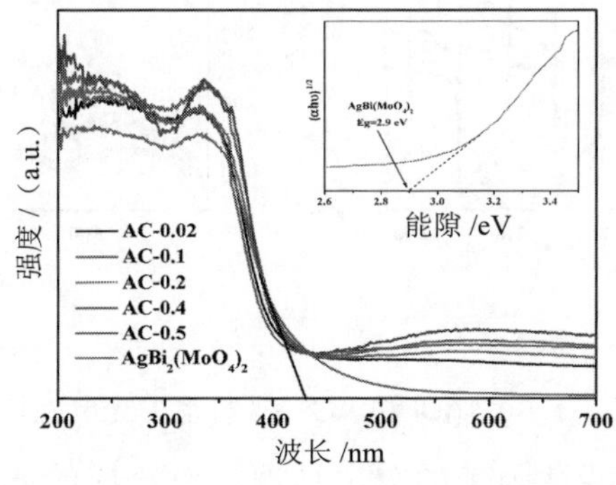

图 3.6 所制备样品的 UV-vis 漫反射图谱和纯 AgBi(MoO_4)$_2$ 能带计算

对制备的样品测试电化学阻抗和光电流响应来衡量光催化剂内部活性因子复合概率等重要参数，测试结果如图 3.7 所示。在可见光照射下，对不同样品在开路电压下的开 - 关模拟灯照射下的光电流响应进行测试，所得曲线如图 3.7（a）所示。实验过程中，光照和黑暗交替的周期为 20s，电解质溶液为 0.5 M Na_2SO_4。结果表明，光照后不同样品都产生了光电流，对光照有很好的响应能力。对比发现，纯 $AgBi(MoO_4)_2$ 电极的光电流为 0.028 μA cm^{-2}，Ag/AgCl 的光电流略高于纯 $AgBi(MoO_4)_2$，达到 0.033μA cm^{-2}，这种提升是由于 Ag 纳米颗粒的等离子体共振效应引起的。然而，Ag/AgCl 修饰 $AgBi(MoO_4)_2$ 后的样品（AC-0.4）光电流达到了 0.052 μA cm^{-2}，强度分别是纯 $AgBi(MoO_4)_2$ 和 Ag/AgCl 的约 2 倍和 1.5 倍。这种提升是由于原位生成的 Ag/AgCl 促进了 $AgBi(MoO_4)_2$ 界面电子 - 空穴的分离效率，以及银纳米颗粒的等离子共振效应。通过对不同的光催化剂［$AgBi(MoO_4)_2$，Ag/AgCl 和 AC-0.4］测试阻抗来研究不同光催化剂电荷迁移的动力学特征，测试结果如图 3.7（b）所示。测试过程中采用三电极法，利用 5mmol L^{-1} 的［$Fe(CN)_6$］$^{3-/4-}$ 作为电解质溶液。图谱中 X 轴和 Y 轴分别对应 Z′ 和 -Z″ 。能斯特曲线的等效电路如图 3.7（b）所示，其中 RS 是溶液电阻，RCT 是半导体 - 电极的界面电荷迁移电阻，CPE 是半导体和电极的固定相，结果表明 AC-0.4 的能斯特环明显小于 $AgBi(MoO_4)_2$ 和 Ag/AgCl 样品。测试结果表明 AC-0.4 样品中电荷在界面传递效果最好，有利于活性因子更好地分离和传递。

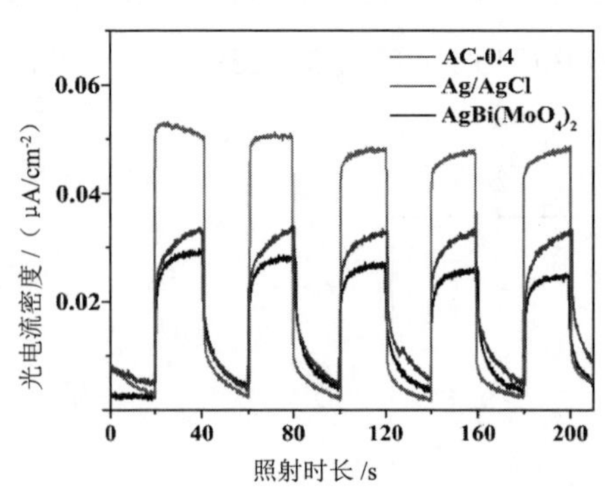

（a）光电流

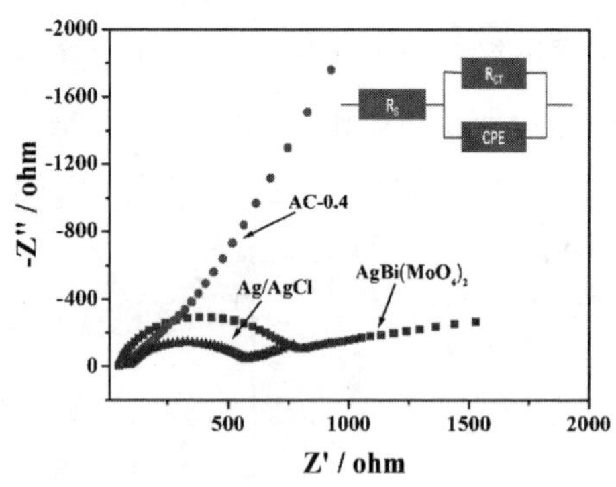

（b）交流阻抗谱图

图 3.7 $AgBi(MoO_4)_2$、Ag/AgCl 和 AC-0.4 样品的光电流与交流阻抗谱图

为了确定光催化剂活性因子的分离情况，对合成的 $AgBi(MoO_4)_2$ 和 AC-0.4 样品测试荧光谱图，结果如图 3.8 所示。从图中可以看出，两种材料在 475nm 波

长处都具有一个相似波形的荧光峰，纯 $AgBi(MoO_4)_2$ 的荧光峰强度明显高于 AC-0.4 样品，表明了 Ag/AgCl 修饰 $AgBi(MoO_4)_2$ 后光生活性因子的分离能力显著增强，说明等离子体光催化体系对光催化反应中活性因子的分离具有显著的促进作用。

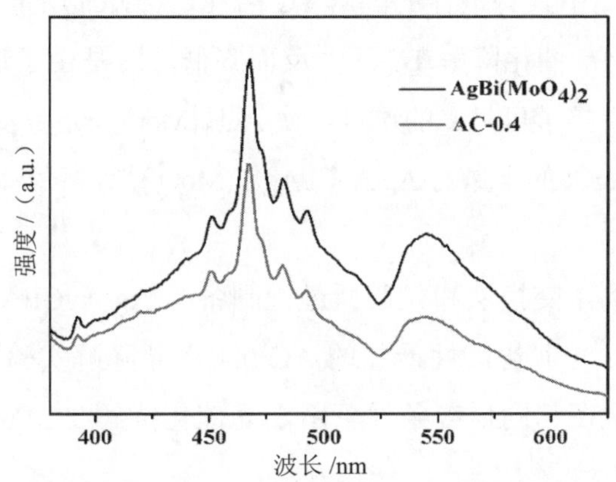

图 3.8 纯 $AgBi(MoO_4)_2$ 和 AC-0.4 样品在相同激发波长下的荧光谱图

在可见光照射下，利用光催化降解 TC 实验来研究所制备的 $AgBi(MoO_4)_2$、Ag/AgCl 和不同的 Ag/AgCl/$AgBi(MoO_4)_2$ 等离子体光催化剂的光催化活性。不同样品在相同实验条件下降解 TC 的降解曲线如图 3.9 所示。

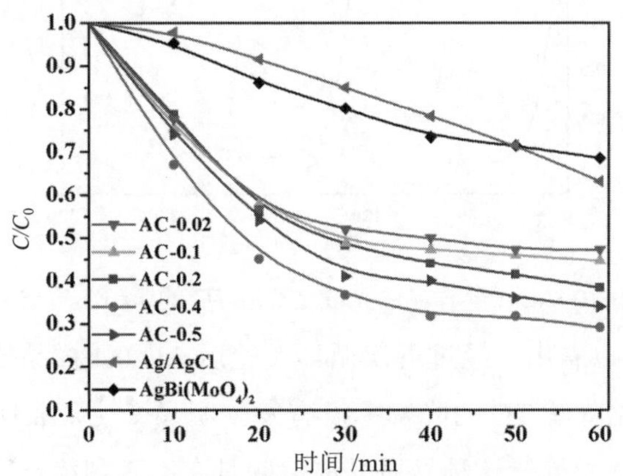

图 3.9 所制备的光催化剂在可见光照射下光催化降解 TC 的降解曲线

纯 $AgBi(MoO_4)_2$ 和 Ag/AgCl 降解活性较低，光照 1h 后对 TC 的降解率分别达到 30% 和 37%。当使用不同 KCl 制备的 Ag/AgCl/$AgBi(MoO_4)_2$ 等离子体光催化剂用于光催化降解实验，催化降解 TC 在相同条件下降解率明显升高，AC-0.02、AC-0.1、AC-0.2、AC-0.4 和 AC-0.5 样品相同条件下对 TC 的降解率分别达到了

47.5%、53.7%、55.2%、71.3%、65%，表明 Ag/AgCl 和 $AgBi(MoO_4)_2$ 复合形成等离子体光催化剂能够显著提升 $AgBi(MoO_4)_2$ 的光催化降解活性。其中，当合成这种等离子体催化剂的 KCl 用量为 0.4mmol 时得到的样品（AC-0.4）在不同 Ag/AgCl 含量的所有样品中具有最佳的降解 TC 活性，当 KCl 用量过多时（0.5mmol），所得等离子体光催化剂催化降解 TC 活性反而降低，这是由于过多的 AgCl 附着在 $AgBi(MoO_4)_2$ 的表面阻挡了可见光的透过，使 $AgBi(MoO_4)_2$ 光激发产生活性因子的数量减少。因此，Ag/AgCl 的含量对 $Ag/AgCl/AgBi(MoO_4)_2$ 等离子体光催化剂的光催化活性有重要影响。

为了考察这种离子交换法和光还原过程制备的 $Ag/AgCl/AgBi(MoO_4)_2$ 异质光催化剂的稳定性，对光催化活性最佳的 AC-0.4 样品降解实验完成后通过离心水洗回收利用，并再次在相同反应条件下用于光催化降解 TC 的循环实验，结果如图 3.10 所示。

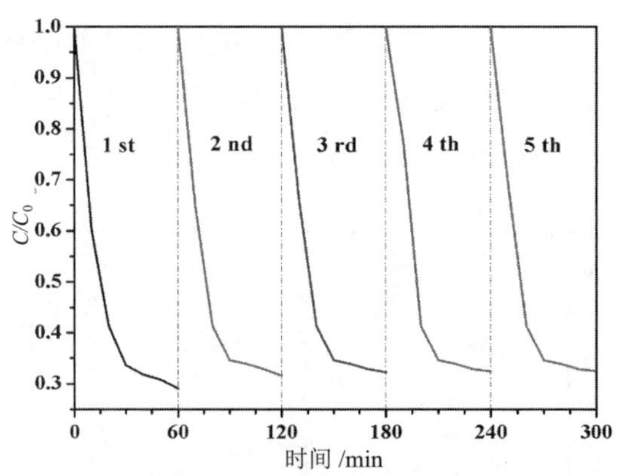

图 3.10 AC-0.4 样品的光催化降解 TC 的循环实验结果

从图 3.10 中可以看出，经过五次循环实验后 AC-0.4 样品依然具有良好的降解 TC 活性，光催化降解 TC 的降解率没有发生明显变化，表明这种等离子体光催化剂具有很好的稳定性。这种异质光催化剂具有高效和稳定的特点，归功于异质结构电子空穴的快速分离和银纳米颗粒的等离子体效应。经过五次循环试验后的 TC 降解率与第一次循环实验相比略有降低，这是由循环实验过程中样品回收使用过程中不可避免的质量损失引起的。结果表明，$Ag/AgCl/AgBi(MoO_4)_2$ 异质光催化剂具有良好的稳定性，能够被循环利用。

为了探究 $Ag/AgCl/AgBi(MoO_4)_2$ 等离子体光催化体系的光催化反应机理，通过

在光催化降解过程中加入不同的活性组分捕获剂来探究不同活性组分在光催化降解TC过程中的作用。本节中利用乙二胺四乙酸二钠（EDTA-2Na）、异丙醇（IPA）、抗坏血酸（Vc）、重铬酸钾［Cr （VI）］分别作为h^+、•OH、$•O_2^-$、e^-的捕获剂，利用AC-0.4样品光催化降解TC的捕获实验结果如图3.11所示。从图中可以看出，当光催化降解TC过程中加入EDTA-2Na后降解率降低到35%，而加入IPA后TC降解活性也受到明显抑制，相同反应时间内TC的降解率仅为45%。此外，加入Vc后经过一小时的光反应后TC降解率下降到25%，而加入Cr（VI）后降解活性最低，相同反应条件下的TC降解率仅为10%，这是由于电子被捕获后严重影响了超氧自由基的生成过程。综上所述，空穴和超氧自由基是这种异质光催化剂在可见光照射下光催化降解TC的主要活性组分。

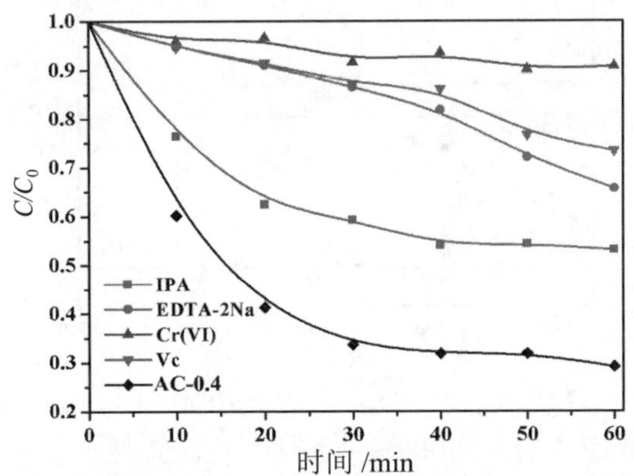

图3.11 Ag/AgCl/AgBi$(MoO_4)_2$（AC-0.4）异质光催化剂可见光降解TC的捕获实验

为了进一步探究Ag/AgCl/AgBi$(MoO_4)_2$等离子体光催化剂的光催化反应机理，对合成的AgBi$(MoO_4)_2$和AC-0.4等离子体光催化剂进行ESR测试来确定光照后生成活性组分的情况，结果如图3.12所示。图3.12（a）为AgBi$(MoO_4)_2$的ESR测试结果，表明催化剂受到可见光照射后会产生DMPO-$•O_2^-$和DMPO-•OH信号，表明这种催化剂能够受光激发产生超氧自由基和羟基自由基。Ag/AgCl/AgBi$(MoO_4)_2$等离子体光催化剂（AC-0.4）样品在受到光照后也能产生DMPO-$•O_2^-$和DMPO-•OH的特征峰，与纯AgBi$(MoO_4)_2$相比，峰的强度明显增强［图3.12（b）］。表明这种Ag/AgCl/AgBi$(MoO_4)_2$由于Ag纳米颗粒的SPR效应而具有更好的电子空穴分离效率，有利于生成更多的超氧自由基和羟基自由基。

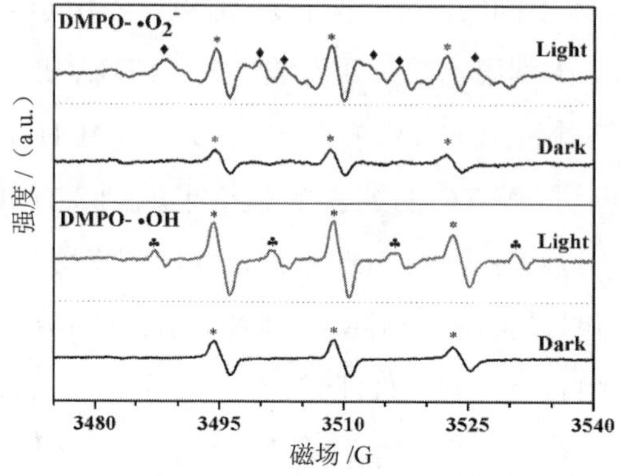

（a）$AgBi(MoO_4)_2$ 的 ESR 测试结果

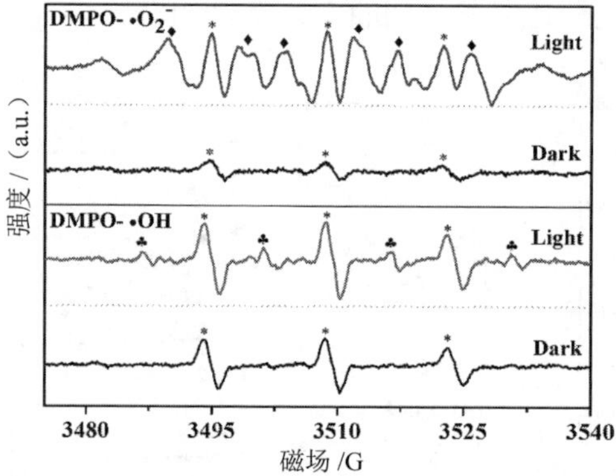

（b）$Ag/AgCl/AgBi(MoO_4)_2$ 异质光催化剂 ESR 测试结果

图 3.12 $AgBi(MoO_4)_2$ 纳米颗粒和 $Ag/AgCl/AgBi(MoO_4)_2$ 异质光催化剂 ESR 测试结果

* — DMPO 氧化峰；♦ —超氧自由基；♣ —羟基自由基

综上所述，$Ag/AgCl/AgBi(MoO_4)_2$ 异质光催化剂降解 TC 的光催化反应机理如图 3.13 所示。

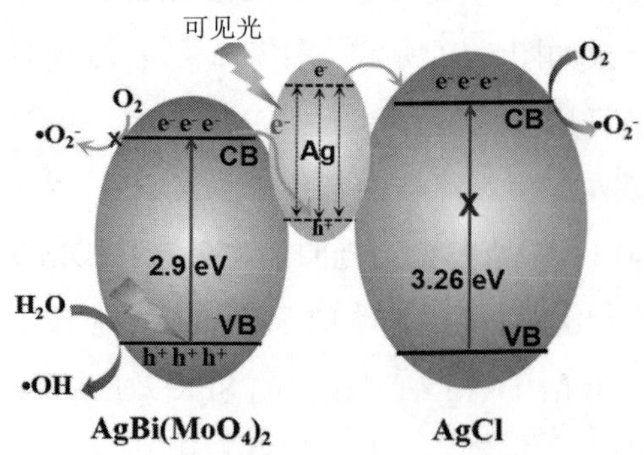

图 3.13 可见光照射下 $Ag/AgCl/AgBi(MoO_4)_2$ 异质结的光催化反应机理

在可见光照射下，$AgBi(MoO_4)_2$ 被可见光激发产生活性因子，然后电子从 $AgBi(MoO_4)_2$ 价带迁移到导带上。而 AgCl 的禁带宽度为 3.26eV 不能被可见光激发。由于 $AgBi(MoO_4)_2$ 的导带位置明显高于银纳米颗粒的氧化还原电位（Ag^+/Ag，+0.799 V vs NHE），所以 $AgBi(MoO_4)_2$ 导带上的电子会迁移到银纳米颗粒上，由于 Ag 的 SPR 的作用，电子进一步迁移到 AgCl 的导带上，由于 AgCl 的导带位置（−0.06 V）高于生成超氧自由基的电位（$O_2/\bullet O_2^-$，−0.046 V vs NHE），所以能够进一步与水中的溶解氧反应生成 $\bullet O_2^-$。在光催化反应过程中，$AgBi(MoO_4)_2$ 的光激发后产生的电子传递过程为 Z 型的传递方向，同时 $AgBi(MoO_4)_2$ 光催化剂表面的活性因子被有效的分离。因此，合成的 $Ag/AgCl/AgBi(MoO_4)_2$ 光催化剂是一种 Z 型异质光催化剂。

3.4 本章小结

（1）本书利用微波水热法制备了 $AgBi(MoO_4)_2$ 光催化剂，通过离子交换法、光还原法合成了 $Ag/AgCl/AgBi(MoO_4)_2$ 异质光催化剂，调节反应过程中的氯离子用量得到了不同 Ag/AgCl 含量的 $Ag/AgCl/AgBi(MoO_4)_2$ 等离子体光催化剂。

（2）在可见光照射下降解 TC 实验结果表明异质光催化剂的光催化降解 TC 活性明显高于 $AgBi(MoO_4)_2$ 纳米片、Ag/AgCl 样品。氯离子用量为 0.4mmol 时得到的异质结样品（AC-0.4）具有最佳的光催化活性，相同反应条件下降解 TC 的降解率达到了 71.3%，这种光催化活性得到提升归功于 $Ag/AgCl/AgBi(MoO_4)_2$ 异质结中银纳米颗粒的 SPR 效应对可见光的强吸收和异质结中电子 - 空穴的高效分离。

（3）光催化降解 TC 循环五次的实验结果表明，异质光催化剂的光催化活性稳定，能够被重复利用。捕获实验和 ESR 实验结果表明，光催化反应过程中 $\bullet O_2^-$ 和 •OH 是主要的活性组分。分析异质结中不同光催化剂的能带位置关系得出了异质光催化剂可见光下降解 TC 的光催化剂反应机理符合 Z 型异质光催化剂的电子空穴传导特点。

第 4 章 $AgIn(MoO_4)_2$ 界面性能调控及其光催化活性研究

4.1 引言

随着等离子体光催化剂研究的不断深入，在太阳光或可见光的驱动下，基于Ag/AgX（X为卤族元素Cl、Br、I）的复合物对有机污染物的光降解表现出了优良的催化性能[150-151]。AgBr相较于AgCl和AgI，稳定性强，粒度均匀，分散性好，对于Ag/AgX光催化体系而言，Ag/AgBr虽然在可见光区的吸收光谱弱于Ag/AgCl，但Ag/AgBr的降解能力更强。由于AgI在太阳光下极易分解，很难稳定存在，即使负载到其他半导体的表面形成异质结构，依然不稳定。由于AgBr经过光照或者弱还原剂作用生成的Ag颗粒具有很强的SPR效应，Ag/AgBr基异质结光催化体系能够有效地拓展半导体光催化剂对可见光的吸收，提高太阳光的利用率。

为了能够充分地利用太阳光进行光催化反应，人们研究了大量的可见光响应光催化剂。其中，钼酸盐依靠良好的电学性质、光学性质、优良的结构，被广泛研究和应用。钼酸盐中一些含铋和银的多金属氧化物具有良好的可见光响应和合适的价导带位置，能够应用于可见光分解水反应[152]。$AgIn(MoO_4)_2$纳米片光催化剂，作为一种双金属钼酸盐，其禁带宽度为2.25eV，能够被可见光激发，是一种非常理想的可见光响应光催化剂。由于Ag/AgBr良好的可见光吸收和稳定的化学性质，通过简单的合成方法将Ag/AgBr和$AgIn(MoO_4)_2$复合在一起形成异质光催化剂，利用Ag纳米颗粒的SPR效应来促进$AgIn(MoO_4)_2$光生活性因子的分离，使$AgIn(MoO_4)_2$获得更强的可见光吸收能力，有利于进一步提升$AgIn(MoO_4)_2$的可见光催化活性，有助于$AgIn(MoO_4)_2$催化剂的实际推广和应用。

本书采用简单的水热法制备了单分散的$AgIn(MoO_4)_2$单晶纳米薄片，并且深入研究了前驱体pH对$AgIn(MoO_4)_2$纳米片的结构和组成的影响。利用光还原法在$AgIn(MoO_4)_2$纳米片表面沉积Ag纳米颗粒形成$Ag/AgIn(MoO_4)_2$异质光催化剂，并利用化学沉积法和光还原法来构筑$Ag/AgBr/AgIn(MoO_4)_2$异质光催化剂，将得到的样品用于可见光催化降解TC来考察不同光催化剂的催化活性。实验结果表明，$Ag/AgBr/AgIn(MoO_4)_2$异质光催化剂在所有样品中表现出最佳的光催化活性，这是由于Ag纳米颗粒的等离子体共振效应促进了AgBr和$AgIn(MoO_4)_2$的光生活性因子的分离。进一步的研究表明，光催化反应过程中的$Ag/AgBr/AgIn(MoO_4)_2$异质结的电子空穴分离符合Z型异质光催化剂的传导机制。

4.2 实验部分

4.2.1 实验材料

实验过程中所使用的原料和化学试剂见表 4-1。

表 4.1 原料和化学试剂一览表

药品名称	化学式	纯度	生产厂家
硝酸银	$AgNO_3$	AR	中国医药集团有限公司
硝酸铟	$In(NO_3)_3$	AR	中国医药集团有限公司
钼酸钠	Na_2MoO_4	AR	中国医药集团有限公司
氢氧化钠	NaOH	AR	中国医药集团有限公司
硝酸	HNO_3	AR	中国医药集团有限公司
盐酸四环素	$C_{22}H_{24}N_2O_8$	AR	中国医药集团有限公司
EDTA 二钠盐	$C_{10}H_{14}N_2Na_2O_8•2H_2O$	AR	中国医药集团有限公司
重铬酸钾	$K_2Cr_2O_7$	AR	中国医药集团有限公司
异丙醇	$(CH_3)_2CHOH$	AR	中国医药集团有限公司

4.2.2 $AgIn(MoO_4)_2$ 纳米片的制备

通过传统的水热法合成 $AgIn(MoO_4)_2$ 纳米薄片。具体实验操作步骤如下：取 $AgNO_3$ 0.084g，0.5mmol 和 $In(NO_3)_3$ 0.191g，0.5mmol 溶解于 10mL 去离子水中，剧烈搅拌 15min，将 10mL 0.1 M Na_2MoO_4 溶液逐滴加入上述溶液中，然后用 NaOH 和 HNO_3 溶液来调节溶液的 pH 为 3 ～ 8。继续搅拌 20min，将得到的混合溶液转移至水热反应釜（50mL）中，在电烘箱中加热水热反应釜至 180℃，24h。待反应完全后取出水热反应釜，自然冷却，将反应后的橙黄色沉淀离心收集，并用去离子水和乙醇多次清洗，直到其上清液的 pH 为 7，最后将得到的样品在 60℃的条件下干燥。

4.2.3 不同 $AgIn(MoO_4)_2$ 等离子体光催化剂

将一定量的 $AgNO_3$（硝酸银的质量百分比分别为 0.5%、2%、4%、6%、8%、10%）和 $AgIn(MoO_4)_2$ 分散到 30mL 去离子水中，超声处理 30min，并搅拌

40min 使 Ag^+ 吸附在 $AgIn(MoO_4)_2$ 纳米片的表面。之后，将样品置于两个 150 W 卤素钨灯下照射 1h 来完成光化学淀积过程。将得到的产物离心，水洗后在 60℃的空气中干燥 12h。通过这种方法，制备了 $Ag/AgIn(MoO_4)_2$ 质量比分别为 0.5%、2%、4%、6%、8% 和 10% 的样品，标记为 0.5% Ag、2% Ag、4% Ag、6% Ag、8% Ag 和 10% Ag。作为对照，通过向 $AgIn(MoO_4)_2$ 样品中加入相同摩尔比的 KBr 和 $AgNO_3$，采用类似的光化学淀积法和光还原过程来制备 $Ag/AgBr/AgIn(MoO_4)_2$ 样品。采用光还原 AgBr 的方法来制备 Ag/AgBr 光催化剂。

4.2.4 实验仪器

实验过程所用部分主要实验仪器见表 2.1，其余实验仪器见表 4.2。

表 4.2 实验仪器一览表

仪器名称	型号	生产厂家
数字 pH 计	PHS-3C	上海理达仪器厂

4.2.5 光催化降解实验

首先，配制浓度为 10mg/L 的 TC 溶液，将配好的溶液置于暗处；然后，称取 100mg 相应的催化剂放入含有 100mL 目标降解液的反应器中，并在黑暗条件下持续搅拌 30min 使催化剂在溶液中分散均匀并达到吸附 - 脱附平衡；最后，打开冷却水、光源，进行光催化降解实验。每隔 10min 吸取一定体积的光催化降解液，立即离心后用紫外 - 可见吸收光谱仪测量其吸光度，TC 的最大吸收波长为 357nm。通过在光催化降解过程中加入浓度为 1mM 的不同捕获剂来捕获光催化降解过程中产生的相应活性组分，实验过程中的取样、测试过程与光催化降解实验过程相同。

4.2.6 电化学阻抗

电化学阻抗测试采用不同样品来修饰玻碳电极（GCE）的方法制备样品。首先对玻碳电极依次用 1.0 μm、0.3 μm、0.5 μm 的 α -Al2O3 粉浆在碳化硅砂砾纸上打磨抛光，然后将电极在超声波清洗仪中依次用无水乙醇、去离子水中超声洗涤 3min，最后待电极表面干燥后备用。称取 $AgIn(MoO_4)_2$、$Ag/AgIn(MoO_4)_2$、Ag/AgBr 和 $Ag/AgBr/AgIn(MoO_4)_2$ 样品各 2.0mg 分别溶于 1mL 超纯水中，经过超声分散后，取 6μL 分散后的样品滴在处理好的电极表面，并自然风干样品，得到不同样品修饰后的电极分别记为 $AgIn(MoO_4)_2$-GCE、$Ag/AgIn(MoO_4)_2$-GCE、Ag/AgBr-GCE 和 $Ag/AgBr/AgIn(MoO_4)_2$-GCE。测试过程中利用电化学工作站（CHI 660B）并用三电极法来测试不同样品的电化学阻抗。

4.3 结果与讨论

所制备的光催化剂的 SEM、TEM、HRTEM、EDX 测试结果如图 4.1 所示。

（a）$AgIn(MoO_4)_2$ 样品 SEM 测试结果

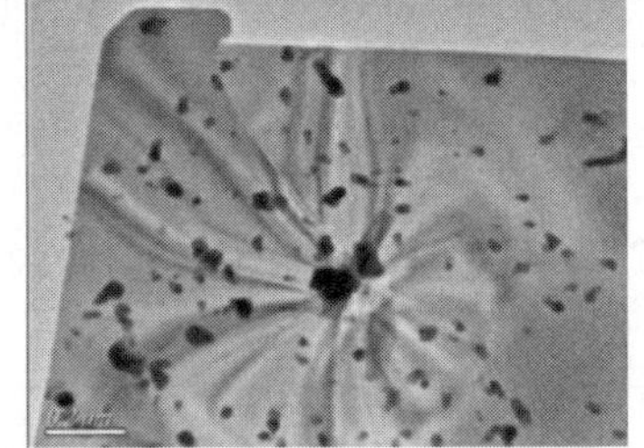

（b）$Ag/AgBr/AgIn(MoO_4)_2$ 样品的 TEM 测试结果

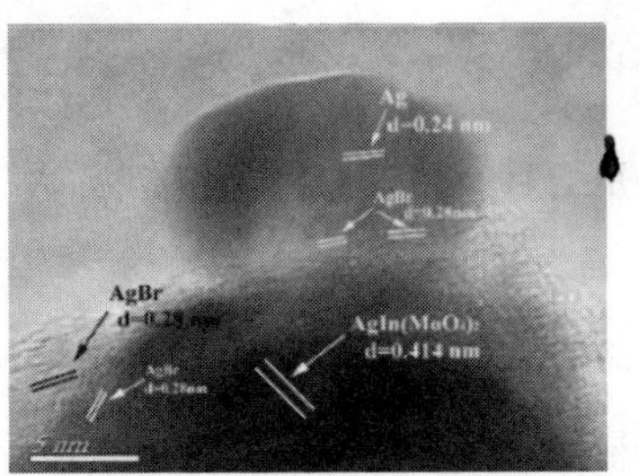

（c）$Ag/AgBr/AgIn(MoO_4)_2$ 样品的 HRTEM 测试结果

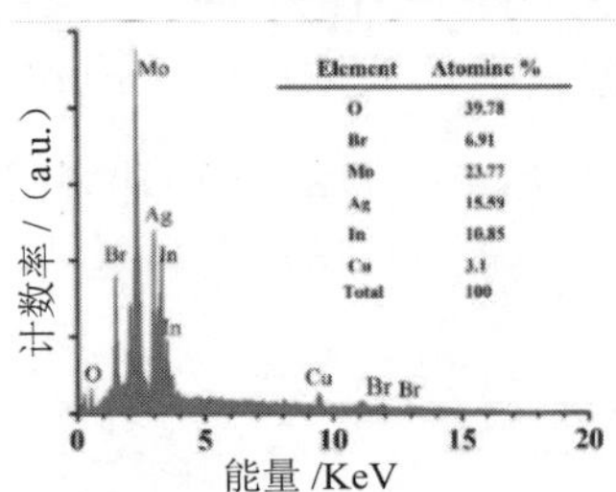

（d）$Ag/AgBr/AgIn(MoO_4)_2$ 样品的 EDX 测试结果

图 4.1 所制备的光催化剂的 SEM、TEM、HRTEM、EDX 测试结果

图 4.1（a）所示为 $AgIn(MoO_4)_2$ 样品的 SEM 测试结果，可以看出样品的形貌为单分散的方形纳米片，进一步放大的 TEM 测试结果［图 4.1（b）］表明样品结晶性很高，并且可以看到纳米片的表面沉积的银 / 溴化银纳米颗粒。图 4.1（c）的高分辨透射电子显微镜分析图可以清晰地观察到在 Ag 纳米颗粒边缘与

$AgIn(MoO_4)_2$ 纳米片之间有 AgBr 的存在。这一结果表明，溴化银在紫外光照射下能够原位部分地转化形成 Ag 纳米颗粒。通过对晶格条纹间距的测量，0.24nm、0.288nm、0.414nm 分别对应 Ag、AgBr、$AgIn(MoO_4)_2$ 的（101）、（200）、（105）晶面。为了进一步确定 Ag 的存在，进行了选区 EDX 微量测试，如图 4.1（d）所示，所制备 $Ag/AgBr/AgIn(MoO_4)_2$ 光催化剂中包含了 Ag、Br、In、O、Mo 这几种元素，C 和 Cu 的存在是由于在 HRTEM-EDX 测试过程中样品是用微栅铜网作为基底引入的。

为了验证 pH 对 $AgIn(MoO_4)_2$ 纳米结构的影响，调节水热反应中前驱体的 pH，得到产物进行 SEM 和 XRD 分析，结果如图 4.2 和图 4.3 所示。

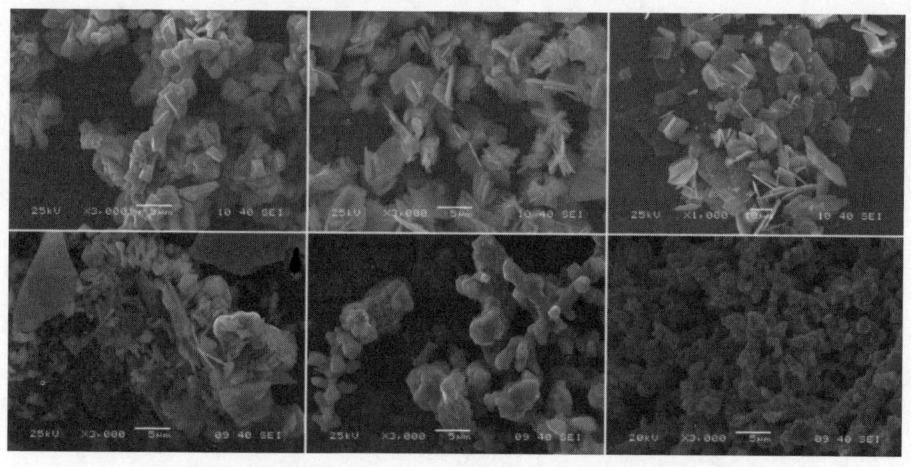

图 4.2 不同 pH(pH 为 3、4、5、6、7、8) 条件下，所制备样品的 SEM 测试结果

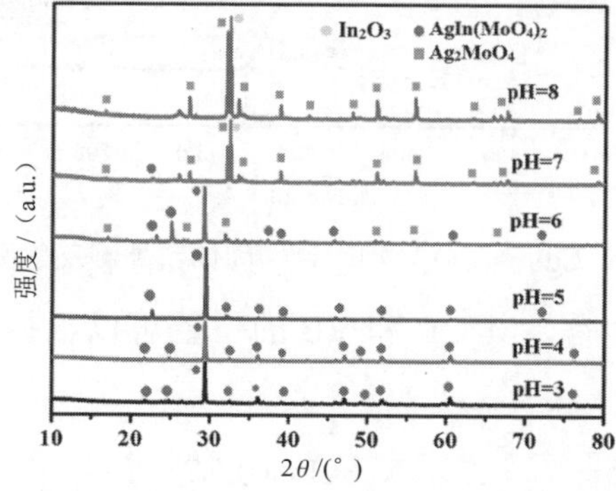

图 4.3 不同 pH(pH 为 3、4、5、6、7、8) 条件下，所制备样品的 XRD 测试分析结果

从图 4.2 中的扫描电镜结果我们可以看出，当水热反应中溶液 pH 为 3、4、5 时，得到的样品形貌分别为方块状、堆叠的片状、单分散纳米片；当溶液 pH

为6时，产物的纳米片结构在相同反应条件下被破坏；继续升高水热反应中的溶液，pH为7和8时，得到的样品相貌变得不规则。对这些制备得到的样品进行XRD分析（图4.3）来确定所得样品的晶型。结果表明，在特定pH范围内，pH对$AgIn(MoO_4)_2$的结晶具有显著影响，$AgIn(MoO_4)_2$更容易在酸性条件下结晶，进一步增加所述水热反应中溶液的pH，产物中出现了Ag_2MoO_4晶体（JCPDS No.75-0250）。

为了深入了解所制备光催化剂的光催化反应机理，需要确定$AgIn(MoO_4)_2$光催化剂的导带（CB）和价带（VB）位置。从图4.4中我们可以看出，$AgIn(MoO_4)_2$纳米材料对可见光的吸收边大约为550nm，晶体在吸收边附近的光吸收遵从以下方程式[153]

$$(\alpha h\nu)^n = k(h\nu - E_g) \tag{4.1}$$

式中：α 表示吸附因子；k 是有效质量相关的导带和价带相联系的参数；n 代表直接跃迁或间接跃迁（n=1/2为直接跃迁）；$h\nu$ 表示吸收能级；E_g 表示禁带宽度，

通过计算可以得到$AgIn(MoO_4)_2$的带隙为2.25eV。

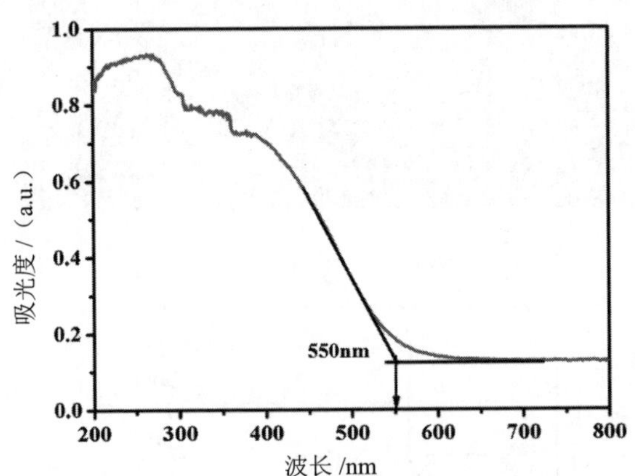

图4.4 $AgIn(MoO_4)_2$纳米片的固体紫外漫反射图谱

对于半导体材料而言，其CB和VB的位置可以根据以下的经验公式来计算[154]

$$E_{VB} = X - Ee + 0.5E_g \tag{4.2}$$

$$E_{CB} = E_{VB} - E_g \tag{4.3}$$

式中：X是半导体材料的绝对电负性，即半导体中组成原子的电负性的几何平均值；Ee为自由电子的能量氢（约4.5eV）；E_g是半导体的禁带宽度；E_{CB}是

半导体的导带；E_{VB} 是半导体的价带。

因此，可以计算得出 $AgIn(MoO_4)_2$ 的价带为 +2.627 V（vs NHE），其导带位置为 +0.377 V（vs NHE）。

所制备的 $AgIn(MoO_4)_2$ 样品及 $Ag/AgBr/AgIn(MoO_4)_2$、$Ag/AgIn(MoO_4)_2$ 光催化剂的相结构和结晶度是通过 XRD 测试来分析确定的 。如图 4.5 所示，所有样品中均含有 $AgIn(MoO_4)_2$（JCPDS No.36-0312）的衍射峰，没有出现其他的杂峰。2θ角度为 26.7°、31.1°、44.6°、55.4°处的衍射峰对应 AgBr（JCPDS No. 06-0438）的（111）、（200）、（220）和（222）晶面。当 $2\theta = 38.1°$时，所对应的衍射峰是 $Ag/AgIn(MoO_4)_2$ 和 $Ag/AgBr/AgIn(MoO_4)_2$ 中的 Ag 纳米颗粒（JCPDS No. 65-2871）的（111）晶面。在 $AgIn(MoO_4)_2$ 的 X 射线衍射图谱没有出现 Ag 的衍射峰，这表明 Ag 纳米晶体是在紫外光的照射后由 AgBr 分解所形成的。此外，Ag 的 AgBr 特征峰强度较低是由于 Ag 和 AgBr 的含量较低所引起的。

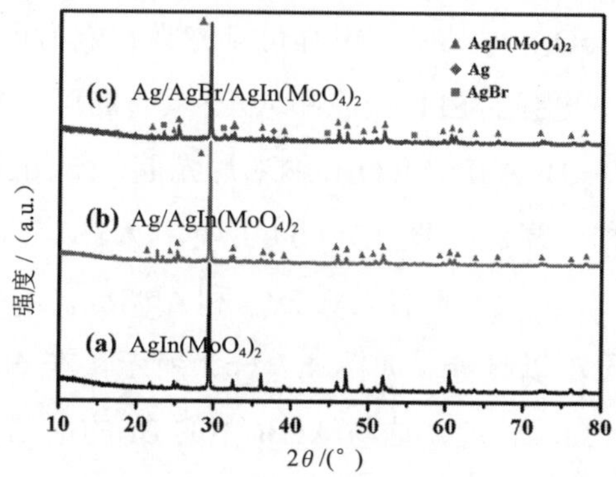

图 4.5 $AgIn(MoO_4)_2$、$Ag/AgIn(MoO_4)_2$、$Ag/AgBr/AgIn(MoO_4)_2$ 等离子体光催化剂的 XRD 图谱（Ag 质量百分数为 6%）

半导体材料光吸收能力是光催化剂具有高光催化活性的重要前提，因此需要对制备所得的样品测试紫外 - 可见漫反射光谱（Ultraviolet-visible Difuse Renectance Spectroscopy，UV-vis DRS）。图 4.6 为所制备的 $AgIn(MoO_4)_2$、$Ag/AgIn(MoO_4)_2$ 和 $Ag/AgBr/AgIn(MoO_4)_2$ 光催化剂的紫外 - 可见光吸收谱图。从图中可以清楚地看到，$Ag/AgIn(MoO_4)_2$ 样品光吸收带边与纯 $AgIn(MoO_4)_2$ 相比发生了红移，同时发现，$Ag/AgBr/AgIn(MoO_4)_2$ 复合光催化剂的可见光吸收带边也发生了红移，并且在可见光范围内光吸收的强度也明显提高。

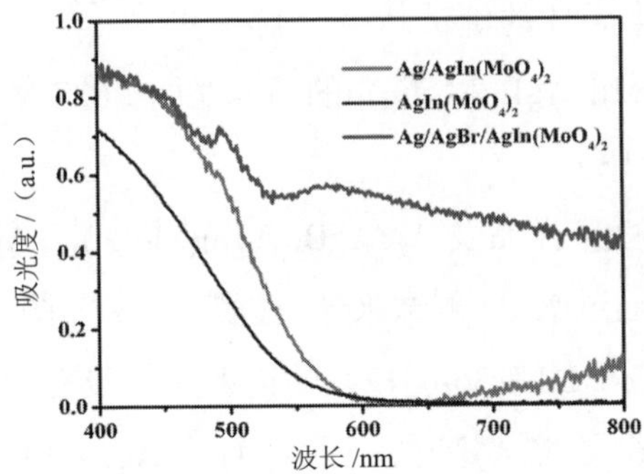

图 4.6 $AgIn(MoO_4)_2$ 及最佳比例等离子体光催化剂的紫外 – 可见光吸收谱图

谱图中大于 450nm 波长位置强而宽的吸收峰主要来自银纳米粒子强烈的表面等离子共振效应。$Ag/AgBr/AgIn(MoO_4)_2$ 光催化剂在 500 ～ 750nm 处显示出了强烈的表面等离子共振吸收，这是由银纳米粒子的表面等离子共振效应和溴化银对可见光的吸收引起的。众所周知，表面等离子共振效应所吸收的光频率很大程度上取决于金属颗粒的大小、形状，以及颗粒的间距、光催化剂所处的介电环境。因此，所制备的 $Ag/AgBr/AgIn(MoO_4)_2$ 样品具有更强可见光吸收能力可能是因为 AgBr 分解产生的 Ag 纳米粒子具有更强的 SPR 效应和 AgBr 具有的可见光吸收能力。

图 4.7 所示为 $Ag/AgBr/AgIn(MoO_4)_2$ 纳米片光催化剂相应的 XPS 图谱，提供了这种光催化剂的结构信息。如图 4.7（b）所示，Ag3d 光谱轨道在 367.7eV 和 373.7eV 处存在两个 XPS 峰，分别对应 Ag $3d_{5/2}$ 和 Ag $3d_{3/2}$。Ag 3d 特征峰对 Ag（0）和 Ag （I）变化不明显难以区分。如图 4.7（c）所示，在 68.6eV 和 69.1eV 的峰分别对应 Br $3d_{5/2}$ 和 Br $3d_{3/2}$ 轨道，这与 AgBr 中的 Br 的谱图相一致。图 4.7（d）为 530.8eV 处 O 1s 轨道的 XPS 光电峰。XRD 和 XPS 的两个结果均表明，实验已成功的制备出 $Ag/AgBr/ AgIn(MoO_4)_2$ 复合光催化剂。

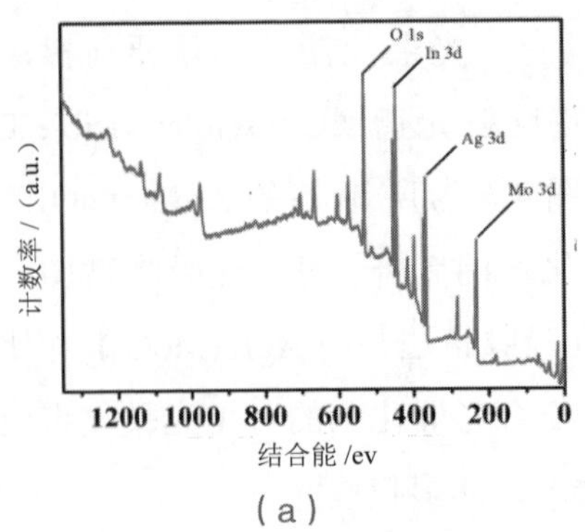

（a）

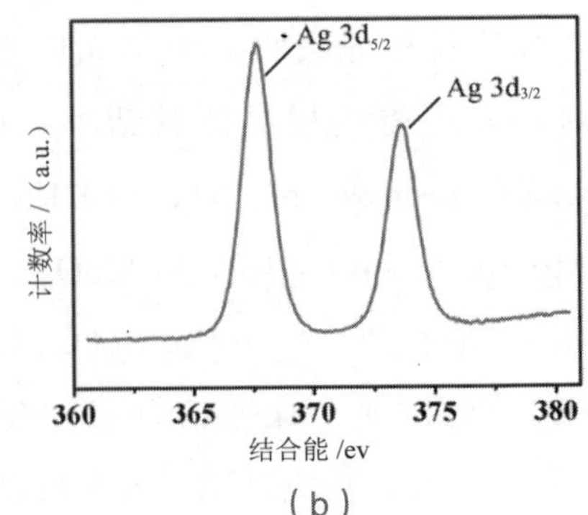

（b）

图 4.7 $Ag/AgBr/AgIn(MoO_4)_2$ 纳米片光催化剂相应的 XPS 图谱

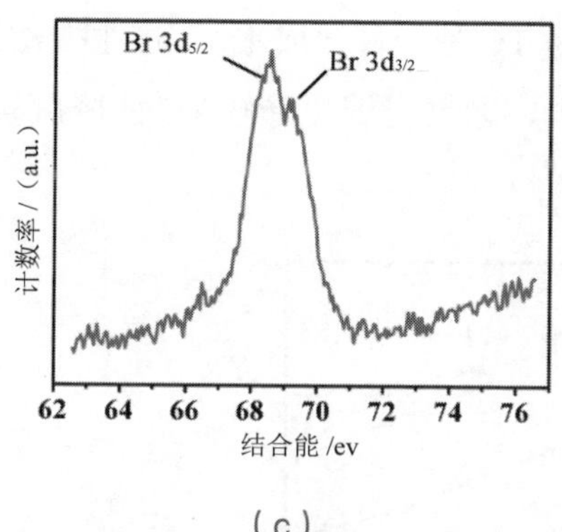

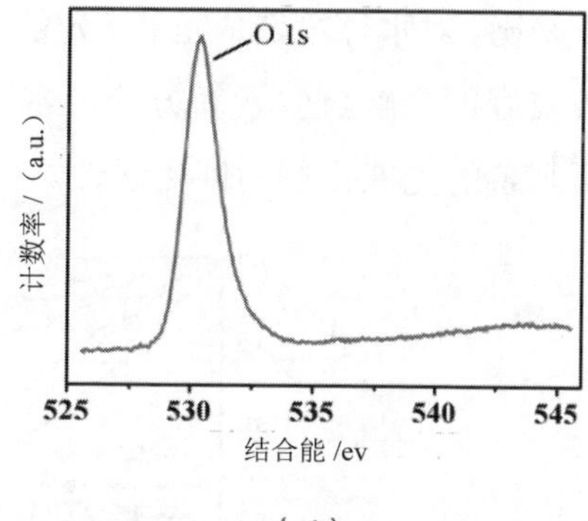

（c） （d）

图 4.7 $Ag/AgBr/AgIn(MoO_4)_2$ 纳米片光催化剂相应的 XPS 图谱（续）

一般通过对复合光催化剂进行电化学阻抗（EIS）测试来研究其光生电子空穴的分离效率和迁移能力。实验中用 Fe（CN）$_6^{3-/4-}$ 作为电化学探针，得到不同的电极 Nyquist 曲线（图 4.8）。如图中所示，$Ag/AgIn(MoO_4)_2$-GCE（曲线 b）、$Ag/AgBr/AgIn(MoO_4)_2$-GCE（曲线 d）和 Ag/AgBr-GCE（曲线 c）的电荷转移电阻要小于 $AgIn(MoO_4)_2$-GCE（曲线 a）的测试结果。在 $Ag/AgBr/AgIn(MoO_4)_2$ 加入电化学系统后，其电荷转移电阻明显小于其他样品。通常来说，Nyquist 曲线圆弧半径越小，表明样品的电荷转移电阻越低。综上所述，所制备的不同样品的阻抗值大小顺序如下：$Ag/AgBr/AgIn(MoO_4)_2$-GCE<Ag/AgBr-GCE<$Ag/AgIn(MoO_4)_2$-GCE<$AgIn(MoO_4)_2$-GCE。因此，可以得出以下结论，$Ag/AgBr/AgIn(MoO_4)_2$-GCE 具有最小的阻抗值，这表明其电子转移效率最大，有益于抑制电子 - 空穴的复合，进而获得更高的光催化活性。

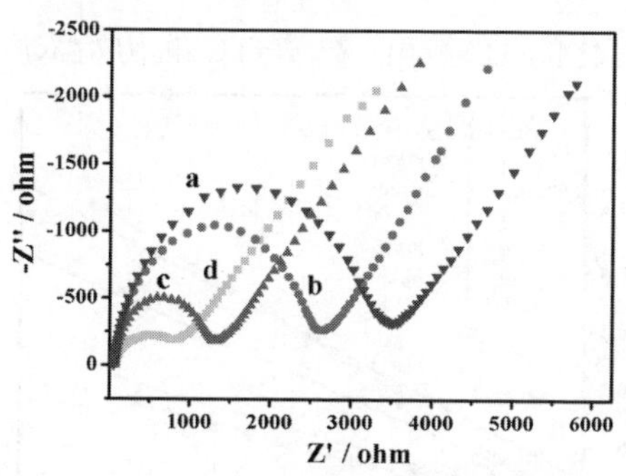

图 4.8 用 $Fe(CN)_6^{3-/4-}$ 作为电化学探针，得到的电极 Nyquist 曲线图
a—$AgIn(MoO_4)_2$–GCE；b—$Ag/AgIn(MoO_4)_2$–GCE；c—Ag/AgBr–GCE；
d—$Ag/AgBr/AgIn(MoO_4)_2$–GCE

作为一种被广泛使用的抗生素，盐酸四环素（TC）排放到自然水体中会影响生态平衡，对水环境造成危害。光催化降解TC是一种低成本，不产生二次污染，且环境友好的降解抗生素新方法。本实验中，通过光催化降解TC的降解实验来研究所制备的光催化剂的催化活性。

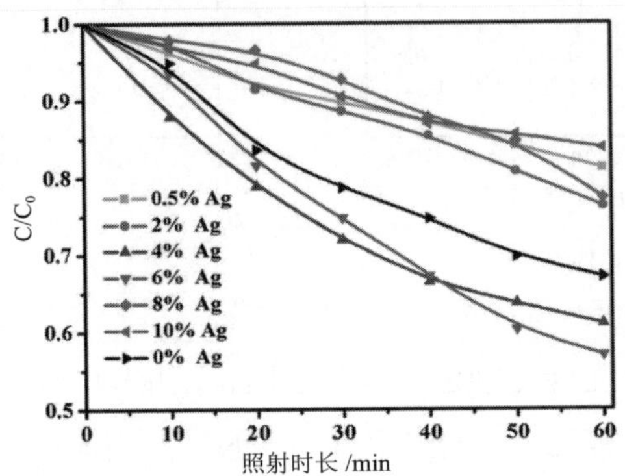

图 4.9 不同浓度的银负载 $AgIn(MoO_4)_2$ 样品的降解曲线

不同浓度的银负载 $AgIn(MoO_4)_2$ 样品的降解曲线如图 4.9 所示。首先通过可见光降解 TC 的实验来考察 $Ag/AgIn(MoO_4)_2$ 的催化活性。光反应 1h 后，所有的催化剂都表现出对 TC 的降解活性，6% 银负载量的样品达到最高的催化活性，其降解效率达到 42%，与纯 $AgIn(MoO_4)_2$ 样品相比具有明显的提升，这主要归因于表面银颗粒的等离子体共振效应。

如图 4.10 所示，$Ag/AgIn(MoO_4)_2$ 样品降解 TC 实验结果符合第一动力学曲线公式

$$\ln(C/C_0)=Kt \tag{4.4}$$

式中：C 是随时间变化的 TC 浓度；C_0 是 TC 的初始浓度；K 是反应速率常数。

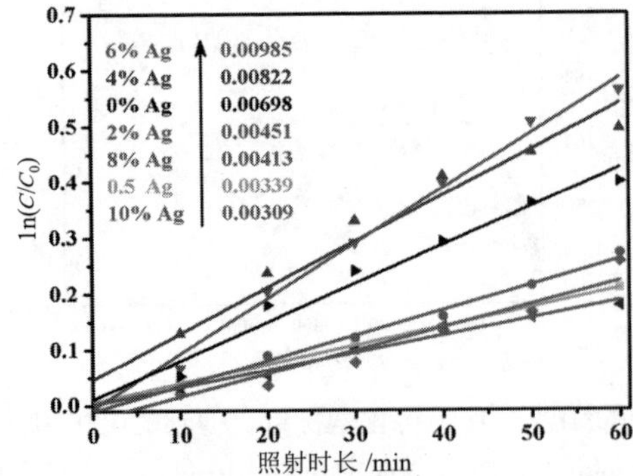

图 4.10 可见光照射下降解 TC 实验结果的第一动力学曲线

通过公式可以看出时间 t 和 $\ln(C/C_0)$ 具有明显的线性关系，表明反应过程

符合第一动力学。所有的样品都具有很好的催化活性，6% 银负载样品具有最高的催化活性，表明催化体系具有最佳的光吸收能力和电子迁移效率，等离子光催化剂中银的负载量影响光催化剂的光吸收和电子迁移速率。

此外，进一步对 Ag/AgBr、$Ag/AgIn(MoO_4)_2$、$AgIn(MoO_4)_2$、Ag/AgBr 修饰 $AgIn(MoO_4)_2$ 样品的催化活性进行研究，实验结果如图 4.11 所示。Ag/AgBr 和 $Ag/AgIn(MoO_4)_2$ 的催化活性较低，光反应 1h 后分别达到 30% 和 70%。在负载银后，降解活性有一些提高，达到了 43%，这种提高归功于 Ag 的表面等离子体共振效应。空白实验表明 TC 自身光分解作用十分微弱，在光照下很稳定。$Ag/AgBr/AgIn(MoO_4)_2$ 样品当银负载量为 6% 时表现出最高的催化活性，其 C/C_0 的比值从 1 降至 0.35，表现出良好的催化活性。由于溴化银的 2.6eV 能带很适合吸收可见光，且产生的银金属颗粒在催化剂表面提高了活性因子的分离效率和电荷的迁移能力。

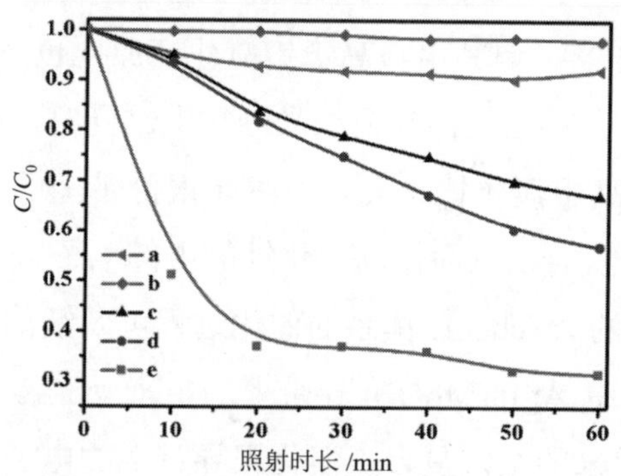

图 4.11 可见光照射下降解 TC 实验结果

a—Ag/AgBr；b—对照实验；c—纯 $AgIn(MoO_4)_2$ 纳米片；d—$Ag/AgIn(MoO_4)_2$；e—$Ag/AgBr/AgIn(MoO_4)_2$

为了进一步探究反应过程中的各种活性组分的作用机理，不同的活性组分捕获剂被添加到催化反应过程中，其中 IPA 用来作为 •OH 捕获剂，EDTA-2Na 用来捕获空穴，而重铬酸钾用来捕获光激发电子。图 4.12 是 $Ag/AgBr/AgIn(MoO_4)_2$ 和 $Ag/AgIn(MoO_4)_2$ 样品可见光降解 TC 的活性组分捕获实验结果，由图可得出以下结论：光催化降解 TC 过程中加入 1mM 的 IPA 和 EDTA-2Na 后，光催化活性没有受到显著影响，然而在加入重铬酸钾后，催化活性显著降低。此外，在用 N_2 去除溶解氧后的催化活性也明显降低，综上所述，氧气在生成超氧自由基的过程中起到重要的作用。因此，Ag/AgBr/ $AgIn(MoO_4)_2$ 光催化降解 TC 的反应过程中，电子传导是一种 Z-scheme 反应机制。

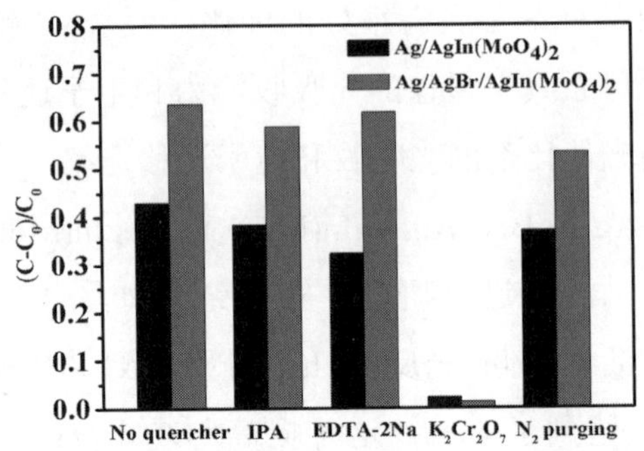

图 4.12 光催化反应过程中的活性组分捕获实验结果

$Ag/AgBr/AgIn(MoO_4)_2$ 光催化体系的光催化反应如图 4.13 所示。在可见光照射下，$AgIn(MoO_4)_2$ 和 AgBr 同时被可见光激发产生活性因子，Ag 纳米颗粒在这二者之间起到传导作用，构建了 Z-scheme 体系。相比于单电子的氧化过程：[$O_2+e^-+H^+ \rightarrow HO_2$ （aq），-0.046eV vs SHE]，$AgIn(MoO_4)_2$ 导带上的电子不能还原氧气（+0.4 V vs SHE），但其电势高于银氧化还原电位 Ag^+/Ag （+0.799 V vs SHE），所以光生电子会首先迁移到银纳米颗粒上。同时，导带上的空穴直接氧化 TC。由于银的能级高于溴化银，会导致溴化银价带上的空穴很容易传递到银颗粒上，并与电子发生复合，进而提高溴化银的内部电子 - 空穴分离效率。因此，$Ag/AgBr/AgIn(MoO_4)_2$ 的 Z-scheme 体系的催化过程可归纳如下：当等离子体光催化剂受到可见光照射后，$AgIn(MoO_4)_2$ 导带上的电子受到激发迁移到银纳米颗粒上，并与溴化银上传递来的空穴复合，溴化银导带上的电子会和氧气反应生成超氧自由基以催化氧化 TC 分子。此外，光生空穴可以与 Br^- 反应生成 Br^0，而 Br^0 是一种活性组分，可促进光催化降解 TC 的反应，反应后 Br^0 被还原为 Br^-。

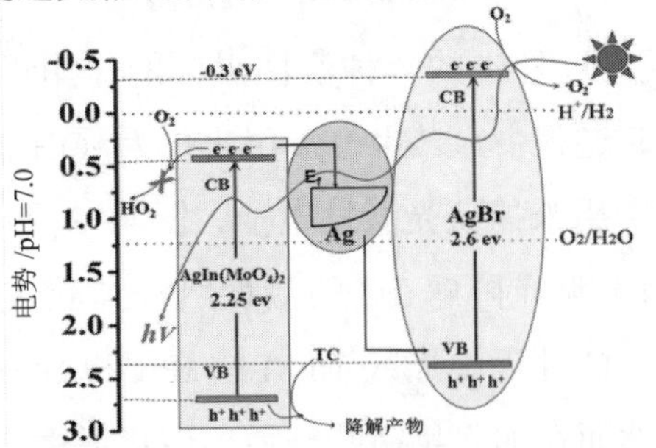

图 4.13 $Ag/AgBr/AgIn(MoO_4)_2$ 光催化体系的光催化反应机理

此外，$Ag/AgBr/AgIn(MoO_4)_2$ 复合纳米光催化剂在可见光下降解 TC 光催化活性的稳定性通过循环实验来测定，结果如图 4.14 所示。

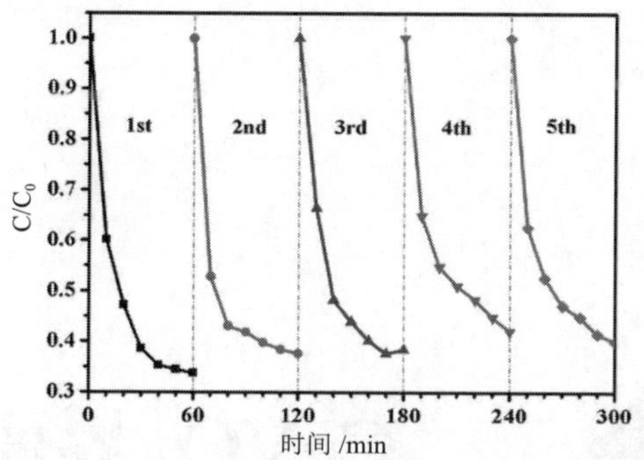

图 4.14 循环测定实验结果

在经过五次循环实验后，$Ag/AgBr/AgIn(MoO_4)_2$ 6% 的样品催化活性没有发生明显变化，充分证明了该催化剂良好的稳定性。通过在 $AgIn(MoO_4)_2$ 表面负载 Ag/AgBr，可提高 $AgIn(MoO_4)_2$ 的催化活性和 AgBr 的稳定性并抑制其光腐蚀。因此，$Ag/AgBr/AgIn(MoO_4)_2$ 表面等离子体共振复合光催化剂的稳定性良好，是一类可循环使用的光催化剂。

4.4 本章小结

（1）本书采用水热法控制合成了 $AgIn(MoO_4)_2$ 单晶纳米片，并通过化学沉积法成功在 $AgIn(MoO_4)_2$ 单晶纳米片上负载了 AgBr 纳米颗粒，并利用可见光照射用原位光还原法制备了 $Ag/AgBr/AgIn(MoO_4)_2$ 异质光催化剂。

（2）由于其表面银纳米颗粒的表面等离子体共振效应使该异质光催化剂对可见光具有较强的吸收能力。可见光照射下，异质光催化剂的光催化降解 TC 的降解活性相对于 $AgIn(MoO_4)_2$ 纳米片、$Ag/AgIn(MoO_4)_2$、Ag/AgBr 纳米颗粒有显著提升。

（3）捕获实验结果表明 $Ag/AgBr/AgIn(MoO_4)_2$ 异质光催化剂电子空穴的迁移和分离过程符合 Z 型异质结的光催化反应机理，循环实验结果证实这种 Z 型光催化剂具有很好的稳定性，可以被循环利用。

$CeVO_4$ 界面性质调控及其对 TCH 和 RhB 光降解性能研究

5.1 引言

半导体光催化技术由于其低成本、高效率和可持续性等优势，被认为是解决能源和环境危机的有效应对策略。迄今为止，人们对半导体光催化剂的研发付出了巨大的努力。TiO_2 由于其稳定性高、无毒、光催化活性突出等特性广受关注[155]。然而，TiO_2 的实际应用受限于其仅对紫外光响应，导致光催化活性低，因此设计一种具有高光捕获和电荷载流子分离的窄带隙半导体光催化剂尤为重要。

近年来，钒酸盐光催化剂 MVO_4（M 为 Bi、In 和 Ce）由于其良好的电化学性能、较高的比表面积和可见光响应受到广泛关注[156]。其中，钒酸铈（$CeVO_4$）由于其窄带隙（1.4eV）、化学稳定性和无毒等优点被认为是一种很有前途的光催化剂。此外，$CeVO_4$ 的形貌对其光催化活性有很大的影响。纳米光催化剂可以提高比表面积，提供许多活性位点，从而提升催化活性。Liu 等[157-158]分别采用水浴法和共沉淀法制备了 $CeVO_4$ 纳米颗粒。微波辅助水热法可以制备纳米材料，具有快速、高效、节能等优点，并且可以通过调节反应参数来控制催化剂的尺寸和形状。然而，单一的 $CeVO_4$ 纳米粒子存在光生载流子快速重组和量子效率低等问题。因此，人们提出多种策略以提高 $CeVO_4$ 光催化活性，如离子掺杂、形貌调控和异质结构建[159-161]。其中，构建异质结是提高 $CeVO_4$ 性能最有效的策略之一，可以提高光利用率，促进载流子分离。Jin 等[162]通过水热法制备 $Mo_{15}S_{19}$/$CeVO_4$ 和 Mo_2S_3/$CeVO_4$ 异质结，构筑 Z 型异质结有效抑制了光生载流子的复合，从而显著提高制氢活性。近年来，人们研究发现等离子体金属纳米颗粒（如 Au 和 Ag）作为电子转移介质，可以极大地增强 Z 型异质结的界面电荷转移和光催化活性。

等离子体光催化剂 Ag/AgX（X 为 Cl、Br 和 I）由于其广泛的光响应范围、简单的合成工艺和优异的稳定性被认为是一种很有潜力的光催化剂。其中，银/溴化银（Ag/AgBr）具有窄带隙和强可见光响应使其在可见光激发下表现出优异的降解性能[163]。此外，AgBr 是一种光敏材料，当光照射 AgBr 时，AgBr 中的 Ag^+ 可以还原为 Ag^0，Ag^0 成核形成金属银纳米颗粒（Ag NPs）。由于 Ag NPs 的局部等离子体共振（LSPR）效应，Ag/AgBr 纳米粒子在可见光区域表现出优异的光吸收能力，提升了太阳能利用率，表现出对有机污染物的有效降解[164]。此外，Ag NPs还可以作为电子介质，提高Z型异质结光催化剂中空穴和电子的迁移效率。

目前，人们已经制备了大量的 Ag 基异质结光催化剂，如 Ag/AgBr/SCN、Ag/AgBr/Bi_2MoO_6 和 Ag-AgBr/TiO_2 等，它们都被认为具有优异的光催化性能[165-166]。因此，从促进载流子分离和扩宽可见光吸收范围的角度改性 $CeVO_4$ 是非常必要的。因此，结合等离子共振效应和异质结构建改性方法制备 Ag/AgBr/$CeVO_4$ 异质结光催化剂，有利于改善其催化活性。

本书采用微波辅助水热法制备 $CeVO_4$ 纳米颗粒，进而利用原位沉淀和光还原在 $CeVO_4$ 表面负载 Ag/AgBr 纳米颗粒来形成等离子体异质结光催化剂（Ag/AgBr/$CeVO_4$）。通过控制 $AgNO_3$ 的浓度来制备不同组分比例的 Ag/AgBr/$CeVO_4$ 催化剂，利用 TEM、XRD、UV-vis DRS、PL（Photoluminescence，光致发光）等对催化剂的形貌、结构、光吸收性能和电荷分离情况进行系统的测试和表征，考察 Ag/AgBr/$CeVO_4$ 等离子体异质结光催化剂在可见光照射下对罗丹明 B（RhB）和盐酸四环素（TCH）的降解效率，并通过捕获实验探讨其光催化性能增强机理。

5.2 实验部分

5.2.1 实验材料

实验材料有：硝酸铈［（$Ce(NO_3)_3$•$6H_2O$］和偏钒酸铵（NH_4VO_3）/ 硝酸银（$AgNO_3$）、十六烷基三甲基溴化铵（CTAB）、异丙醇（IPA）、三乙醇胺（TEOA）、重铬酸钾（$K_2Cr_2O_7$）、苯醌（BQ）等。所有材料均为分析级，无须进一步纯化即可使用。

5.2.2 $CeVO_4$ 的合成

采用微波辅助水热法制备 $CeVO_4$。具体实验操作步骤如下：将 $Ce(NO_3)_3$•$6H_2O$（0.868g，2mmol）溶于 70mL 水中，剧烈搅拌 30min 后得到透明溶液。同时，将 NH_4VO_3（0.234g，2mmol）溶于 30mL 60℃水中，剧烈搅拌 30min 后得到淡黄色溶液。之后，将 NH_4VO_3 溶液滴入 $Ce(NO_3)_2$•$6H_2O$ 溶液，超声搅拌 30min 后得到深黄色溶液，将得到的混合物转移到微波反应器中，在 800 W 功率下加热至 100℃，保持 2h。最后将溶液自然冷却至室温，离心收集沉淀物，用水和乙醇洗涤数次，60℃真空干燥即可得到 $CeVO_4$ 纳米颗粒。

5.2.3 $Ag/AgBr/CeVO_4$异质结的合成

采用原位沉淀和光还原法制备 $Ag/AgBr/CeVO_4$ 复合材料，称 0.2g 制备的 $CeVO_4$ 粉末分散到 100mL 水中，搅拌 10min 后加入 0.8g CTAB 到上述溶液，超声搅拌 60min 后滴加 2.0mL1mol/L 硝酸银溶液，黑暗中搅拌 60min。最后，将混合物转移到容量为 100mL 的石英试管中，然后将试管暴露在紫外灯下，在 $CeVO_4$ 表面产生 Ag NPs。经离心，水和乙醇交替洗涤数次后，在真空干燥箱中 60℃干燥得到 $Ag/AgBr/CeVO_4$-2.0。在相同条件下，保持 $CeVO_4$ 的用量不变，改变 CTAB（0.28g、0.56g、1.0g、1.2g）和 $AgNO_3$ 的浓度（0.35mol/L、0.7mol/L、1.25mol/L、1.5mol/L）的用量，分别制备 $Ag/AgBr/CeVO_4$-0.7、$Ag/AgBr/CeVO_4$-1.4、$Ag/AgBr/CeVO_4$-2.5 和 $Ag/AgBr/CeVO_4$-3.0 复合材料，上述过程如图 5.1 所示。为作对比，在相同的条件下，不添加 $CeVO_4$ 粉末制备了纯 Ag/AgBr。

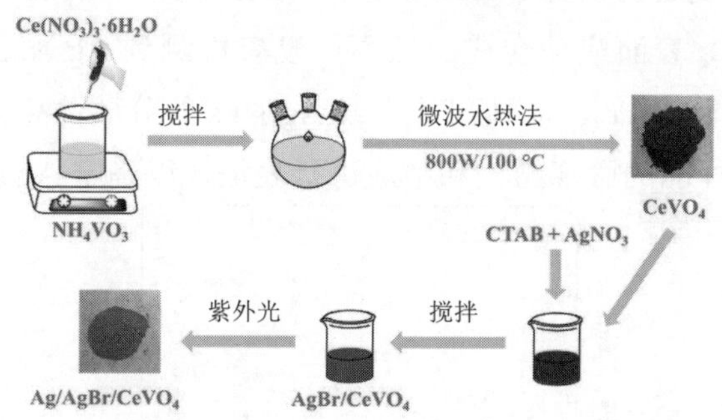

图 5.1 $Ag/AgBr/CeVO_4$ 复合材料的合成流程示意图

5.2.4 光催化降解性能研究

首先，将 0.1g 光催化剂置于装有 100mL 10mg/LRhB 溶液的石英试管中，在黑暗条件下搅拌 30min 以达到吸附 - 解吸平衡。然后将石英试管暴露在 250 W 的氙灯下，同时加上紫外滤光片，确保在可见光（$\lambda > 420$nm）下进行光降解反应，光照时保持搅拌，并接通循环水以保持反应在室温条件下进行。光降解过程中每隔 10min 取 6mL 混悬液，并将悬浮液置于离心机中于 12000 r/min 转速下离心 7min，吸取上清液。用紫外 - 可见分光光度计测定上清液中 RhB 和 TCH 的浓度。为了考察光催化过程反应的主要活性物种，以 BQ、$K_2Cr_2O_7$、TEOA 和 IPA 分别作为 $\bullet O_2^-$、e^-、h^+ 和 $\bullet OH$ 的捕获剂。将 50mg BQ、50mg $K_2Cr_2O_7$、1mL TEOA 和 1mL IPA 分别混合到光催化剂（100mg）和 RhB 溶液（100mL，10mg/L）混合物中。

5.3 结果与讨论

5.3.1 Ag/AgBr/$CeVO_4$ 的结构与组成分析

用 X 射线衍射（XRD）检测分析了 $CeVO_4$、Ag/AgBr 和 Ag/AgBr/$CeVO_4$ 的结构和结晶度，见图 5.2 所示。图 5.2（a）显示了 $CeVO_4$ 在 $2\theta = 18.2°$、24.0°、32.4° 和 47.9° 处的特征衍射峰，对应于 $CeVO_4$（PDF#79-1065）的（101）、（200）、（112）和（312）晶面的特征峰。Ag/AgBr 样品在 2θ 为 26.7°、30.9°、44.3°、55.0°、64.4° 和 73.2° 处的特征峰，归属于立方 AgBr（PDF#79-0149）的（111）、（200）、（220）、（222）、（400）和（420）晶面的特征峰[167]。图 5.2（b）展示了 Ag/AgBr/$CeVO_4$ 复合材料的 XRD 谱图，所有样品同时包含了 $CeVO_4$ 和 AgBr 的衍射信号。此外，随着复合材料中 AgBr 含量的增加，$CeVO_4$ 衍射峰强度逐渐减弱，表明 AgBr 在 $CeVO_4$ 表面成功合成。然而，没有检测到 Ag NPs 的特征峰，这可能是由于 Ag NPs 的含量低、晶体尺寸小或 Ag NPs 的分散性高造成的。随后，通过 TEM 和 XPS 对样品的微观结构和组成进行表征，以确定 Ag NPs 的存在。

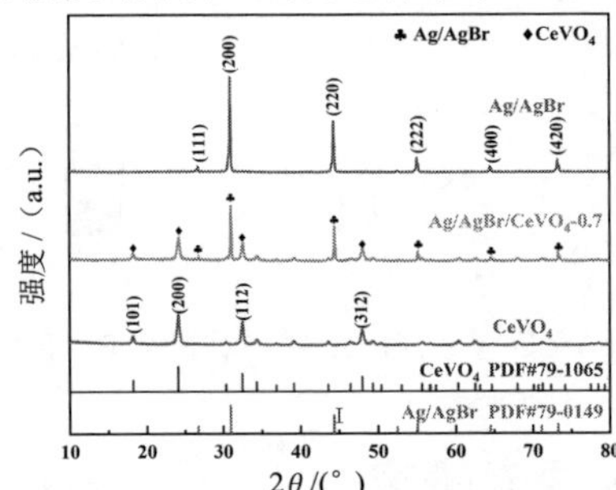

（a）$CeVO_4$、Ag/AgBr 和 Ag/AgBr/$CeVO_4$-2.0 催化剂的 XRD 谱图

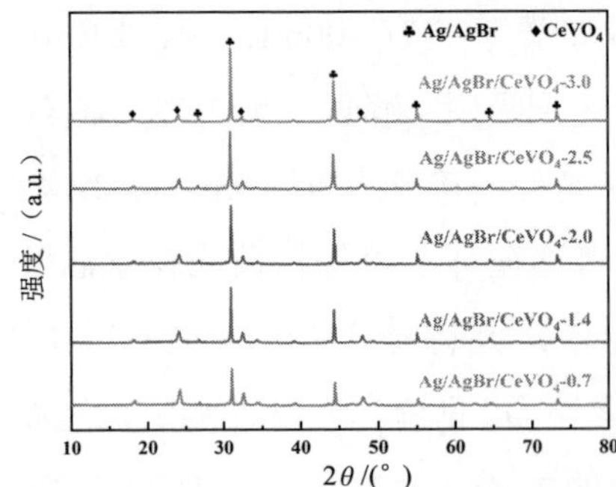

（b）不同摩尔比例 Ag/AgBr/$CeVO_4$ 复合材料的 XRD 谱图

图 5.2 $CeVO_4$、Ag/AgBr 和 Ag/AgBr/$CeVO_4$ 的结构和结晶度检测分析

通过 SEM、TEM 和 HRTEM 观察了 $CeVO_4$、Ag/AgBr 和 Ag/AgBr/$CeVO_4$ 催化剂的形貌和微观结构，如图 5.3 所示。图 5.3（a）显示 $CeVO_4$ 是由 30 ～ 50nm 的球形纳米颗粒组成的，这些纳米颗粒在一些地方聚集在一起。Ag NPs（颗粒尺寸约 10nm）负载在 AgBr 表面，如图 5.3（b）所示。5.3（c）显示 Ag/AgBr 颗粒分布在 $CeVO_4$ 纳米颗粒上或被 $CeVO_4$ 纳米颗粒覆盖。Ag/AgBr/$CeVO_4$ 样品中 Ag/AgBr 的粒径是 100 ～ 200nm，远小于纯 Ag/AgBr 颗粒，表明 $CeVO_4$ 的存在可以有效抑制 AgBr 的团聚。因此，它可以增加样品的比表面积，为降解 RhB 提供更多的反应位点。利用 TEM 和 HRTEM 进一步研究了 Ag/AgBr/$CeVO_4$-2.0 复合材料的微观结构和形貌，如图 5.3（d）和图 5.3（e）所示。图 5.3（d）显示在 $CeVO_4$ 表面观察到尺寸为 100 ～ 200nm 的 Ag/AgBr 纳米颗粒。间距 0.282nm 的晶格条纹对应于 AgBr 的（200）晶面，间距 0.240nm 的晶格条纹对应于 Ag NPs 的（111）晶面，而间距 0.375nm 的晶格条纹对应于 $CeVO_4$ 的（200）晶面，如图 5.3（e）所示。利用场发射扫描电子显微镜的能谱仪（Energy Dispersive Spectrometer，EDS）确定了样品的组成元素和空间分布，图 5.3（h）～图 5.3（l）是 Ag/AgBr/$CeVO_4$-2.0 中 Ce、V、Ag、Br 和 O 的映射图，这五种元素在复合材料中均匀分布。

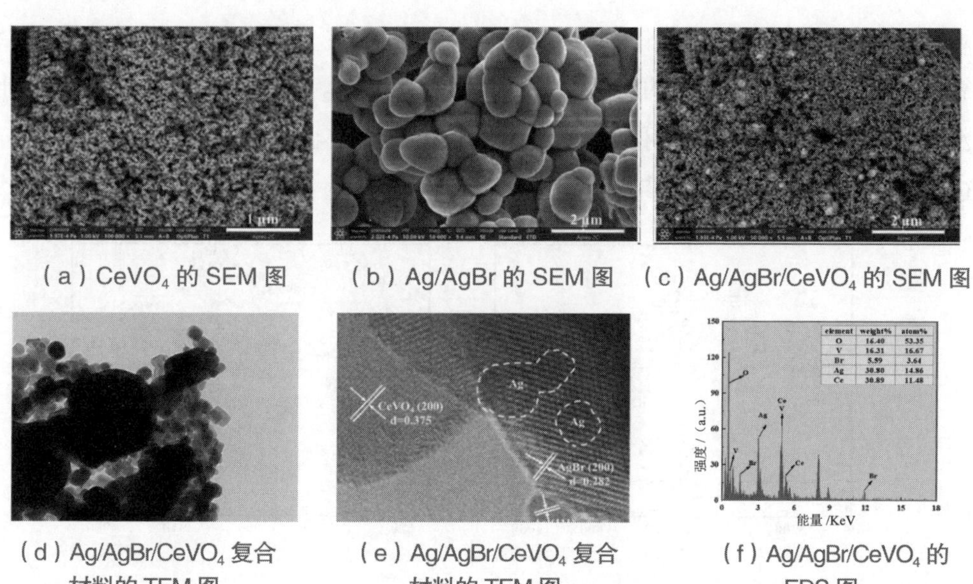

（a）$CeVO_4$ 的 SEM 图　（b）Ag/AgBr 的 SEM 图　（c）Ag/AgBr/$CeVO_4$ 的 SEM 图

（d）Ag/AgBr/$CeVO_4$ 复合材料的 TEM 图　（e）Ag/AgBr/$CeVO_4$ 复合材料的 TEM 图　（f）Ag/AgBr/$CeVO_4$ 的 EDS 图

图 5.3 CeVO4、Ag/AgBr 和 Ag/AgBr/CeVO4 的 SEM、HRTEM 和 EDS 元素映射图

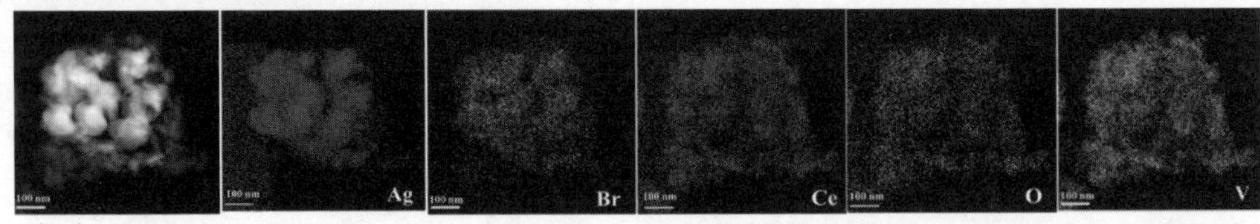

（g）Ag/AgBr/$CeVO_4$-2.0 样品的 TEM 图　（h）Ag 的 EDS 映射图　（i）Br 的 EDS 映射图　（j）Ce 的 EDS 映射图　（k）O 的 EDS 映射图　（l）V 的 EDS 映射图

图 5.3 CeVO4、Ag/AgBr 和 Ag/AgBr/CeVO4 的 SEM、HRTEM 和 EDS 元素映射图（续）

采用 XPS 分析了 $CeVO_4$ 和 Ag/AgBr/$CeVO_4$-2.0 的表面化学组成和元素价态，如图 5.4 所示。$CeVO_4$ 和 Ag/AgBr/$CeVO_4$-2.0 的 XPS 总谱图，如图 5.4（a）所示，复合材料包含 Ce、V、Ag、Br 和 O 元素，这与 EDS 的结果是一致的。从图 5.4（b）可以看出结合能 881.2eV、885.5eV、899.5eV 和 904.0eV 的特征峰对应于 Ce3+ 的 Ce $3d_{5/2}$ 和 Ce $3d_{3/2}$，另外，结合能 883.0eV、900.9eV 和 916.2eV 的特征峰归属于 Ce^{4+}。$CeVO_4$ XPS 谱图如图 5.4（c）所示，结合能 517.0eV 和 524.8eV 处的特征峰分别对应于 V^{5+} 的 V $2p_{3/2}$ 和 V $2p_{1/2}$。$CeVO_4$ 的 O 1s XPS 谱图如图 5.4（d）所示，结合能 529.9eV 和 531.4eV 处的特征峰分别对应于 $CeVO_4$ 晶格中的 O^{2-} 和 V_2O_3 相中的 O^{2-}。图 5.4（e）显示 Ag 3d XPS 谱图分为 Ag $3d_{5/2}$ 和 Ag $3d_{3/2}$ 两个峰，每个峰可以进一步分别拟合为两个单独的峰。结合能为 367.1eV 和 373.1eV 的两个强峰归属于 Ag^+，结合能为 368.1eV 和 374.0eV 的两个弱峰归属于 Ag^0，这进一步表明 Ag^0 在光催化剂表面形成。Br 3d XPS 谱图如图 5.4（f）所示，结合能 67.6eV 和 68.7eV 处的特征峰分别对应于 Br $3d_{5/2}$ 和 Br $3d_{3/2}$。与 $CeVO_4$ 相比，Ag/AgBr/$CeVO_4$-2.0 复合材料中 Ce 和 V 的峰值向结合能较高的方向偏移，表明 $CeVO_4$、AgBr 和 Ag 之间存在电子转移。

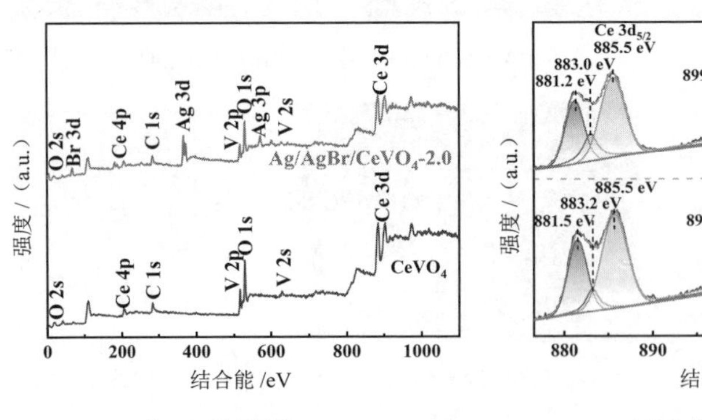

（a）总谱图　　（b）Ce 3d 谱图

图 5.4 Ag/AgBr/$CeVO_4$-2.0 复合材料的谱图

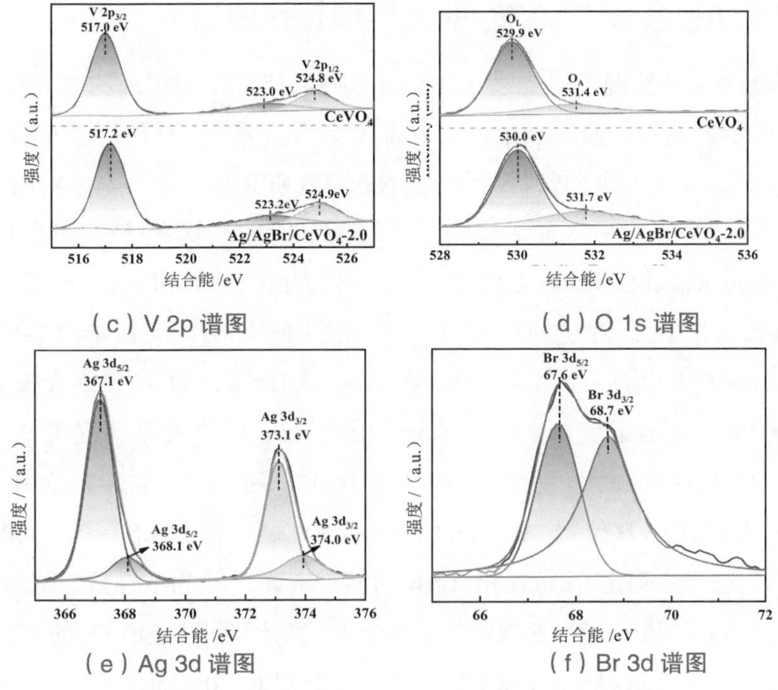

（c）V 2p 谱图　　（d）O 1s 谱图

（e）Ag 3d 谱图　　（f）Br 3d 谱图

图 5.4 Ag/AgBr/$CeVO_4$-2.0 复合材料的谱图（续）

采用傅里叶变换红外光谱（Fourier Transform Infrared Spectroscopy，FT-IR）分析 $CeVO_4$、Ag/AgBr 和 Ag/AgBr/$CeVO_4$ 催化剂的表面官能团，如图 5.5 所示。所有样品在 3200cm^{-1} 和 1647cm^{-1} 处的峰分别归因于吸附在表面的水分子的 O-H 拉伸和弯曲振动。$CeVO_4$ 在 1051cm^{-1} 和 768cm^{-1} 处的峰分别归因于 C-O 的拉伸和 VO_4^{3-} 中 V-O 的拉伸振动。相比于 $CeVO_4$，Ag/AgBr/$CeVO_4$ 在 1051cm^{-1} 处的峰向波长较低的方向偏移，这是 $CeVO_4$ 和 Ag/AgBr 之间相互作用的结果。同时，复合材料都包含 $CeVO_4$ 和 Ag/AgBr 的特征峰，且未出现新峰，表明 Ag/AgBr/$CeVO_4$-2.0 异质结成功制备。

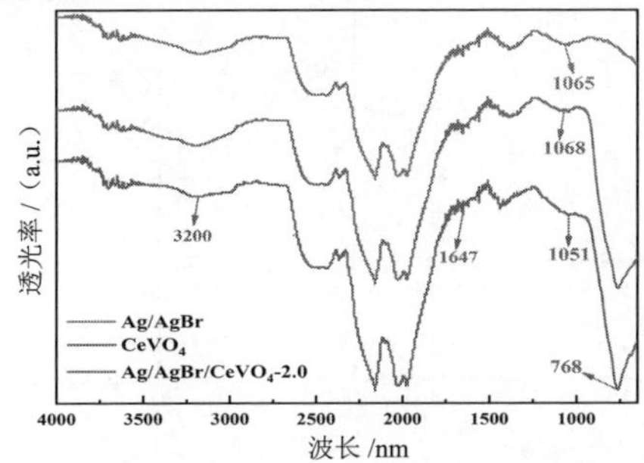

图 5.5 $CeVO_4$、Ag/AgBr 和 Ag/AgBr/$CeVO_4$-2.0 催化剂的 FT-IR 图

5.3.2 $Ag/AgBr/CeVO_4$ 的光电催化性能研究

采用紫外 - 可见漫反射光谱（UV-vis DRS）研究不同样品的吸光性能，结果如图 5.6 所示。图 5.6（a）显示所有样品对紫外光和部分可见光响应，Ag/AgBr 在 450 ～ 600nm 有一个弱带，属于 Ag NPs 的 LSPR 效应。与 Ag/AgBr 相比，窄带隙半导体 $CeVO_4$ 的引入显著提高了 $Ag/AgBr/CeVO_4$ 复合材料在可见光区的吸收性能。通过 Kubelka-Munk 方程（式 4.1）计算出 $CeVO_4$ 和 AgBr 的带隙（E_g）。同时，指数 n 与半导体类型有关，直接带隙半导体 n=1，间接带隙半导体 n=4。$CeVO_4$ 和 Ag/AgBr 均属于间接带隙半导体，因此 $CeVO_4$ 和 Ag/AgBr 的 n 均取 4。图 5.6（b）显示了（$\alpha h\nu$）$^{1/2}$ 与光子能量（$h\nu$）的关系，根据式（4.1）推出 $CeVO_4$ 和 AgBr 的 E_g 分别为 1.4eV 和 2.14eV。利用 VB-XPS 光谱进一步确定 $CeVO_4$- 和 AgBr 的 VB 位置，$CeVO_4$ 的 VB 为 1.90eV，如图 5.6（c）。根据式（4.2）和式（4.3）进一步确定 $CeVO_4$ 和 AgBr 的能带位置。x 为半导体的绝对电负性，AgBr 和 $CeVO_4$ 的值分别为 5.7eV 和 5.145eV，经计算得出 $CeVO_4$ 的 E_{CB} 和 E_{VB} 分别为 +0.50eV 和 +1.90eV，AgBr 的 E_{CB} 和 E_{VB} 分别为 - 0.425eV 和 +1.715eV。

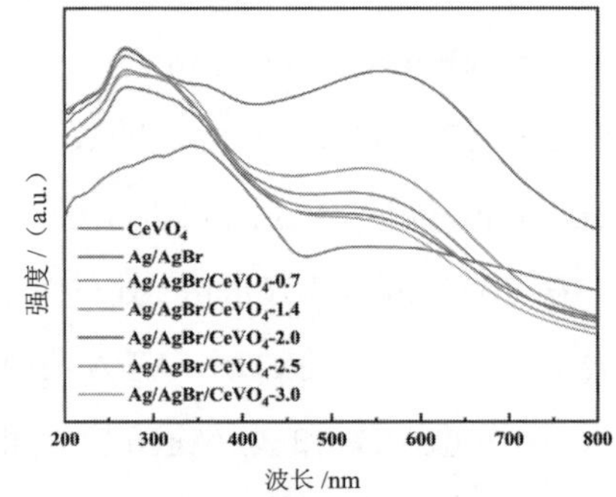

（a）$CeVO_4$、Ag/AgBr 和 $Ag/AgBr/CeVO_4$ 复合材料的 UV-vis DRS 光谱图

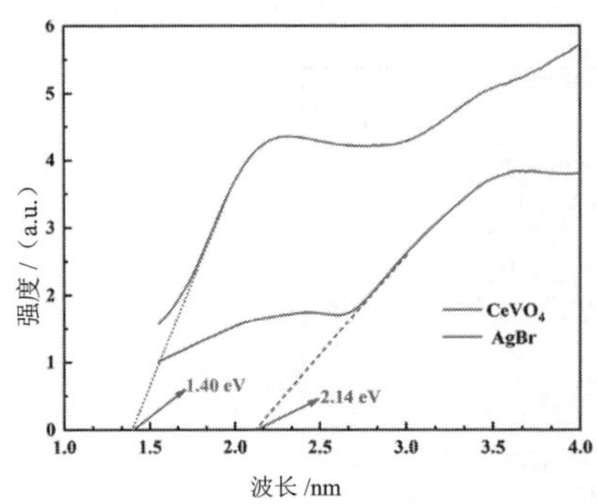

（b）$CeVO_4$ 和 AgBr 的（$\alpha h\nu$）$^{1/2}$-$h\nu$ 关系曲线图

（c）$CeVO_4$ 的价带 XPS 光谱图

图 5.6 用紫外 - 可见漫反射光谱（UV-vis DRS）研究样品的吸光行能图

利用瞬态光电流响应（i-t）测试了$CeVO_4$、Ag/AgBr和Ag/AgBr/$CeVO_4$-2.0催化剂的光生电荷的分离效率，如图5.7所示。Ag/AgBr/$CeVO_4$-2.0异质结光催化剂在光照下显示最强电流密度（1.62μA/cm^2），分别是$CeVO_4$（0.036 μA/cm^2）和Ag/AgBr（0.094μA/cm^2）的45倍和17.2倍。一般来说，光电流强度与光催化剂中光生电子与空穴的分离效率呈正相关，高分离效率会增强光催化性能。测试结果表明复合材料中Ag NPs的LSPR效应显著提升了光生活性因子的分离与迁移效率，从而提升光催化性能。此外，利用稳态光致发光光谱（PL）进一步分析光生电荷的分离效率，结果如图5.8所示。以530nm为中心的强峰与带间跃迁有关，峰强度与光催化剂中光生电荷的分离效率呈负相关。纯$CeVO_4$显示出一个强发射峰，表明内部载流子发生剧烈的重组。与$CeVO_4$相比，Ag/AgBr/$CeVO_4$-2.0发射峰强度较低，这是由于$CeVO_4$和Ag/AgBr构建异质结有效抑制了光生活性因子的复合，从而使更多的电子和空穴参与RhB的降解。

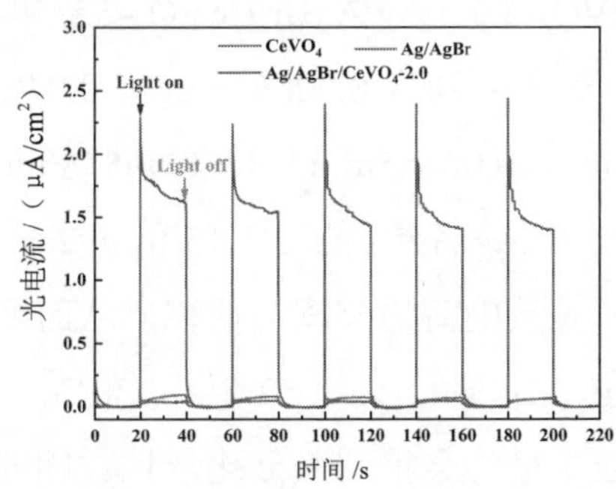

图5.7 $CeVO_4$、Ag/AgBr和Ag/AgBr/$CeVO_4$-2.0的瞬态光电流响应图

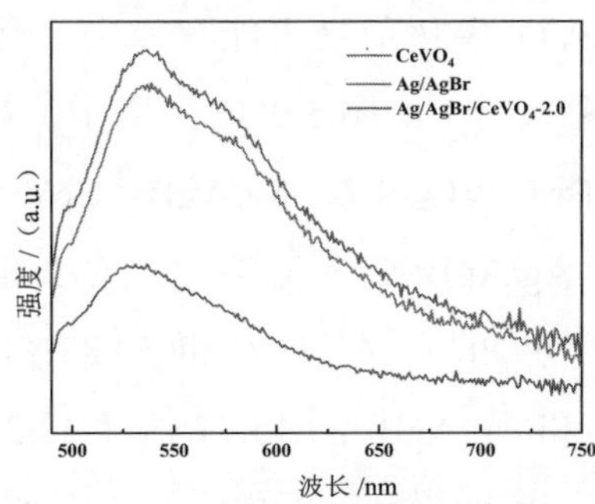

图5.7 $CeVO_4$、Ag/AgBr和Ag/AgBr/$CeVO_4$-2.0的PL谱图

5.3.3 Ag/AgBr/$CeVO_4$光催化性能研究

在可见光照射下（$\lambda \geq$ 420nm），分别以RhB和TCH为目标污染物来评估

$CeVO_4$、Ag/AgBr 和 Ag/AgBr/$CeVO_4$ 催化剂的光催化活性，如图 5.9 所示。图 5.9（a）显示光照射 10min 后 $CeVO_4$ 和 Ag/AgBr 对 RhB 的光降解效率分别是 1.0% 和 58%，这是由于单一半导体材料光生活性因子易于复合引起的。Ag/AgBr/$CeVO_4$-0.7、Ag/AgBr/ $CeVO_4$-1.4、Ag/AgBr/$CeVO_4$-2.0、Ag/AgBr/$CeVO_4$-2.5 和 Ag/AgBr/$CeVO_4$-3.0 对 RhB 的降解效率分别为 43.3%、84.2%、62.5%、84.2% 和 66.5%。Ag/AgBr/$CeVO_4$-2.0 的降解效率分别是纯 $CeVO_4$ 和 Ag/AgBr 的 84.2 倍和 1.45 倍，这是由于 Ag/AgBr 与 $CeVO_4$ 偶联后，抑制了光生电荷的复合，并且 Ag NPs 的 LSPR 效应增加了复合材料的光吸收能力，从而显著提高其光催化性能。然而，随着 Ag/AgBr 负载量的增加，光催化效率略有下降，这是由于负载过量的 Ag/AgBr 会覆盖 $CeVO_4$ 的活性位点，影响 Ag/AgBr/$CeVO_4$ 复合材料的光吸收，从而导致 RhB 降解效率下降。利用第一动力学曲线方程（式 4.3）比较 RhB 光催化过程的动力学。$CeVO_4$、Ag/AgBr、Ag/AgBr/$CeVO_4$-0.7、Ag/AgBr/$CeVO_4$-1.4、Ag/AgBr/$CeVO_4$-2.0、Ag/AgBr/$CeVO_4$-2.5 和 Ag/AgBr/$CeVO_4$- 3.0 复合样品的表观速率常数（k）分别为 0.00066min^{-1}、0.04028min^{-1}、0.05527min^{-1}、0.06825min^{-1}、0.09316min^{-1}、0.06685min^{-1} 和 0.06548min^{-1}。Ag/AgBr/$CeVO_4$-2.0 的 k 最高，分别是 $CeVO_4$ 和 Ag/AgBr 的 141.15 倍和 2.31 倍，表明构建异质结可以促进材料的吸收性能和光致电荷的分离与迁移，从而增强光催化活性。然而，$CeVO_4$ 表面负载过量 Ag/AgBr 时，Ag/AgBr 会覆盖 $CeVO_4$ 的活性位点，使光催化剂无法与染料充分反应，最终会抑制光催化活性。因此，复合材料中 Ag/AgBr 含量适度是达到最佳活性的必要条件。

为了考察 Ag/AgBr/$CeVO_4$ 催化剂是否能有效去除常见的抗生素，利用 Ag/AgBr/$CeVO_4$ 催化剂光降解 TCH，如图 5.9（b）所示。可见光照射 120min 后，$CeVO_4$、Ag/AgBr、Ag/AgBr/$CeVO_4$-0.7、Ag/AgBr/ $CeVO_4$-1.4、Ag/AgBr/$CeVO_4$-2.0、Ag/AgBr/$CeVO_4$-2.5 和 Ag/AgBr/$CeVO_4$-3.0 对 TCH 的降解效率分别为 4.87%、56.92%、57.84%、58.36%、69.86%、67.89% 和 59.88%。Ag/AgBr/$CeVO_4$-2.0 的降解效率分别是纯 $CeVO_4$ 和 Ag/AgBr 的 15.57 倍和 1.33 倍。Ag/AgBr/$CeVO_4$ 催化剂对 TCH 的催化活性有一定的提升，但由于 $CeVO_4$ 纳米颗粒容易聚集，导致活性位点减少，从而降低其光催化性能。

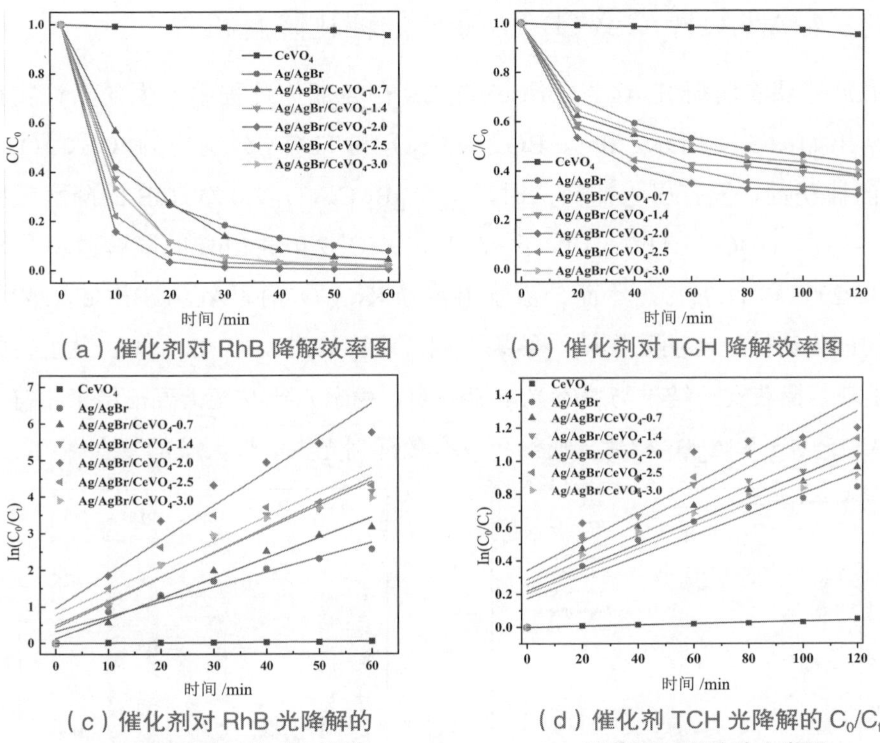

（a）催化剂对 RhB 降解效率图

（b）催化剂对 TCH 降解效率图

（c）催化剂对 RhB 光降解的 C_0/C_t 随辐照时间的动力学图

（d）催化剂 TCH 光降解的 C_0/C_t 随辐照时间的动力学图

图 5.9 在可见光照射下（$\lambda \geqslant$ 420nm），分别以 RhB 和 TCH 为目标污染物来评估催化剂的光催化活性图

$Ag/AgBr/CeVO_4$ 催化剂的稳定性决定其在实际应用中对 RhB 的降解性能。对 $Ag/AgBr/CeVO_4$-2.0 进行连续 5 次光催化降解 RhB 的循环实验，结果如图 5.10 所示。5 次循环实验后，$Ag/AgBr/CeVO_4$-2.0 对 RhB 的降解效率从 100% 略微下降到 93.4%，降解效率的轻微下降可能是由于回收过程中催化剂的损失和降解过程中间体的积累阻断了 $Ag/AgBr/CeVO_4$-2.0 的部分活性位点。因此，$Ag/AgBr/CeVO_4$-2.0 复合材料具有良好的光稳定性和可重复使用性。

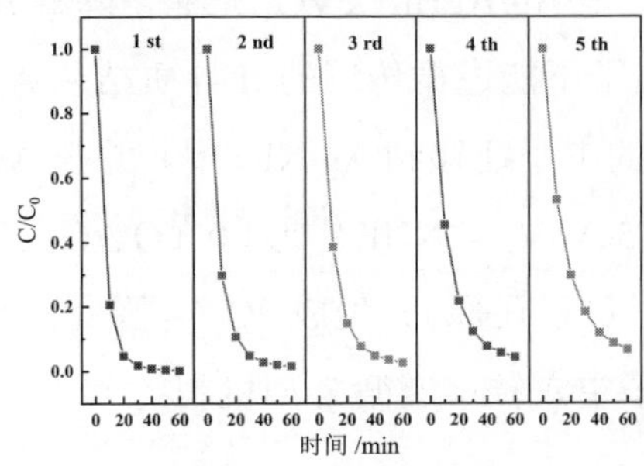

图 5.10 $Ag/AgBr/CeVO_4$-2.0 光催化降解 RhB 的循环实验结果

5.3.4 $Ag/AgBr/CeVO_4$ 对 RhB 的催化降解机理

通过捕获实验研究 $Ag/AgBr/CeVO_4$-2.0 在光催化过程中产生的活性物种，实验结果如图 5.11 所示。IPA、BQ、$K_2Cr_2O_7$ 和 TEOA 分别作为 •OH、$•O_2^-$、e^- 和 h^+ 的捕获剂。没有引入捕获剂时，$Ag/AgBr/CeVO_4$-2.0 对 RhB 的降解效率为 100%。当添加 BQ 和 TEOA 时，$Ag/AgBr/CeVO_4$-2.0 对 RhB 的降解效率分别降低至 15.29% 和 11.99%。然而，添加 IPA 和 $K_2Cr_2O_7$ 时，$Ag/AgBr/CeVO_4$-2.0 对 RhB 的催化活性没有明显影响。结果表明，光降解过程中 $•O_2^-$ 和 h^+ 是主要的活性自由基。捕获实验结果与瞬态光电流响应、稳态光致发光谱表征结果相符，表明 $CeVO_4$、Ag 和 AgBr 构建异质结可以有效抑制光生活性因子的复合。

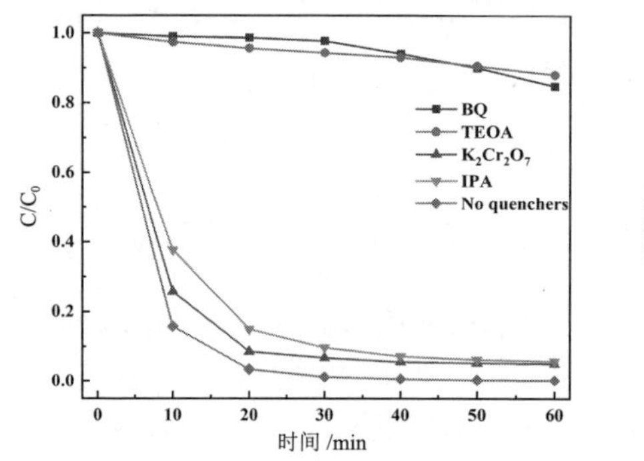

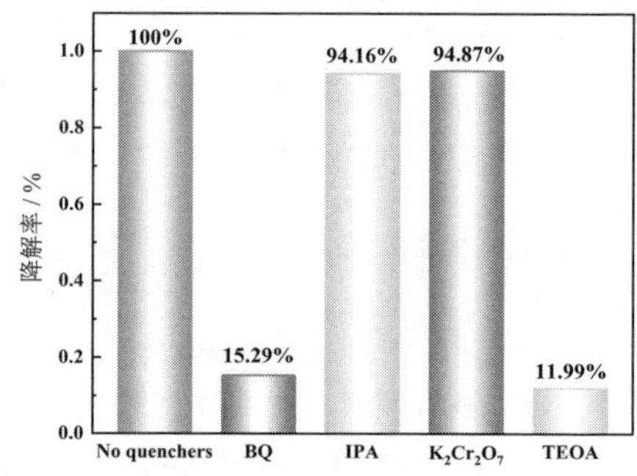

图 5.11 $Ag/AgBr/CeVO_4$-2.0 样品降解 RhB 的捕获实验

根据表征结果、催化活性和捕获实验结果，本书提出光生电子和空穴在 $CeVO_4$、Ag 和 AgBr 界面之间有两种可能的迁移过程，如图 5.12 所示。从图中可知，当 $Ag/AgBr/CeVO_4$ 暴露在可见光下，$CeVO_4$ 和 AgBr VB 中的电子都能被激发到 CB，而空穴则留在价带。由于 $CeVO_4$ 的 CB（0.5eV vs. NHE）大于 E_0（$O_2/•O_2^-$）的还原电位（－0.33eV vs. NHE），$CeVO_4$ 的 CB 电位不能还原 O_2 产生 $•O_2^-$。然而，捕获实验证明，h^+ 和 $•O_2^-$ 是 $Ag/AgBr/CeVO_4$ 光催化降解 RhB 过程中的主要活性物质。因此，该体系的电子不能遵循传统的 II 异质结从 AgBr 转移到 $CeVO_4$。从图中可知。$CeVO_4$ CB 中的电子迁移到 Ag NPs 中，并与 AgBr VB 中的空穴重合。由于 AgBr 的 CB（－0.425eVeV vs. NHE）比 E0（$O_2/•O_2^-$）（－0.33eV vs. NHE）更负，AgBr CB 上的电子可以还原 O_2 生成 $•O_2^-$。因此，$Ag/AgBr/CeVO_4$ 光催化降解 RhB 过程中光生电子空穴转移遵循 Z 型机制。

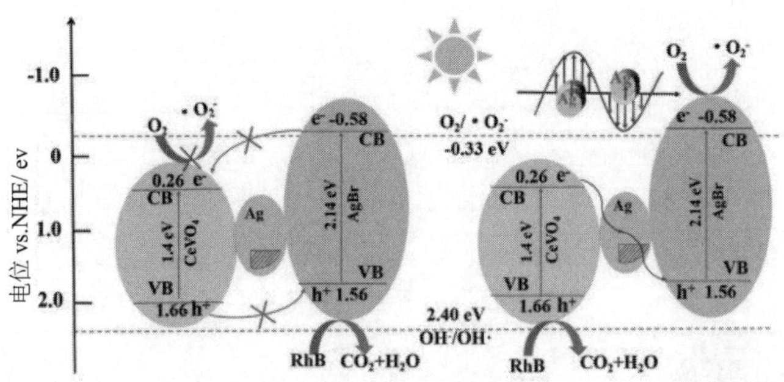

图 5.12 $Ag/AgBr/CeVO_4$ 等离子光催化体系降解 RhB 可能的光催化反应机理图

5.4 本章小结

本书通过微波辅助水热法制备 $CeVO_4$ 催化剂，然后通过原位沉淀和光还原法制备得到 $Ag/AgBr/CeVO_4$ 等离子体光催化剂。通过 SEM、TEM 和 XRD 等表征手段研究催化剂的形貌和结构。利用 UV-vis DRS 光谱确定了催化剂的吸光性能和能带结构。通过降解实验研究了催化剂对 RhB 和 TCH 的降解效率。利用捕获实验识别了催化体系中产生的活性自由基，得出的主要结论如下。

（1）构建 $Ag/AgBr/CeVO_4$-2.0 等离子体光催化剂在可见光照射下对 RhB 和 TCH 的光催化降解效率分别为 84.2%（10min）和 75.86%（60min），优于 Ag/AgBr 和 $CeVO_4$。

（2）$Ag/AgBr/CeVO_4$ 的光催化活性和良好的光稳定性可归因于 Ag NPs 的 LSPR 效应和异质结的构建导致的电荷有效分离。

（3）通过能带结构和自由基捕获实验，结果表明 $Ag/AgBr/CeVO_4$ 是一种由 Ag 纳米颗粒桥接的 Z 型光催化体系。

第6章 微波辅助 Bi_2CrO_6 纳米花制备及表界面性能调控

6.1 引言

通过第 5 章的研究发现，Ag/AgBr 中的 Ag NPs 的等离子共振效应可以改善催化剂的光吸收能力，而且 Ag NPs 作为电子转移桥梁可以提高电荷的分离效率，但由于 $CeVO_4$ 纳米颗粒聚集导致 Ag/AgBr/$CeVO_4$ 异质结对 TCH 的催化活性没有明显提升。

Bi_2MoO_6 作为铋基光催化剂，是一种可见光响应型催化剂，展现出优异的催化性能 [168]，但由于 TS-1 带隙较宽光吸收不足，BMO 的氧化还原能力较弱，限制了 TS-1/BMO 异质结的光催化活性。最近的研究表明，与 Bi_2MoO_6 结构相似的铬酸铋（Bi_2CrO_6），具有宽光吸收范围（约 600nm），窄带隙（2.05eV）和高电荷迁移率，被认为是光降解有机污染物的理想光催化剂。可见光照射下，Bi_2CrO_6 展现出优异的光催化性能，但一些限制因素限制了它的广泛应用。百微米大小的 Bi_2CrO_6 阻碍了光电降解过程中的电子传递，导致大量载流子快速重组，从而降低了光降解活性 [169]。由二级单元组装而成的球形和其他层次化三维结构的光催化剂，因其具备较大的表面积、丰富的活性位点、不利的团聚特性和径向打开结构，展现出卓越的光降解性能。通过传统的水热法在高温（180℃）下制备的 Bi_2CrO_6 光催化剂的尺寸具有数百微米。因此，用一种简单、快速和温和的方法合成层次化花状结构的 Bi_2CrO_6 是非常必要的。近年来，微波辅助加热合成在制备样品方面展现出反应温度低、加热速度快、结晶度高，能通过制备过程更好地控制形貌等优点。然而，由于单组分 Bi_2CrO_6 的光激发电子和空穴的快速重组，极大地限制了其催化性能。因此，需要设计和制备一种光催化剂来提升其光吸收能力、光生电荷分离和转移效率。研究表明，构建 Z 型异质结可以保留半导体的氧化和还原能力，促进光生载流子分离和迁移。Hasanvandian 等人通过自组装方法合成了富 V_o 的 BCO/N-CN 异质结，并发现其催化活性优于富 V_o 的 BCO。此外，Ag、Pt 和 Au 等离子体金属纳米粒子可作为电子转移介质加速电荷分离。

研究发现，Ag/AgBr 具有较窄的带隙，在可见光照射下具有优异的光催化性能。此外，AgBr 是一种光敏材料，光照射时，由于电子在导带上积累，AgBr 中的 Ag^+ 能够还原为 Ag NPs，利用 Ag NPs 的 LSPR 效应显著扩大了可见光吸收范围 [170]。此外，Ag NPs 可以作为电子介质或电荷传递桥，以增强 Z 型异质结光催化剂体系中的电子传递。更重要的是，AgBr 和 MW-BCO 具有匹配的能带，这将非常有利于电子和空穴的快速分离和迁移。因此，结合等离子共振效应、形貌调控和异质结构建改性方法制备 Ag/AgBr/MW-Bi_2CrO_6 异质结光催化剂有利于改善催化活性。

因此，本书拟通过微波辅助水热法制备了 MW-BCO，然后采用原位沉淀和光还原法成功构建了 Z 型 AB/MW-BCO 异质结。通过适当调节 AgBr 和 MW-BCO 的比例，从而最大限度地利用太阳光，提高光降解活性。结果表明，AB/MW-BCO 催化剂的光降解活性和稳定性显著提高，这是由于 Ag NPs 的 LSPR 效应以及 AgBr、Ag 和 MW-BCO 的界面连接促进了电荷分离，提高了可见光利用率。

6.2 实验部分

6.2.1 实验材料

实验材料有：硝酸铋［$Bi(NO_3)_3 \cdot 5H_2O$］、硝酸银（$AgNO_3$）、十六烷基三甲基溴化铵（CTAB）、硝酸（HNO_3）、氨水（$NH_3 \cdot H_2O$）、L-抗坏血酸、异丙醇（IPA）、乙二胺四乙酸二钠（EDTA-2Na）、过硫酸钾（$K_2S_2O_8$）、铬酸钾（K_2CrO_4）、盐酸四环素（TCH）和罗丹明 B（RhB）等。

6.2.2 层次花状 Bi_2CrO_6 的合成

采用微波辅助法制备层次花状 Bi_2CrO_6 催化剂。具体实验操作步骤如下：将 0.970g $Bi(NO_3)_3 \cdot 5H_2O$ 溶于 20mL 2mol/L 的 HNO_3 水溶液中，搅拌形成透明溶液。同时，将 0.194g K_2CrO_4 溶于 40mL 去离子水中，搅拌形成黄色溶液。然后，搅拌条件下将 K_2CrO_4 溶液缓慢滴入 $Bi(NO_3)_3 \cdot 5H_2O$ 溶液中。超声搅拌 20min 后，用 $NH_3 \cdot H_2O$ 将混合液的 pH 调至 1。将得到的黄色前驱体转移到 250mL 的微波反应器中，在 800 W 的功率下加热至 100℃，保持 2h。待产物冷却至室温后，在 8000 r/min 转速下离心 5min，然后用去离子水和无水乙醇交替洗涤三次，最后在 60℃下干燥 6h，得到 MW-BCO。采用水热法在 180℃加热 6h 制备 Bi_2CrO_6 纳米板（HT-BCO）作为对比试验。

6.2.3 $Ag/AgBr/Bi_2CrO_6$ 的制备

采用原位沉淀法和光还原法制备 $Ag/AgBr/Bi_2CrO_6$ 复合材料。将 0.2g Bi_2CrO_6 粉末分散在 100mL 去离子水中，超声搅拌 20min 后，搅拌条件下将 0.4g CTAB 加入 Bi_2CrO_6 溶液。然后，将 2.0mL 0.5 M $AgNO_3$ 溶液缓慢滴入上述混合物中。将混合物在暗处搅拌 60min，使 CTAB 吸附在 Bi_2CrO_6 的表面，诱导 Br^- 与 Ag^+ 反应生成 AgBr。最后将混合物转移到 100mL 石英试管中，在紫外光下照射 30min，AgBr 表面产生 Ag NPs。冷却至室温后收集产物，并将产物在 8000 r/min 转速下离心 5min，用去离子水和无水乙醇交替洗涤三次，最后在 60℃干燥 6h，得到 1.0Ag/AgBr/MW-Bi_2CrO_6（简称 1.0AB/MW-BCO）。同样，Bi_2CrO_6 含量保持不变，改变 CTAB（0.22mmol、0.55mmol、1.65mmol 和 2.2mmol）和 $AgNO_3$（0.2mmol、0.5mmol、1.5mmol 和 2.0mmol）的用量，分别制备 0.2 AB /MW-BCO、0.5 AB/MW-BCO、1.5 AB /MW-BCO 和 2.0 AB /MW-BCO 样品，上述过程如图 6.1 所示。作为对比，没有添加 Bi_2CrO_6 的情况下，在相同的条件下制备了纯 Ag/AgBr。

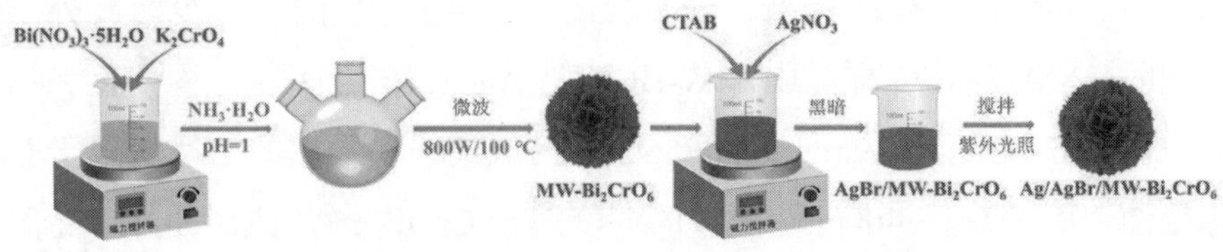

图 6.1 1.0AB/MW-BCO 复合材料的合成路线示意图

6.2.4 光催化材料的表征

对合成的光催化材料进行了多种表征测试。

6.2.5 光催化性能研究

为评价制备样品的光降解活性，称取 100mg 样品置于装有 100mL 10mg/L TCH 或 RhB 溶液的石英试管中。光照前，黑暗中搅拌 30min 以达到吸附 - 脱附平衡。随后，打开 250 W 氙灯（$\lambda \geq 420nm$，强度 ≈ 50 mW cm^{-2}）照射石英试管，照射时保持搅拌，并通循环水以保持反应在室温条件下进行。在光降解过程中每隔固定时间取 8mL 悬浮液，将收集到的悬浮液在 12000 r/min 的转速下离心 7min。用

紫外 - 可见分光光度计测定上清液中污染物的浓度。

6.3 结果与讨论

6.3.1 $Ag/AgBr/Bi_2CrO_6$ 的结构与组成分析

采用 XRD 研究 MW-BCO、Ag/AgBr 和 AB/MW-BCO 样品的晶相，如图 6.2 和图 6.3 所示。MW-BCO 的 XRD 谱图呈现出不同的特征峰。Ag/AgBr 在 2θ为 26.7°、30.9° 、44.3°、55.0°、64.4°、73.2°和 81.6°处的衍射峰分别对应于立方 AgBr（JCPDS No. 79-0149）的（111）、（200）、（220）、（222）、（400）、（420）和（422）晶面的衍射峰。由图 6.3 可知，AB/MW-BCO 复合材料的 XRD 谱图中包含 MW-BCO 和 AgBr 的特征峰。此外，复合材料的 XRD 谱图中 MW-BCO 特征峰的位置没有发生变化，这表明 AgBr 的加入没有影响 MW-BCO 的晶体结构。随着 AgBr 含量的增加，复合材料中 MW-BCO 的特征峰强度逐渐减弱。另外，Ag/AgBr 和 AB/MW-BCO 样品的 XRD 谱图中没有观察到 Ag NPs 的特征衍射峰，这是由于 Ag NPs 的晶粒尺寸小、分散性高或者 Ag NPs 的含量少。此外，利用 FT-IR 分析 AB/MW-BCO 样品中 MW-BCO 与 Ag/AgBr 之间的结构变化和相互作用效应，如图 6.4 所示。825cm^{-1} 和 856cm^{-1} 区域最强和最宽的信号峰属于 CrO_4^{2-} 的对称拉伸，而 300 ～ 400cm^{-1} 区域的弱峰属于 CrO_4^{2-} 的弯曲。此外，随着复合材料中 AgBr 含量的增加，MW-BCO 的特征峰强度逐渐减弱，以上研究表明成功构建了 AB/MW-BCO 异质结催化剂。

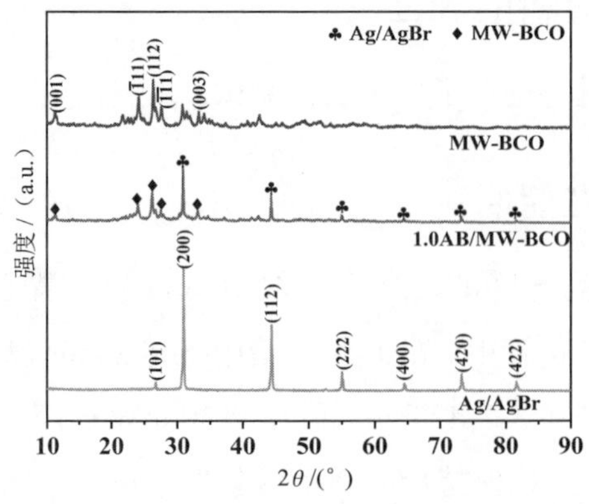

图 6.2 MW-BCO、Ag/AgBr 和 1.0AB/MW-BCO 催化剂的 XRD 谱图

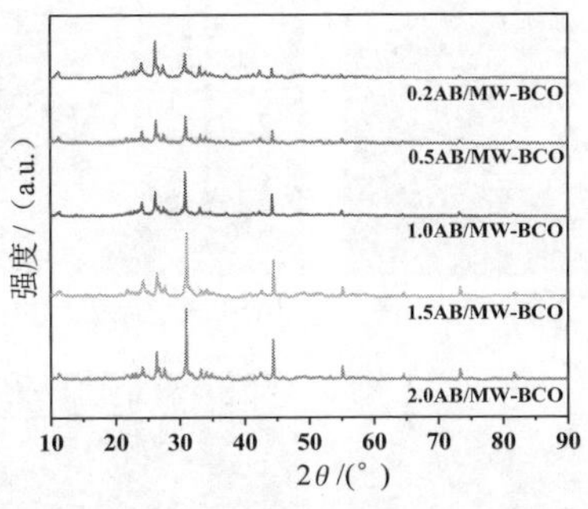

图 6.3 AB/MW-BCO 复合材料的 XRD 谱图

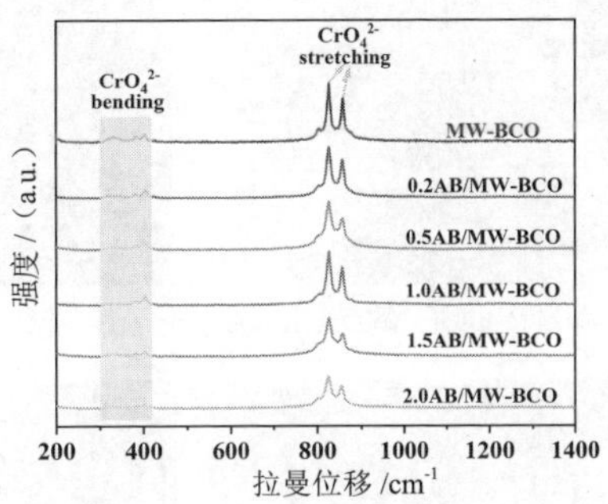

图 6.4 MW-BCO、Ag/AgBr 和 AB/MW-BCO 催化剂的 FT-IR 图

利用 SEM 和 TEM 考察 HT-BCO、MW-BCO、Ag/AgBr 和 1.0AB/MW-BCO 样品的微观结构和形貌，如图 6.5 所示。HT-BCO 催化剂显示出不规则的微孔板状结构（厚度为 400 ～ 500nm），如图 6.5（a）所示，而 MW-BCO 催化剂有交错的纳米片组装的层次化花状结构（直径为 10μm，厚度为 40nm），如图 6.5（b）所示。结果表明，水热法和微波法分别制备的 HT-BCO 和 MW-BCO 催化剂形貌存在较大差异，表明 BCO 材料的敏感性和通用性。图 6.5（c）显示 Ag/AgBr 由不规则的三维块状结构组成（尺寸为 0.4 ～ 1.2 μm），AgBr 表面沉积了 Ag NPs。1.0AB/MW-BCO 复合材料中，Ag/AgBr 纳米颗粒在 MW-BCO 上分散良好，如图 6.5（d）所示。Ag/AgBr 与 MW-BCO 复合后，Ag/AgBr 的尺寸减小，这表明 MW-BCO 的存在可以显著阻碍 AgBr 的聚集。颗粒尺寸的减小缩短了光生电子和空穴到达催化剂表面的迁移距离，从而增加了活性位点。此外，较小的纳米颗粒促进 Ag/AgBr 和 MW-BCO 更紧密地接触，从而促进电荷的转移。通过 TEM 和 HRTEM 分析进一步证实了 1.0AB/ MW-BCO 复合材料的微观结构和形貌，如图 6.5（e）和图 6.5（f）所示。从图 6.5（e）可以看出 Ag/AgBr 颗粒均匀分布在 MW-BCO 纳米片表面，与 SEM 结果一致。1.0AB/ MW-BCO 的 HRTEM 图如图 6.5（f）所示，间距 0.330nm 的晶格条纹属于 AgBr 的（111）晶面[79]，间距 0.262nm 的晶格条纹属于 MW-BCO 的（210）晶面。从图中可以看出，AgBr/MW-BCO 表面有直径为 20nm 的 Ag NPs。此外，利用 EDS 元素映射图确定了复合材料的元素组成和空间分布。从图 6.5（g）～图 6.5（l）可以看出 1.0AB/ MW-BCO 中存在 Ag、Br、Bi、Cr 和 O 五种元素，并均匀分布。

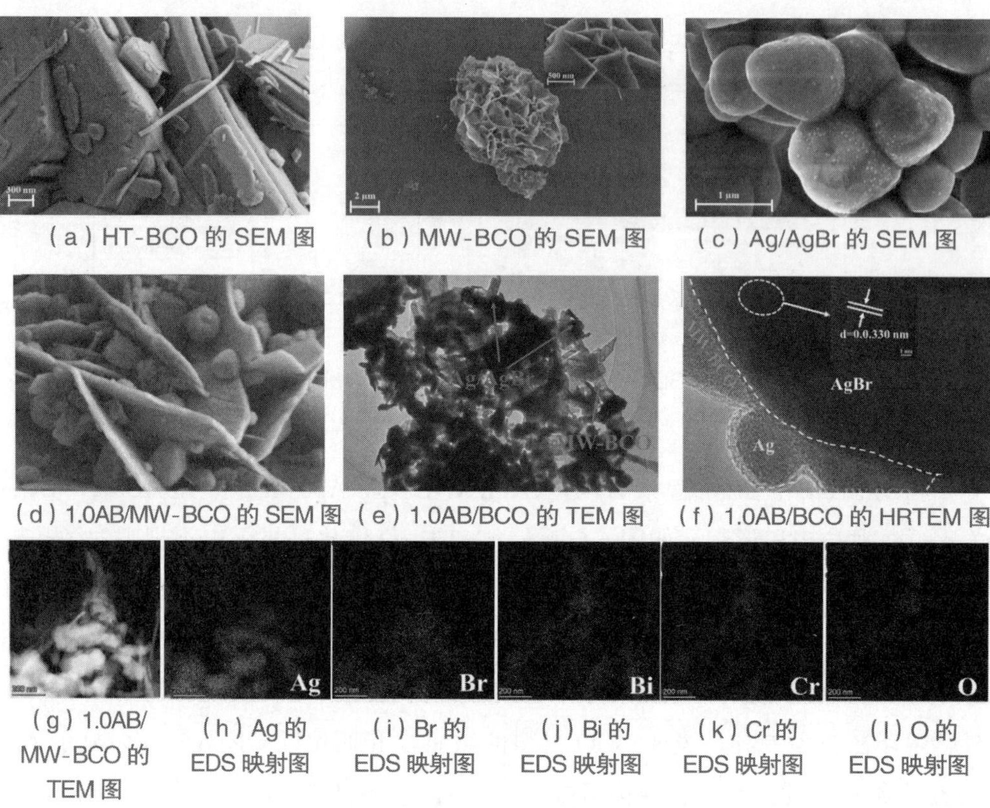

（a）HT-BCO 的 SEM 图　（b）MW-BCO 的 SEM 图　（c）Ag/AgBr 的 SEM 图

（d）1.0AB/MW-BCO 的 SEM 图　（e）1.0AB/BCO 的 TEM 图　（f）1.0AB/BCO 的 HRTEM 图

（g）1.0AB/MW-BCO 的 TEM 图　（h）Ag 的 EDS 映射图　（i）Br 的 EDS 映射图　（j）Bi 的 EDS 映射图　（k）Cr 的 EDS 映射图　（l）O 的 EDS 映射图

图 6.5　样品的微观结构和形貌图

利用 XPS 谱图研究 Ag/AgBr、MW-BCO 和 1.0AB/MW-BCO 的元素组成和价态，如图 6.6 所示。1.0AB/MW-BCO 的 XPS 总谱图如图 6.6（a）所示，总谱图中存在 Ag 3d、Br 3d、Bi 4f、Cr 2p 和 O 1s 对应的五个峰。此外，样品的 Ag 3d、Br 3d、Bi 4f、Cr 2p 和 O 1s 的 XPS 光谱如图 6.6（b）～图 6.6（f）所示。图 6.6（b）显示 Ag 3d 光谱分为 Ag $3d_{3/2}$ 和 Ag $3d_{5/2}$，每一个峰又分为两个小峰。其中，367.04eV 和 373.04eV 处的两个小峰对应于 Ag^+，而 367.94eV 和 374.02eV 处的两个小峰对应于 Ag^0，这进一步表明 1.0AB/MW-BCO 中形成 Ag^0。Br 3d 光谱在 67.60eV 和 68.63eV 处两个峰，分别归属于 Br $3d_{3/2}$ 和 Br $3d_{5/2}$［见图 6.6（c）］。图 6.6（d）显示了 Bi 4f 光谱，164.13eV 和 158.82eV 处的两个峰分别对应于 MW-BCO 样品中 Bi^{3+} 的 Bi $4f_{5/2}$ 和 Bi $4f_{7/2}$。图 6.6（e）显示了 Cr 2p 光谱，588.10eV 和 578.90eV 处的峰分别对应于 MW-BCO 的 Cr $2p_{1/2}$ 和 Cr $2p_{3/2}$，表明 MW-BCO 中 Cr 的价态为 +6。图 6.6（f）显示了 O 1s 光谱，533.37eV、531.94eV 和 529.81eV 的峰分别属于表面羟基、Cr-O 和 Bi-O。与 Ag/AgBr 和 MW-BCO 相比，1.0AB/

MW-BCO 中 Ag 和 Br 元素的结合能由于得到电子而发生了正偏移，而 Bi、Cr 和 O 元素的结合能由于失去电子而发生了负偏移，这一现象揭示了 Ag、AgBr 和 MW-BCO 催化剂之间电荷的有效转移。

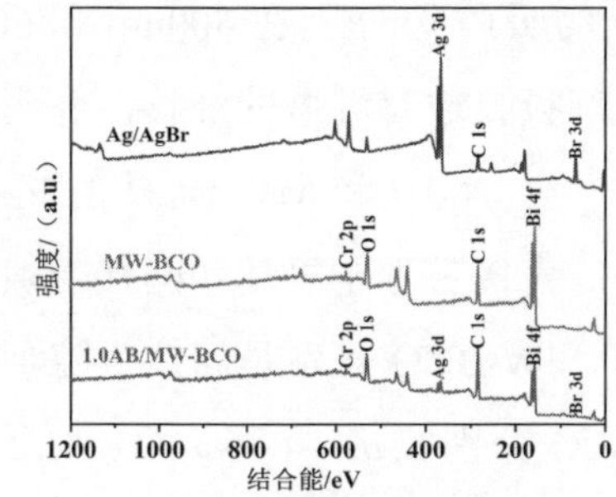

（a）总谱图

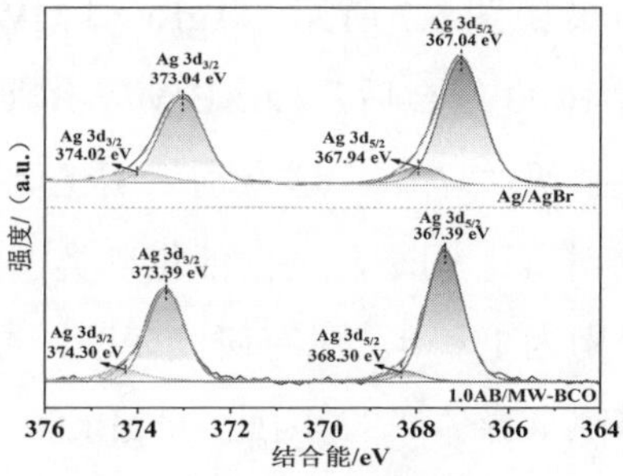

（b）Ag 3d 光谱

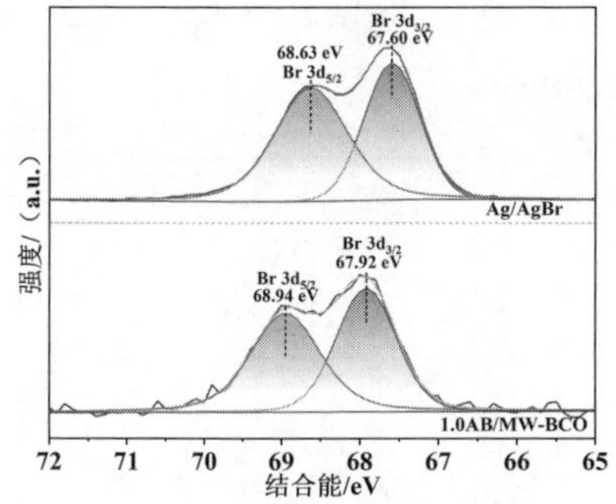

（c）Br 3d 光谱

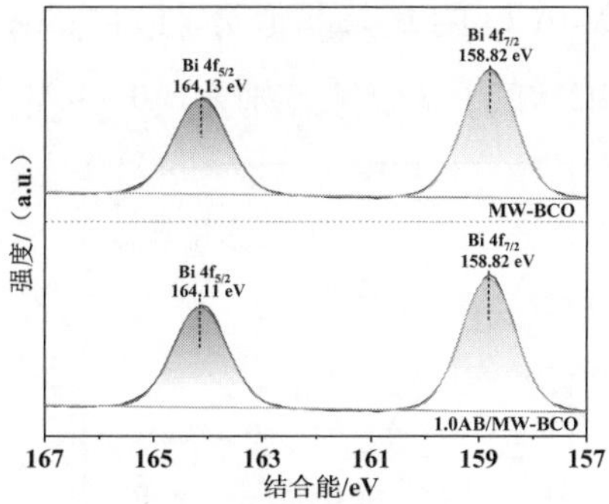

（d）Bi 4f 光谱

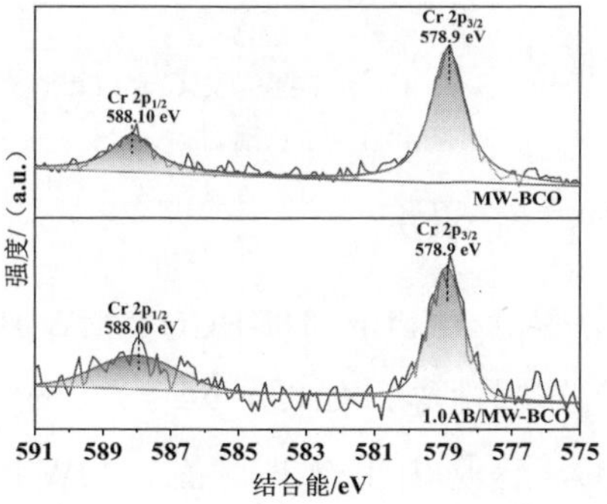

（e）Cr 2p 光谱

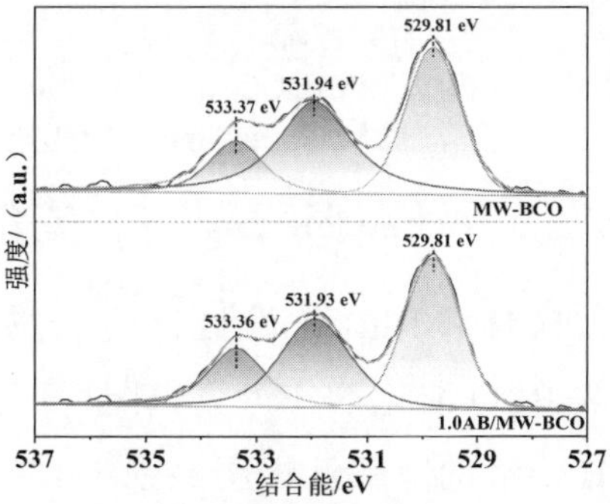

（f）O 1s 光谱

图 6.6 1.0AB/MW-BCO 复合材料谱图

6.3.2 $Ag/AgBr/Bi_2CrO_6$ 的光电催化性能研究

利用 PL 分析 Ag/AgBr、MW-BCO 和 1.0AB/MW-BCO 催化剂中光生载流子的分离和重组。结果发现，激发波长为 480nm，所有催化剂在 580nm 处都有一个发射峰。与 AgBr 和 MW-BCO 相比，1.0AB/MW-BCO 异质结的 PL 强度较低，这表明异质结的形成有效地阻碍了活性因子的重组，促进了电荷的迁移。

采用 UV-vis DRS 研究 AgBr、MW-BCO 和 1.0AB/MW-BCO 催化剂的光学特性，结果如图 6.7 所示。AgBr 和 MW-BCO 的吸收边分别在 500nm 和 600nm。与 MW-BCO 结合后，1.0AB/MW-BCO 催化剂吸收边有轻微的红移，表明扩大了可见光的吸收范围，这有利于活性因子的产生。AgBr 和 MW-BCO 的 E_g 值由式（4.1）计算。同时，根据催化剂类型定义 n：直接带隙半导体和间接带隙半导体的 n 分别为 1 和 4。已有研究表明，AgBr 和 MW-BCO 分别是间接带隙半导体和直接带隙半导体 [171]。因此，AgBr 和 MW-BCO 分别取 $n = 4$ 和 $n = 1$。如图 6.8 所示，AgBr 和 MW-BCO 的 E_g 分别为 2.50eV 和 2.05eV。根据式（4.2）计算 AgBr 和 MW-BCO 的 $E_{VB\text{-}NHE}$ 值分别为 1.56eV 和 1.75eV，根据式（4.3）计算 AgBr 和 MW-BCO 的 CB 位置分别为 - 0.94eV 和 - 0.30eV。

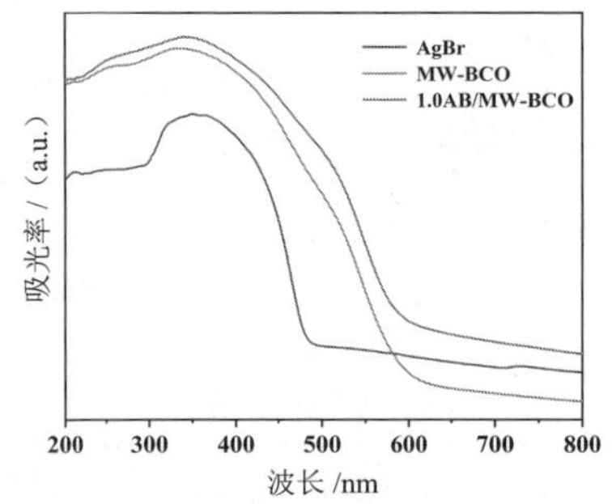

图 6.7 AgBr、MW–BCO 和 1.0AB/MW-BCO 催化剂的 UV-vis DRS 光谱图

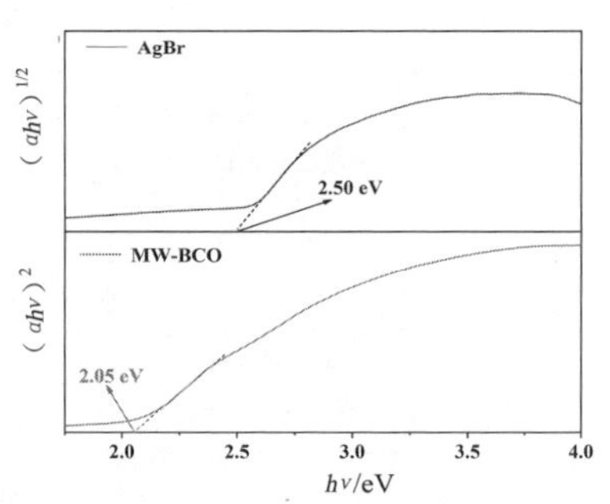

图 6.8 AgBr 和 MW-BCO 的 $(\alpha h\nu)^{1/2}$/$(\alpha h\nu)^2$-$h\nu$ 关系曲线图

6.3.3 $Ag/AgBr/Bi_2CrO_6$ 光催化性能研究

以 TCH 和 RhB 作为目标污染物，考察 Ag/AgBr、HT-BCO、MW-BCO 和 AB/MW-BCO 催化剂在可见光照射下的光降解性能，如图 6.9 所示。MW-BCO 对 TCH 溶液的降解活性明显强于 HT-BCO，这是由于微波制备的 MW-BCO 的纳米片厚度减小所致。纳米片的厚度减小可以促进光生电子与空穴的有效分离，从而提高光降解性能。此外，与 Ag/AgBr、HT-BCO 和 MW-BCO 相比，AB/MW-BCO 异质结对 TCH 溶液的降解性能更优异。1.0AB/MW-BCO 复合材料在可见光下对 TCH 的光催化活性最高（80.0%，60min），分别是 HT-BCO、MW-BCO 和 Ag/AgBr 的 5.33 倍、1.31 倍和 1.38 倍。AB/MW-BCO 异质结优异的催化活性是由于 Ag NPs 的 LSPR 效应增强了可见光吸收能力，并且 MW-BCO 与 Ag

和 AgBr 的复合阻碍了电子和空穴的复合。随着 Ag/AgBr 用量的增加，复合材料的催化活性显示先上升后下降的趋势，这是由于 MW-BCO 表面负载过量的 Ag/AgBr，覆盖了 MW-BCO 的活性位点，限制了 AB/MW-BCO 对光的吸收，从而影响了 TCH 的光催化活性。Langmuir-Hinshelwood 模型拟合反应动力学曲线，如图 6.10 所示。从图 6.10 可以看出 Ag/AgB、HT-BCO、MW-BCO、0.5AB/MW-BCO、0.8AB/MW-BCO、1.0AB/MW-BCO、1.5AB/MW-BCO 和 2.0AB/MW-BCO 催化剂对应的表观速率常数（k）分别为 0.01314min^{-1}、0.00221min^{-1}、0.01464min^{-1}、0.01843min^{-1}、0.02189min^{-1}、0.02257min^{-1}、0.02232min^{-1} 和 0.01568min^{-1}，结果表明 Ag/AgBr 的含量对 AB/MW-BCO 的 k 值有较大的影响。其中，1.0AB/MW-BCO 的 k 值最高，分别是 Ag/AgBr 和 MW-BCO 的 1.72 倍和 1.54 倍。因此，适量的 Ag/AgBr 有利于 MW-BCO 与 Ag/AgBr 之间强相互作用，加速电子 - 空穴对的分离和迁移。为了考察 1.0AB/MW-BCO 催化剂能否有效去除染料，将催化剂用于光降解 RhB，如图 6.11 和图 6.12 所示。所有催化剂对 RhB 和 TCH 的降解趋势相似，且 1.0AB/MW-BCO 对 RhB 的光降解活性明显优于 Ag/AgBr、HT-BCO 和 MW-BCO。可见光照射下，30min 内对 RhB 的降解活性达到 98%，表明其在抗生素和染料降解方面具有相当大的潜力。

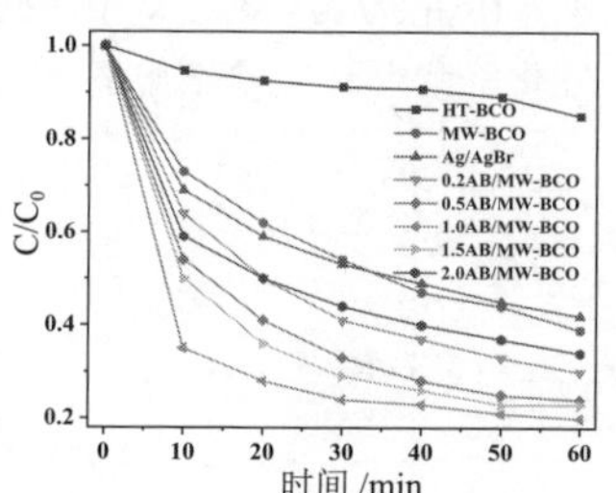

图 6.9 催化剂对 TCH 的光降解效率

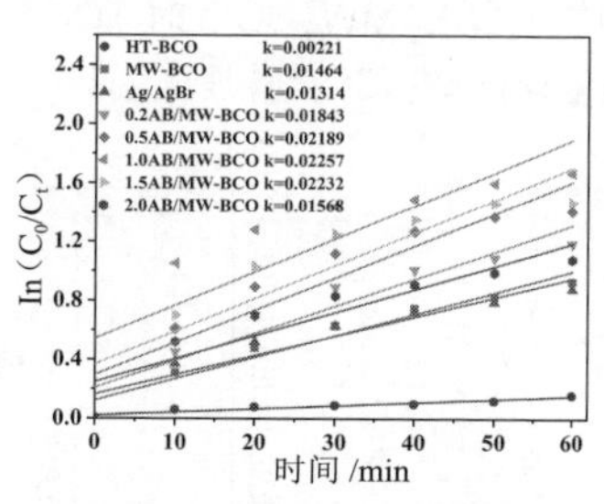

图 6.10 催化剂对 TCH 的光降解的 C_0/C_t 随辐照时间的动力学图

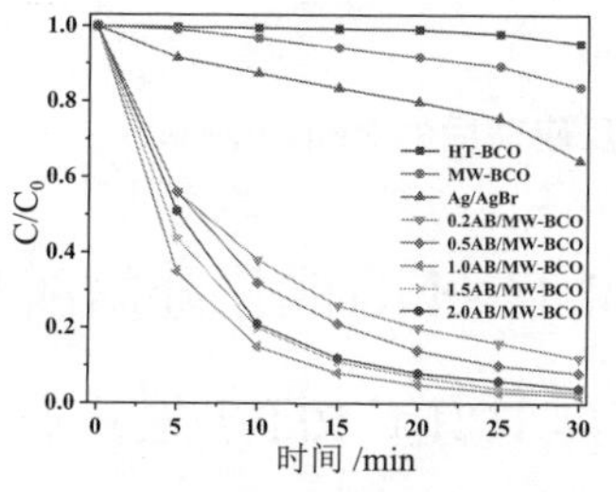

图 6.11 催化剂对 RhB 的光降解效率

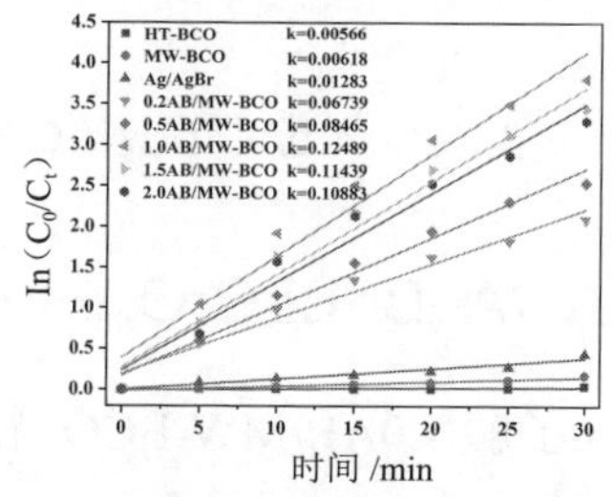

图 6.12 催化剂对 RhB 的光降解的 C_0/C_t 随辐照时间的动力学图

催化剂的稳定性和可回收性是决定其性能的关键因素。因此，通过光降解 TCH 和 RhB 的循环实验考察了 1.0AB/MW-BCO 催化剂的稳定性，如图 6.13 和图 6.14 所示。5 次循环后，1.0AB/MW-BCO 对 TCH 和 RhB 的降解率分别保持在 76.1% 和 84.9%。1.0AB/MW-BCO 催化活性略有降低，这是由于连续多次运行过程中污染物和/或副产物的积累，堵塞了 1.0AB/MW-BCO 催化剂的活性位点。此外，循环后 1.0AB/MW-BCO 催化剂的 XRD 谱图（图 6.15）与初始样品几乎相同，并且在 38.1° 处没有观察到 Ag（111）晶面的特征峰，说明光催化反应后 1.0AB/MW-BCO 中 Ag 含量没有明显增加。以上结果表明 1.0AB/MW-BCO 催化剂在光催化过程中可以保持较好的稳定性，具有良好的应用前景。

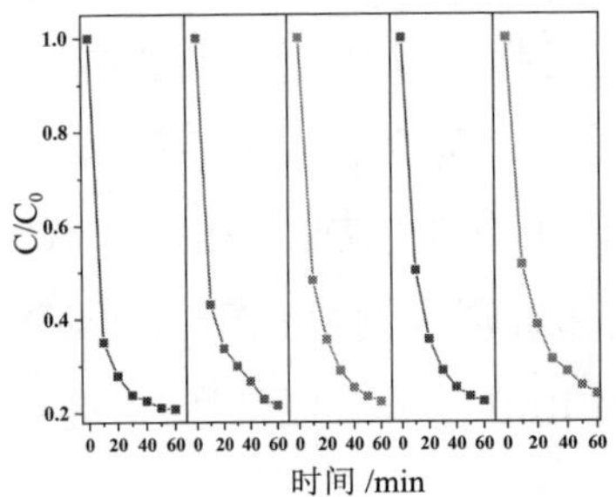

图 6.13 1.0AB/ MW-BCO 对 TCH 光催化降解循环实验结果图

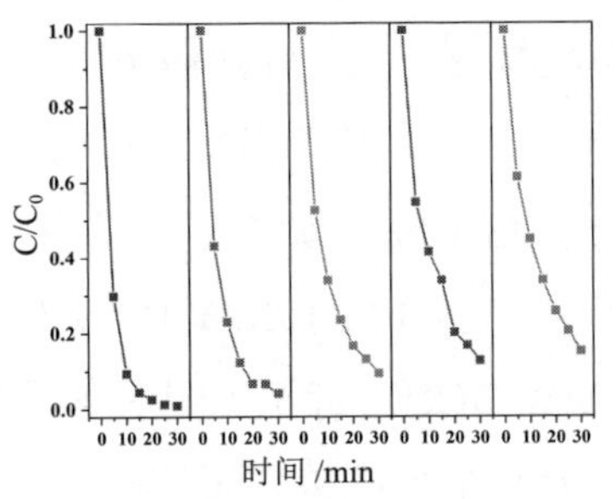

图 6.14 1.0AB/ MW-BCO 对 RhB 光催化降解循环实验结果图

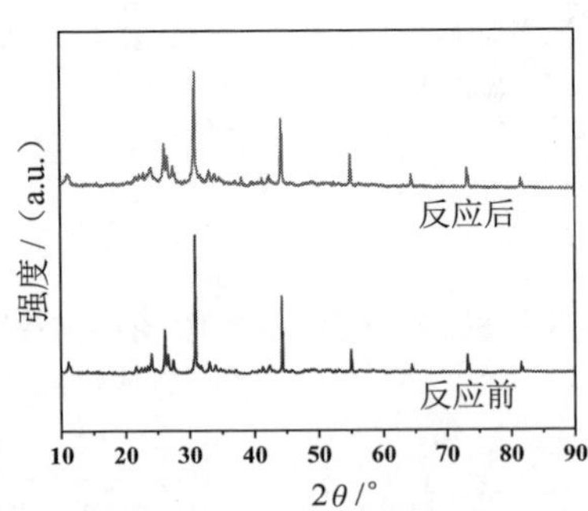

图 6.15 1.0AB/ MW-BCO 催化剂反应前后的 XRD 谱图

6.3.4 $Ag/AgBr/Bi_2CrO_6$ 对 RhB 和 TCH 的催化降解机理

为了深入了解 1.0AB/MW-BCO 光催化降解 TCH 和 RhB 过程中产生的活性物种，开展了自由基捕获实验。L- 抗坏血酸、IPA、EDTA-2Na 和 $K_2S_2O_8$ 分别作为 $•O_2^-$、•OH、h^+ 和 e^- 的捕获剂。当 L- 抗坏血酸、IPA、EDTA-2Na 和 $K_2S_2O_8$

加入反应溶液中时，TCH 的降解效率从 79% 降低至 11%、78%、27% 和 61%（图 6.16），RhB 降解效率从 99.1% 降低至 11.20%、97.6%、69% 和 97.6%（图 6.17）。引入 L- 抗坏血酸和 EDTA-2Na 后，TCH 和 RhB 的降解效率急剧下降。研究表明，在 TCH 和 RhB 降解体系中 $\bullet O_2^-$ 和 h^+ 为主要的活性物质。然而，引入 IPA 和 $K_2S_2O_8$ 后，TCH 和 RhB 的降解效率几乎不变，证明 •OH 和 e^- 对光降解性能几乎没有影响。以上结果证实 $\bullet O_2^-$ 和 h^+ 是 1.0AB/MW-BCO 降解 TCH 和 RhB 过程中的主要活性物质。

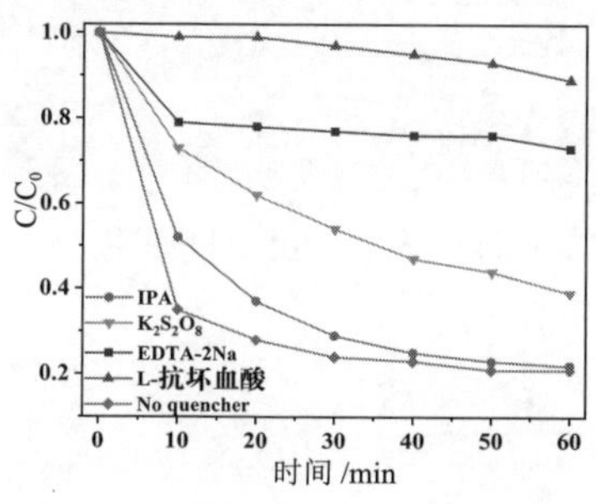

图 6.16 1.0AB/MW-BCO 样品在可见光照射下降解 TCH 的捕获实验结果

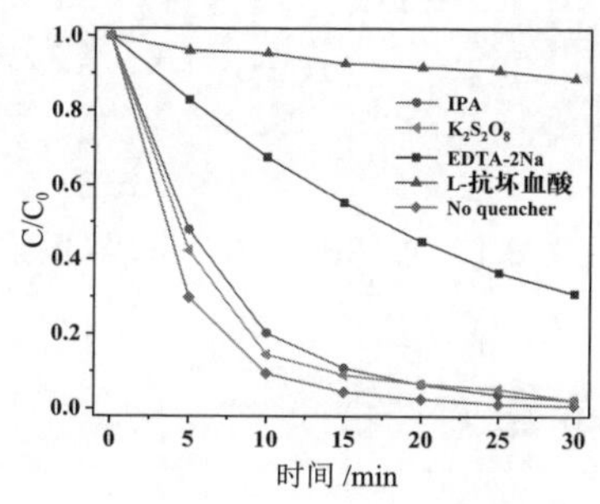

图 6.17 1.0AB/MW-BCO 样品在可见光照射下降解 RhB 的捕获实验结果

根据能带结构和捕获实验结果，提出了两种可能存在的电荷转移机制，如图 6.18 所示。图中左侧显示电子和空穴迁移遵循传统 II 型异质结机制。可见光下，AgBr 和 MW-BCO 光催化剂均被激发产生电子和空穴，由于 MW-BCO VB 电位高于 AgBr VB，MW-BCO VB 上的空穴迁移到 AgBr VB 上。AgBr CB 电位比 MW-BCO 更负，AgBr CB 上的电子转移到 MW-BCO CB 上。然而，由于 MW-BCO 导带电位（-0.30eV vs. NHE）比 O_2/O_2^- 的（-0.33eV vs. NHE）更正，因此 MW-BCO 中的光生电子并不能将 O_2 还原为 $\bullet O_2^-$。然而，自由基捕获实验表明 $\bullet O_2^-$ 和 h^+ 是光降解过程中产生的主要活性物质，因此，1.0AB/MW-BCO 体系中的电子和空穴转移不遵循 II 型异质结机制。图中右侧显示电子与空穴迁移遵循 Z 型异质结机制。光照射下，由于 AgBr 与 MW-BCO 的界面相互作用，MW-BCO CB 上的电子可以迁移到 Ag NPs 中，并与 AgBr VB 中的 h^+ 结合，保留了 AgBr CB 上电子的还原能力和 MW-BCO VB 中空穴的氧化能力。AgBr 的导带电位（-0.94eV vs. NHE）比 O_2/O_2^- 的（-0.33eV vs. NHE）更负，可以还原 O_2 生成 $\bullet O_2^-$。因此，1.0AB/MW-BCO 光催化降解 RhB 过程中光生电子空穴转移遵循 Z 型机制。

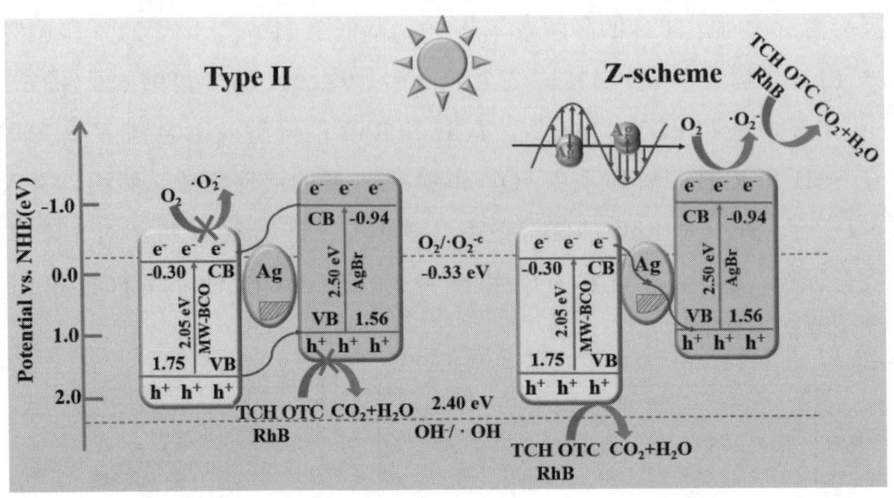

图 6.18 1.0AB/MW-BCO 异质结光催化剂可能的光催化反应机理图

6.4 本章小结

本书通过微波辅助水热法制备了一种新型的层次型花状MW-BCO光催化剂，接着，通过原位沉淀和光还原法制备得到 AB/MW-BCO 复合材料。首先，通过 SEM、TEM 和 XRD 等表征手段观察催化剂的形貌、结构。然后，利用 UV-vis DRS 光谱确定了催化剂的吸光性能和能带结构。接着，通过降解实验研究了催化剂对 TCH 和 RhB 的降解效率。最后，利用捕获实验识别了催化体系中产生的活性自由基，得出的主要结论如下。

（1）构建 Z 型 1.0AB/MW-BCO 异质结在可见光照射下对 TCH 和 RhB 的光催化降解效率分别为 80.0%（60min）和 98.0%（30min），优于 Ag/AgBr 和 MW-BCO 光催化剂。

（2）AB/MW-BCO 催化剂优异的催化活性和稳定性可归因于 Ag NPs 的 LSPR 效应以及光生电荷有效地分离。

（3）通过能带结构和自由基捕获实验，表明 AB/MW-BCO 是一种由 Ag NPs 桥接的 Z 型光催化体系。

第 7 章 $CoWO_4$ 纳米颗粒表界面性能调控及活性研究

7.1 引言

钨酸盐作为一种无机材料，在光催化、光致发光等领域有着重要的应用。钨酸盐半导体材料的价带由金属原子的外层 s 和 O2p 轨道杂化而成，其具有较高的电荷流动性和氧化活性[172]。此外，钨酸盐因其特有的结构和物理化学性质，逐渐受到科研人员的重视。钨酸钴（$CoWO_4$）作为一种众所周知的 p- 型半导体材料，其禁带宽度为 2.8eV，因此能够被可见光激发[173]。$CoWO_4$ 通常作为染料添加剂和微波介质陶瓷，然而对 $CoWO_4$ 光催化剂的研究相对较少[174]。因此，优化 $CoWO_4$ 的合成条件，同时与能带结构相互匹配的半导体复合形成异质光催化剂，能够进一步提高钨酸钴活性因子的分离效率和光催化降解活性。

硫化镉（CdS）是一种 n 型半导体，它具有较窄的能带宽度（2.4eV），并且其导带位置较高，因此光生电子具有很强的还原能力，常用作光催化分解水产氢实验的研究对象[175]。然而，CdS 作为半导体光催化剂还存在一些不足之处，例如活性因子复合严重，CdS 纳米颗粒极易团聚造成比表面积降低，活性位点数量随之减少。此外，光稳定性差也很大程度上限制了 CdS 光催化剂的实际应用。然而，利用 CdS 和其他半导体材料复合来形成异质光催化剂，不仅可以提升光催化剂的光吸收能力和电子空穴分离效率，同时也能提升 CdS 的光化学稳定性。例如，MoS_2/CdS 异质结构在光催化分解水产氢过程中表现出较高的光催化活性[176]；以 CdS 与 PbS 异质结构所构筑的太阳能电池具有杰出的光电性能[177]。目前，在 $CoWO_4$ 上负载 CdS 来构筑新型异质光催化剂的研究较少，CdS 良好的可见光吸收及其独特的能带结构非常适合与 $CoWO_4$ 构筑异质光催化剂，以提升光生活性因子的分离效率。

本书通过二次水热法合成了 CdS/$CoWO_4$ 纳米结构的异质结构光催化剂。本书将通过光催化降解亚甲基蓝（Methlene Blue，MB）的实验来测试所制备的异质光催化剂的光催化活性。与纯 CdS 和 $CoWO_4$ 相比，这种异质结构光催化剂对亚甲基蓝具有很好的降解活性。此外，还通过捕获实验和 ESR 测试深入研究了这种异质结构光催化剂的光催化反应机理。

7.2 实验部分

7.2.1 实验材料

实验过程中所使用的原料和化学试剂见表 7.1。

表 7.1 原料和化学试剂一览表

药品名称	化学式	纯度	生产厂家
二水合钨酸钠	Na_2WO_4•$2H_2O$	AR	中国医药集团有限公司
六水合硝酸钴	$Co(NO_3)_2$•$6H_2O$	AR	中国医药集团有限公司
氢氧化钠	NaOH	AR	中国医药集团有限公司
硫脲	$CH4N_2S$	AR	中国医药集团有限公司
醋酸镉	$Cd(CH_3COO)_2$	AR	中国医药集团有限公司
亚甲基蓝	$C_{16}H_{18}ClN_3S$	AR	中国医药集团有限公司
EDTA 二钠盐	$C10H1_4N_2Na_2O_8$•$2H_2O$	AR	中国医药集团有限公司
重铬酸钾	$K_2Cr_2O_7$	AR	中国医药集团有限公司
异丙醇	$(CH_3)_2CHOH$	AR	中国医药集团有限公司
对苯醌	$C_6H_4O_2$	AR	中国医药集团有限公司
硝酸	HNO_3	AR	中国医药集团有限公司
二甲基吡啶 N- 氧化物	C_6H11NO	AR	中国医药集团有限公司

7.2.2 $CoWO_4$ 的制备

通过简易水热法合成 $CoWO_4$ 纳米颗粒，具体实验操作步骤如下：将 3mmol 二水合钨酸钠（Na_2WO_4•$2H_2O$）和同等物质的量的六水合硝酸钴 [$Co(NO_3)_2$•$6H_2O$] 通过超声和搅拌分别溶解于两个含有 15mL 去离子水的烧杯中。然后，在磁力搅拌下将钨酸钴溶液逐滴滴加到硝酸钴溶液中，利用 NaOH 或 HNO_3 的溶液将混合液的 pH 调至 8。然后，将所得混合溶液转移到容积为 50mL 的反应釜中，水热反应 180℃，24h。待反应釜自然冷却至室温，收集得到的固体，通过离心分离，并用水和乙醇交替清洗样品 3 次，最后将清洗后的蓝色样品于 80℃的烘箱中干燥 24h。

7.2.3 $CdS/CoWO_4$ 的制备

将 0.15g、0.5mmol 的 $CoWO_4$ 通过超声和搅拌均匀分散于 20mL 蒸馏水中。然后，称取同等物质的量（0.1mmol，0.3mmol，0.5mmol，1.0mmol，1.5mmol）的硫脲和 Cd（CH_3COO）$_2$ 加入上述 $CoWO_4$ 分散后的溶液中，超声搅拌 20 min 后，

将上述混合溶液转移到反应釜中，在高温烘箱中水热反应 180℃，24h。所得的固体产物通过离心来分离，并用蒸馏水和乙醇各清洗 3 次，最后将清洗后的沉淀置于 80℃的烘箱中干燥 24h。利用相同的方法，制备了不同 CdS 含量（0.1mmol，0.3mmol，0.5mmol，1mmol，1.5mmol）的 $CdS/CoWO_4$ 复合样品，分别记为 C1、C2、C3、C4、C5。

7.2.4 实验仪器

实验过程所用主要实验仪器，见表 2.1、表 3.1 和表 4.1。

7.2.5 光催化降解实验

首先，配制浓度为 10mg/L 的亚甲基蓝溶液，将配好的溶液置于暗处。然后称取 100mg 相应的催化剂放入含有 100mL 目标降解液的反应器中。黑暗条件下，持续搅拌 30min 使催化剂在溶液中分散均匀并达到吸附 - 脱附平衡后，打开冷却水源、光源，进行光催化降解实验。每隔 10min 吸取一定体积的光催化降解液，立即离心后用紫外 - 可见吸收光谱仪测量其吸光度，MB 的最大吸收波长为 664nm。通过在光催化降解过程中加入浓度为 1mM 的不同捕获剂来捕获光催化降解过程中产生的相应的活性组分，实验过程中的取样、测试过程与光催化降解实验过程相同。

7.2.6 莫特 – 肖特基曲线测试

莫特 - 肖特基曲线（Mott-Schottky plot）测试采用 CHI660 B 工作站来分析测试，采用 $CoWO_4$ 样品来修饰玻碳电极（GCE）的方法制备。首先，对玻碳电极依次用 1.0μm，0.3μm，0.5μm 的 α-Al_2O_3 粉浆在碳化硅砂砾纸上打磨抛光，然后将电极在超声波清洗仪中依次用无水乙醇和去离子水中各超声洗涤 3min，最后待电极表面干燥后备用。将 2.0mg 的 $CoWO_4$ 光催化剂样品分散在 1mL 超纯水中，充分超声分散后，取 6μL 分散后的样品滴在处理好的电极表面，并自然风干样品，得到修饰不同样品后的电极记为 $CoWO_4$-GCE。

7.3 结果与讨论

通过 XRD 测试分析纯 $CoWO_4$，CdS 样品和 $CdS/CoWO_4$ 的异质结纳米材料

样品的组成和晶相。如图 7.1 所示，所制备样品为纯相 $CoWO_4$ 和 CdS，衍射峰的位置与标准卡片一致。其中，纯 $CoWO_4$ 样品为黑钨矿晶型的 $CoWO_4$（JCPDS No. 15-0867）。从 CdS/$CoWO_4$ 样品的 XRD 图谱中，可以发现 2θ 为 25.29°、26.41°、36.84° 和 43.9° 时出现的衍射峰位置和相对强度与六边晶相 CdS（JCPDS No. 06-0314）一致，分别对应（002）、（101）、（102）和（110）晶相，表明这种复合样品是由 CdS 和 $CoWO_4$ 组成。

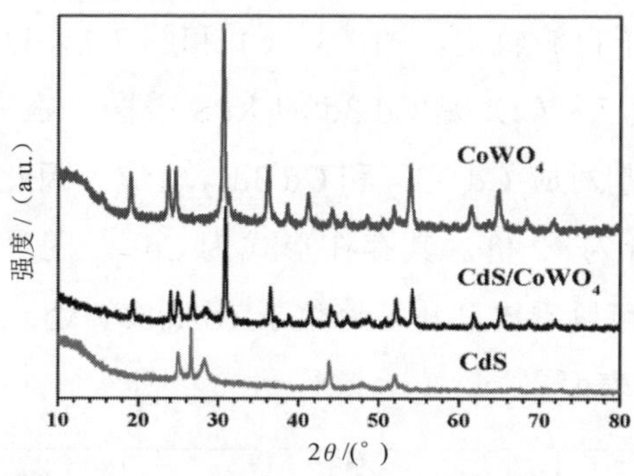

图 7.1 纯 $CoWO_4$、CdS 样品和 CdS/$CoWO_4$ 样品的 XRD 测试结果

对不同比例的 CdS/$CoWO_4$ 样品进行 XRD 测试，测试结果如图 7.2 所示，从图中可以清晰地看出，复合样品中同时包含了 CdS 和 $CoWO_4$ 的 XRD 衍射峰，并且随着 CdS 比例的逐渐增加，CdS 的 XRD 特征峰强度也逐渐增加，同时可以发现 $CoWO_4$ 的特征峰强度逐渐减弱，表明 CdS 和 $CoWO_4$ 这两种半导体材料同时存在于复合样品中。利用二次水热法能够合成这种光催化剂，并且各自特征峰的强度变化与他们的摩尔比相关。

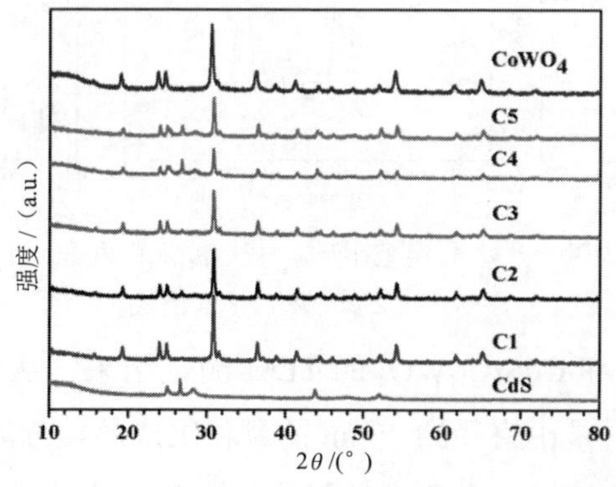

图 7.2 不同比例的 CdS/$CoWO_4$ 的 XRD 测试结果

随着 CdS 负载量的增加，CdS 的特征峰的强度将逐渐加强，除此之外没有

发现其他的杂峰，表明我们所制备的 CdS/$CoWO_4$ 复合材料是由 CdS 和 $CoWO_4$ 两种物质组成的，不存在其他杂质。

图 7.3 是制备的 CdS/$CoWO_4$ 异质结样品（C2）的 XPS 分析结果，从图 7.3（a）中可以看出 CdS/$CoWO_4$ 异质结样品中所有元素的扫描谱图，而图 7.3（b）～图 7.3（f）分别是样品中 Co、W、O、Cd 和 S 元素放大后的 XPS 谱图。XPS 数据库为样品中存在 Co 的 2p 谱图提供了证据，其 796.1eV 和 780.9eV 的峰分别对应着 Co $2p_{1/2}$ 和 Co $2p_{3/2}$ 电子自旋轨道。图 7.3（c）和图 7.3（d）分别对应 W 4f 和 O 1s 的 XPS 特征峰。图 7.3（e）是 Cd 3d 的 XPS 谱图，在 406.08eV 和 412.08eV 位置的 XPS 特征峰分别对应 Cd $3d_{5/2}$ 和 Cd $3d_{3/2}$ 轨道。因此，能够确定异质结样品中 Cd 元素的化合价为 +2 价，其存在形式为 Cd^{2+}。图 7.3（f）显示的是 S 2p 的 XPS 谱图，从图中可以看出其特征峰位于 162.08eV 处，表明 CdS 已被成功负载到 $CoWO_4$ 光催化剂表面。

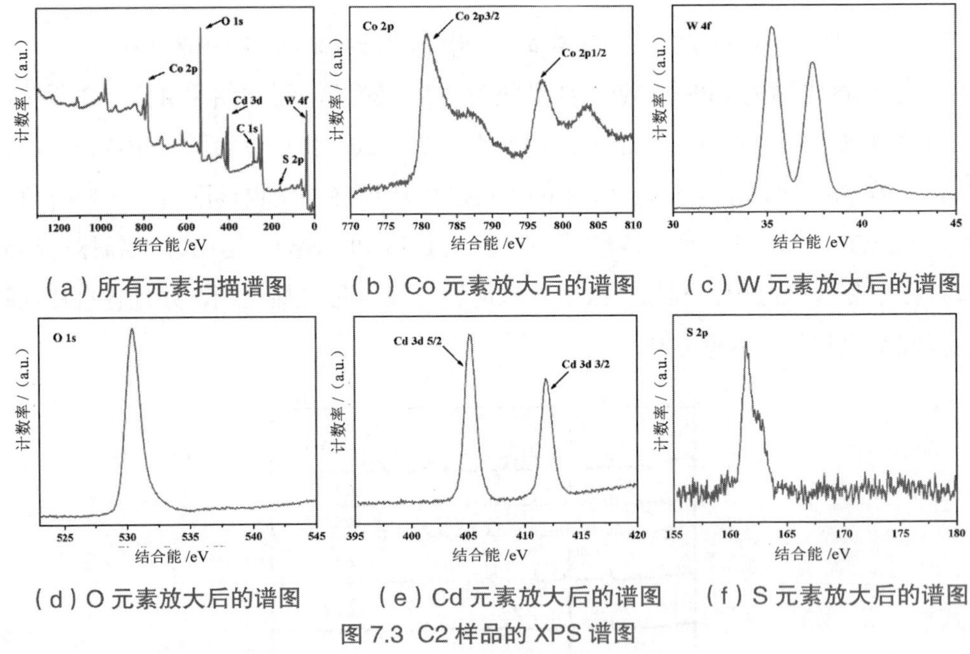

（a）所有元素扫描谱图　（b）Co 元素放大后的谱图　（c）W 元素放大后的谱图

（d）O 元素放大后的谱图　（e）Cd 元素放大后的谱图　（f）S 元素放大后的谱图

图 7.3　C2 样品的 XPS 谱图

图 7.4 是 $CoWO_4$ 和 CdS/$CoWO_4$ 的 TEM 测试结果。从图 7.4（a）中可以看出，纯钨酸钴纳米材料是由直径约 50nm 的颗粒组成的，分散性良好。图 7.4（b）是 CdS/$CoWO_4$ 样品 C2 的 TEM 测试结果，可以看出尺寸明显小于钨酸钴的 CdS 纳米颗粒附着在表面。利用 EDX 测定了 C2 样品的元素组成，其结果如图 7.5 所

示，EDX 结果表明 C2 样品是由 Co、Cd、S、W、O 元素组成的。各种元素的原子数量比 C2 样品中各元素含量比值与 C2 样品化学式中元素组成比例相近。因此，可以推断 CdS 和 $CoWO_4$ 是 C2 样品的主要组成物质。

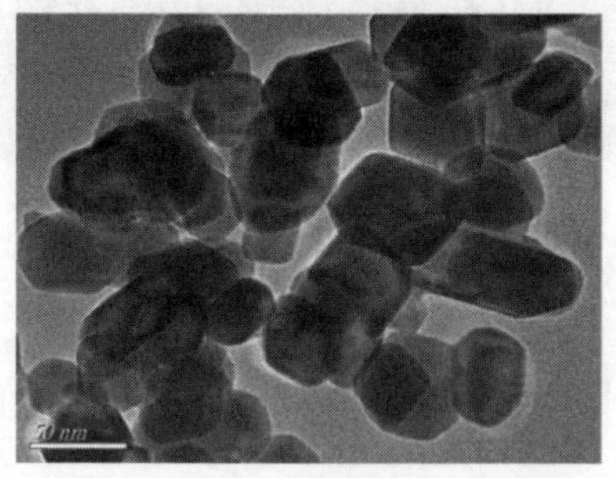

（a）$CoWO_4$ 的 TEM 测试结果

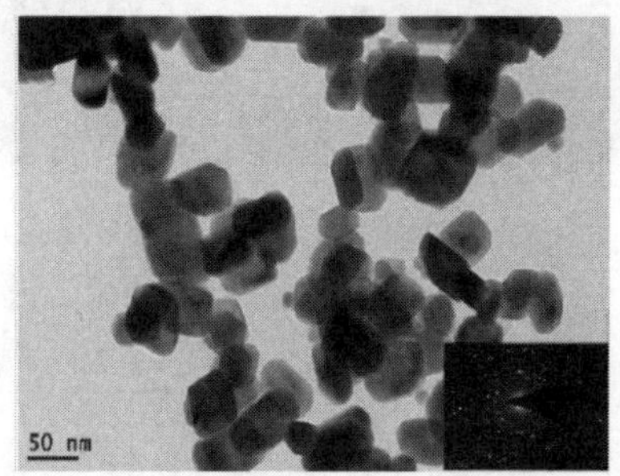

（b）CdS/ $CoWO_4$ 样品 C2 的 TEM 测试结果

图 7.4 $CoWO_4$ 和 CdS/ $CoWO_4$ 的 TEM 测试结果

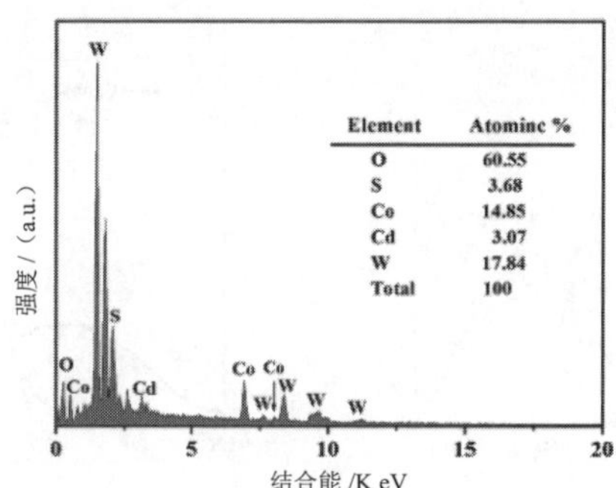

Element	Atominc %
O	60.55
S	3.68
Co	14.85
Cd	3.07
W	17.84
Total	100

图 7.5 CdS/ $CoWO_4$ 样品 C2 的 EDX 测试结果

通过测试 CdS/$CoWO_4$ 异质结样品 C2 的 EDS 能谱（图 7.6），可以看出 Co、W 和 O 的具有相似的元素分布图。从图 7.6（e）和图 7.6（f）可以看出，S 和 Cd 元素分布在钨酸钴的表面和边缘，表明 CdS 纳米颗粒附着在钨酸钴的表面。

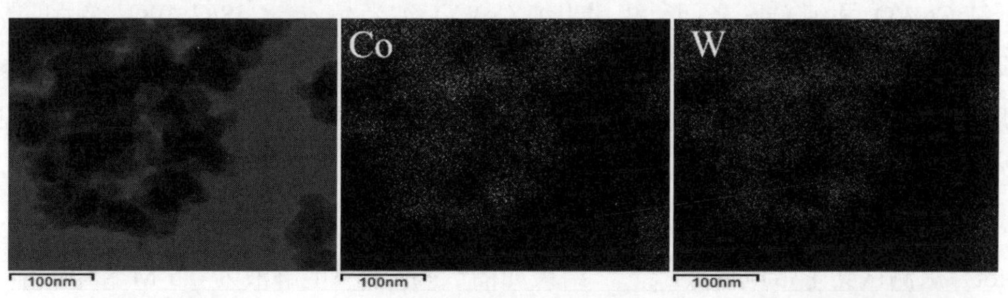

（a）总谱　（b）Co 元素分布图　（c）W 元素分布图

图 7.6 C2 样品的 EDS 能谱分析结果

（d）O 元素分布图　　（e）Cd 元素分布图　　（f）S 元素分布图

图 7.6 C2 样品的 EDS 能谱分析结果（续）

光催化剂的吸光性质对其光催化活性起到重要作用，通过测试纯 $CoWO_4$、CdS 和 $CoWO_4$/CdS 复合材料样品 UV-vis 吸收曲线，来对比三者对不同波长光的吸收情况，图 7.7 为所制备样品的 UV-vis 吸收谱图，图 7.8 为 $CoWO_4$ 和 CdS 能带计算图。

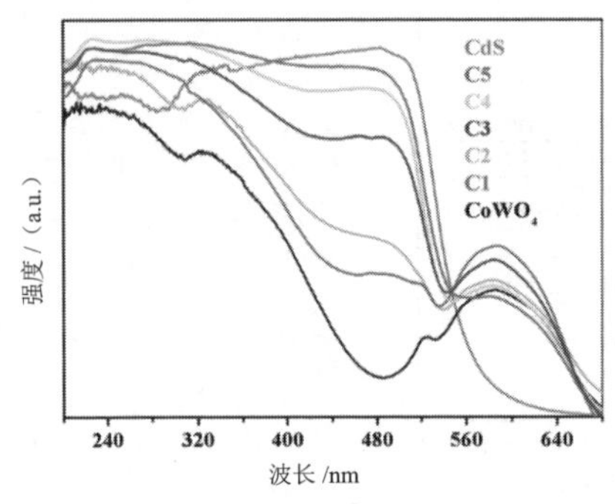

图 7.7 所制备样品的 UV-vis 吸收谱图

图 7.8 $CoWO_4$ 和 CdS 能带计算图

纯 $CoWO_4$ 对波长小于 462nm 以下的光具有较好的吸收能力，由其吸收边可计算得出 $CoWO_4$ 能带间隙约为 2.68eV，纯 CdS 的吸收边为 575nm，相应能带间隙约为 2.15eV。同时，CdS/$CoWO_4$ 异质结构的样品对不同波长光的吸收强度介于纯 $CoWO_4$ 和纯 CdS 之间。相比于纯 $CoWO_4$ 纳米晶体，CdS/$CoWO_4$ 样品的吸收边发生了红移，这是由于在 $CoWO_4$ 表面负载了 CdS 纳米颗粒的缘故，结果表明所制备的光催化剂样品在可见光下具有良好的吸收能力，这有利于提升其可见光范围的光催化活性。

为了进一步研究 $CoWO_4$ 的能带结构，通过莫特 - 肖特基曲线（Mott-Schottky plot）来测试其平带电位（E_{fb}），结果如图 7.9 所示（电解液为 0.5 M Na_2WO_4，频率为 2 kHz）。对曲线作切线与 X 轴截距即为 $CoWO_4$ 的平带电位（2.25 V），切线的斜率为负，这是由于 $CoWO_4$ 本身为 p 型半导体的缘故。以往的研究表明

p 型半导体的价带位置与其平带电位相接近，比平带位置低 0.1 V[178]，所以，可以推算出在中性条件下 $CoWO_4$ 的价带位置为 2.35 V（甘汞电极电位），对应的标准氢还原电位［E（vs NHE）=E （vs SCE）+0.244 V］为 2.594 V，从而得到导带位置为 - 0.106 V。钨酸钴导带上的电子不能还原溶解氧生成 $\bullet O_2^-$，这是由于钨酸钴导带位置低于 $O_2/\bullet O_2^-$= - 0.33 V。此外，CdS 的导带和价带位置分别为 - 0.43 V 和 1.79 V。

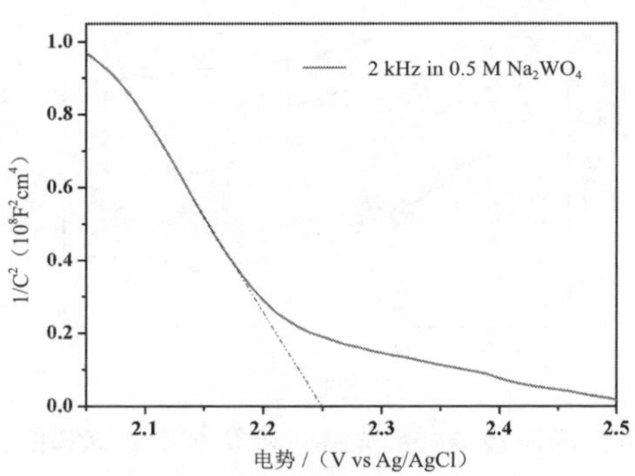

图 7.9 $CoWO_4$ 电极的莫特 – 肖特基曲线

半导体材料的荧光性质能够用来衡量光催化剂的光生载流子的激发、捕获和迁移过的。图 7.10 是所制备样品的荧光谱图测试结果。

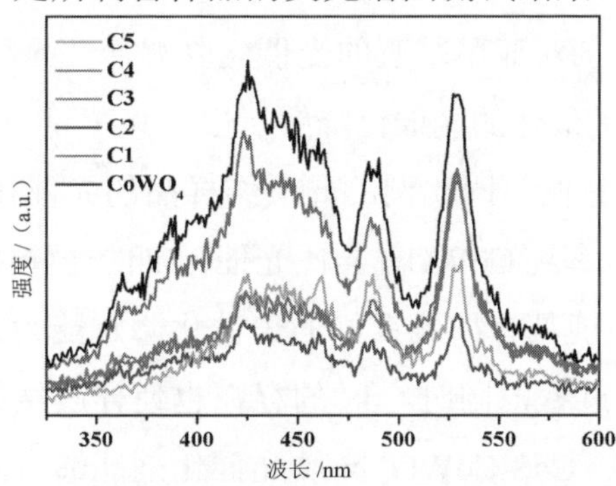

图 7.10 $CoWO_4$ 和 $CdS/CoWO_4$ 样品在室温下的 PL 谱图

$CoWO_4$ 和 $CdS/CoWO_4$ 具有相近的荧光发射峰位置，从图 7.10 中可以清楚地看到样品的荧光发射峰都处于约 450nm 处，$CoWO_4$ 纳米材料的光致发光光谱中具有一个较强的发射峰，可归因于 $CoWO_4$ 内部的光生电子 - 光生空穴对复合发射。此外，$CdS/CoWO_4$ 异质结纳米材料的荧光发射谱图在相同位置的光致发光强度明显低于纯 $CoWO_4$ 的强度，这表明具有异质结构的 $CdS/CoWO_4$ 光催化剂能够显著地抑制光生电子与光生空穴的复合，当 $CdS/CoWO_4$ 异质光催化剂中硫化镉含量为 0.3mmol 时，所得 C2 样品具有最低的荧光强度，表明 C2 样品在可见光下具有更优的电子空穴分离效率。

再通过光催化降解亚甲基蓝（MB）实验研究所制备的异质光催化剂的光催化活性。在光催化降解实验中，发现 $CdS/CoWO_4$ 异质结纳米光催化剂在光催化降解亚甲基蓝方面表现出显著提高的活性，如图 7.11 所示。

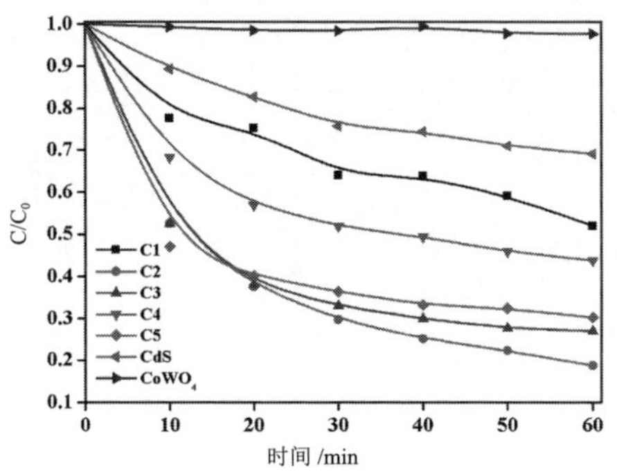

图 7.11 所制备的样品光催化降解 MB 的降解曲线

从图 7.11 中可以看到 CdS 的负载量对异质光催化剂的光催化活性有显著影响。纯 $CoWO_4$ 对亚甲基蓝的光催化降解率几乎可以忽略，而相同反应条件下，纯 CdS 对亚甲基蓝的光催化降解率达到 30%。然而，负载 CdS 之后所形成的 $CdS/CoWO_4$ 异质光催化剂对亚甲基蓝的光催化降解活性显著提高。其中，C2 样品在所有样品中表现出了最佳的光催化降解活性，其在 60min 内对亚甲基蓝的降解率达到 83%。同时，其他不同比例的异质结样品的光催化降解率均要低于 C2 样品，但是相较于纯 CdS 和纯 $CoWO_4$，异质光催化剂的光催化降解活性明显提高。$CdS/CoWO_4$ 异质光催化剂具有如此良好的光催化降解能力，是由于光生载流子具有高效的分离和迁移过程，同时 CdS 的存在也使异质结催化剂对可见光的吸收能力显著提高。因此，$CdS/CoWO_4$ 异质光催化剂能够有效地抑制光生电子和光生空穴的复合，因而其光催化活性能力能够显著提高。

为了深入研究 $CdS/CoWO_4$ 异质光催化剂的光催化反应机理，进一步利用捕获实验研究光催化反应过程中的活性组分。通过在降解实验过程中引入 $K_2Cr_2O_7$（捕获电子）、对苯醌（捕获超氧自由基）、EDTA-2Na（捕获空穴）和异丙醇（捕获羟基自由基）作为捕获剂来捕获相应活性组分，结果如图 7.12 所示。当实验过程中引入对苯醌后，MB 的降解率由不加任何捕获剂时的 83% 下降至 38%，表明在降解 MB 过程中 $\cdot O_2^-$ 是重要的活性组分；当反应过程中加入异丙醇后，

MB 的降解率同样大幅下降，表明降解过程中羟基自由基也起到重要作用。此外，当 EDTA-2Na 和重铬酸钾作为空穴捕获剂和电子捕获剂加入反应中后，C2 样品对 MB 的降解率只有轻微的降低，表明空穴和电子在降解过程中不是主要的活性组分。

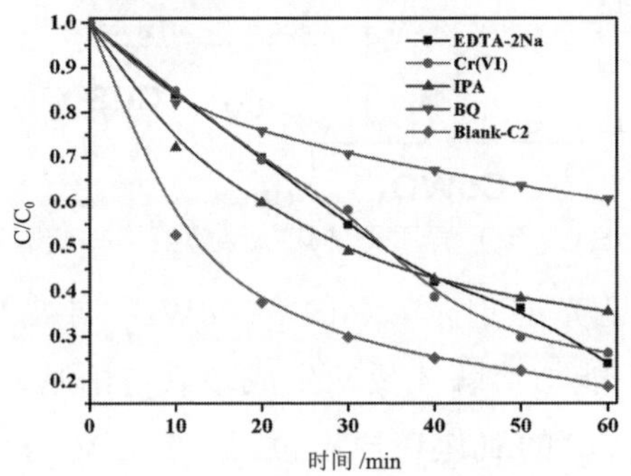

图 7.12 $CdS/CoWO_4$ 异质结（C2）光降解亚甲基蓝（MB）的捕获实验降解曲线

为了进一步确定 $CdS/CoWO_4$ 异质光催化剂在光照后产生的活性组分，对所制备的 C2 样品进行 ESR 表征，结果如图 7.13 所示。结果表明，当异质光催化剂受到可见光照射后，溶液中检测到 DMPO-$\bullet O_2^-$ 和 DMPO-•OH 的特征峰，表明了这种异质光催化剂在光催化反应过程中能够产生超氧自由基（$\bullet O_2^-$）和羟基自由基（•OH）。其中超氧自由基具有六个特征峰，强度比例为 1 ∶1 ∶1 ∶1，中间两个峰分裂为两个小峰；而羟基自由基具有四个特征峰，特征峰强度比例 1 ∶2 ∶2 ∶1，ESR 测试结果与捕获实验所得出的结论相一致[179]。

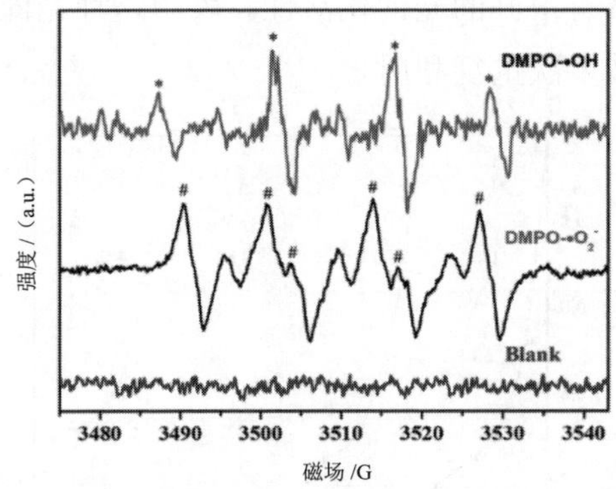

图 7.13 C2 样品在水和甲醇作为溶剂时可见光（λ > 420nm）照射下的 ESR 测试结果

根据以上实验结果和理论分析，得出 $CdS/CoWO_4$ 异质光催化剂降解亚甲基蓝的反应机理，如图 7.14 所示。

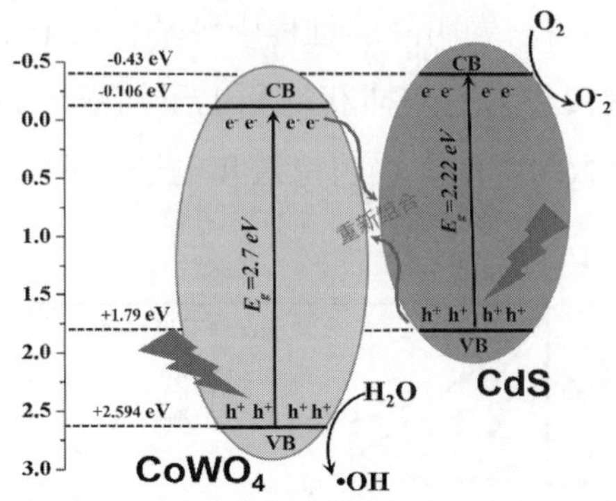

图 7.14 $CdS/CoWO_4$ 异质光催化剂降解亚甲基蓝的反应机理

在催化剂受到可见光照射后，CdS 和 $CoWO_4$ 均被激发产生活性因子。$CoWO_4$ 导带上的电子不能与溶解氧反应生成超氧自由基，这是由于其导带位置为 - 0.106eV，低于 $O_2/•O_2^-$ 的氧化还原电位（ - 0.33 V vs. NHE）[180]。此外 CdS 的价带位置为 1.79eV，低于 $•OH/OH^-$ 的氧化还原电位（+2.38eV vs. NHE）。然而，捕获实验和 ESR 测试结果都表明 $•O_2^-$ 和 •OH 在降解过程中都起到重要作用。此外，$CdS/CoWO_4$ 异质光催化剂的光催化活性明显高于 CdS 和 $CoWO_4$。因此，可以得出结论，$CdS/CoWO_4$ 异质结光生活性因子的传递和分离应当归属为 Z 型传导理论。在光催化反应过程中，CdS 价带上的 h^+ 与 $CoWO_4$ 导带上的 e^- 在二者的接触界面上发生复合反应，而 CdS 导带上的 e^- 与水中溶解 O_2 反应生成 $•O_2^-$，$CoWO_4$ 价带上的 h^+ 与 OH^- 反应生成 •OH。最后，$•O_2^-$ 和 •OH 参与降解 MB 分子化学反应。此外，为了测试所制备 $CdS/CoWO_4$ 异质光催化剂降解 MB 的稳定性，重复利用 C2 样品进行了四次循环实验（图 7.15），结果表明，经过四次循环实验后这种异质结催化剂仍具有很好的光催化活性。表明这种光催化剂在可见光下具有很好的稳定性，能够被多次重复利用。

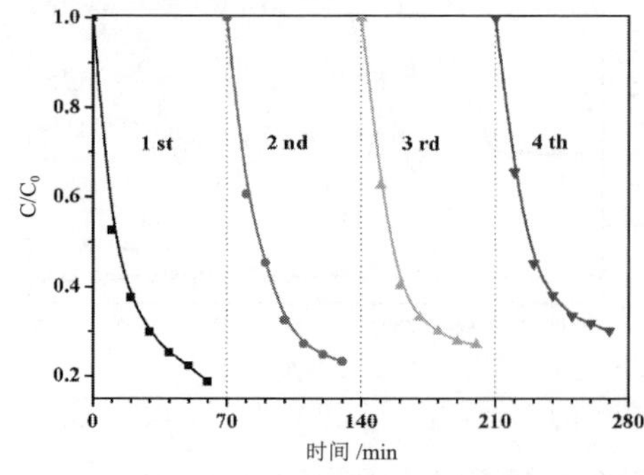

图 7.15 C2 样品光催化降解 MB 的循环实验结果

7.4 本章小结

（1）本章通过二次水热法制备了 $CdS/CoWO_4$ 异质光催化剂，并通过调节醋酸镉和硫脲的摩尔比例来制备含有不同 CdS 的 $CdS/CoWO_4$ 异质光催化剂。

（2）通过可见光降解亚甲基蓝的实验，发现 $CdS/CoWO_4$ 异质光催化剂相比纯相 $CoWO_4$ 和 CdS 具有更高的光催化活性，当 CdS∶$CoWO_4$=3∶5 时所得样品具有最高的降解活性，该样品能够在 60min 降解 83% 的亚甲基蓝。

（3）利用捕获实验和 ESR 测试发现本体系主要的活性组分为 $\cdot O_2^-$ 和 •OH，所构筑的异质光催化剂电荷传递和分离过程是基于 Z 型的传导方式，循环实验表明所制备的光催化剂具有良好的稳定性，可以重复利用。

第 8 章 $MnWO_4$ 纳米棒表界面性能调控研究

8.1 引言

作为钨锰铁矿型的过渡金属钨酸盐，钨酸锰（$MnWO_4$）在众多研究领域作为一种非常理想的新材料被广泛研究和应用[181-182]。$MnWO_4$ 具有合适的禁带宽度（2.7eV），能够吸收可见光来降解有机污染物。例如，$MnWO_4$ 在降解丙酮和异丙醇方面表现出优异的光催化活性[183-184]。此外，相比于纯 $MnWO_4$ 光催化剂，$MnWO_4$ 与 TiO_2 复合后形成的异质光催化剂在降解甲基橙（MO）方面也具有显著提高的降解活性[185]。但是，钨酸锰的应用仍受限于活性因子的复合率，而且较低的导带（CB）位置（+0.4eV NHE）也使其无法通过单电子过程还原氧气生成超氧自由基，因此其光催化活性受到了极大的限制。探索研究新的光催化体系以提高 $MnWO_4$ 的光催化活性，将有助于解决日益严重的环境污染问题和缓解世界能源危机。在众多研究策略中，利用 $MnWO_4$ 与其他具有适合导带位置的半导体复合并形成异质结是一种提高其光催化活性的有效途径。

由于 CdS 具有较窄的禁带宽度和较高的导带位置，是构建异质光催化剂的理想材料，但是其自身的光化学稳定性不好，容易发生光腐蚀，因此，构建异质结能够在一定程度上消除这些不利影响，研发 CdS 与其他半导体之间的异质结光催化体系，深入研究光催化反应过程中电子 - 空穴的分离和迁移过程对于研发高效稳定的 CdS 基异质光催化剂非常重要。目前，已经出现的 CdS 异质光催化剂有 CdS/WO_3、MoS_2/CdS 和 $CdS/g\text{-}C_3N_4$ 等，这些由不同方法制备的异质光催化剂均表现出优良的光催化活性[186-188]。但是，$CdS/MnWO_4$ 异质光催化剂还未出现，$MnWO_4$ 和 $CoWO_4$ 同属于钨酸盐光催化剂，然而，$MnWO_4$ 是一种 n 型半导体，化学组成和电子结构组成与 $CoWO_4$ 截然不同，因此进一步研究 $MnWO_4$ 的光催化机理和实际应用很有必要。

本书利用水热法制备 $CdS/MnWO_4$ 异质光催化剂和不同摩尔比的 $CdS/MnWO_4$ 样品，以探究 CdS 在光催化过程中的作用机制。利用代表性的有机染料亚甲基蓝（MB）和甲基紫（Methyl Violet，MV）作为降解目标污染物以考察所制备的不同光催化剂在可见光条件下的催化活性。实验结果表明，通过这种方法合成的 $CdS/MnWO_4$ 异质结在可见光照射下可以高效分解这两种有机污染物，说明该光催化剂具有很好的光催化活性。此外，进一步深入研究了这种异质结催化剂的光催化反应机理。

8.2 实验部分

8.2.1 实验材料

实验过程中所使用的原料和化学试剂见表 8.1。

表 8.1 原料和化学试剂一览表

药品名称	化学式	纯度	生产厂家
二水合钨酸钠	$Na_2WO4•2H_2O$	AR	中国医药集团有限公司
四水合氯化锰	$MnCl_2•4H_2O$	AR	中国医药集团有限公司
氢氧化钠	NaOH	AR	中国医药集团有限公司
硫脲	CH_4N_2S	AR	中国医药集团有限公司
醋酸镉	$Cd(CH_3COO)_2$	AR	中国医药集团有限公司
亚甲基蓝	$C_{16}H_{18}ClN_3S$	AR	中国医药集团有限公司
EDTA 二钠盐	$C_{10}H1_4N_2Na_2O_8•2H_2O$	AR	中国医药集团有限公司
重铬酸钾	$K_2Cr_2O_7$	AR	中国医药集团有限公司
异丙醇	$(CH_3)_2CHOH$	AR	中国医药集团有限公司
对苯醌	$C_6H_4O_2$	AR	中国医药集团有限公司
甲基紫	$C_{25}H_{30}N_3•CI$	AR	中国医药集团有限公司

8.2.2 $MnWO_4$ 的制备

首先，将等摩尔质量的二水合钨酸钠（$Na_2WO_4•2H_2O$）和四水合氯化锰（$MnCl_2•4H_2O$）分别溶解于蒸馏水，得到两种水溶液。然后在剧烈的搅拌下，将氯化锰水溶液逐滴加入钨酸钠水溶液中。用 1mol/L 的 NaOH 溶液将混合溶液的 pH 调到 9。然后，将混合溶液转移到 40mL 的高压水热釜里，在 180℃高温烘箱中水热反应 24h。反应完成后，将水热釜取出并于室温下自然冷却。最后，将收集到的棕色沉淀用蒸馏水和乙醇反复超声洗三遍，在 60℃环境下干燥后得到纯 $MnWO_4$ 样品。

8.2.3 $CdS/MnWO_4$ 的制备

$CdS/MnWO_4$ 异质光催化剂是通过简易水热法制备的。首先，称取 0.15g $MnWO_4$ 样品（0.5mmol）加入 20mL 蒸馏水里，超声分散 20min。然后，利用 0.5mmol 硫脲（CH_4N_2S）和醋酸镉［Cd（CH_3COO）$_2$］作为硫源和镉源分别加入上述溶液中。经过 30 min 的充分搅拌溶解后，将得到的混合溶液转移到高压水热釜中，将高压水热釜置于 180℃烘箱里进行 24h 水热反应。最后，将收集到的沉淀通过离心分离的方法用蒸馏水和乙醇清洗三遍，然后置于 80℃烘箱里干燥 12h 后得到负载了 CdS 的 $MnWO_4$ 样品。通过此方法，进一步制备具有不同摩尔比的 CdS/$MnWO_4$ 样品，控制硫化镉物质的量为 0.1mmol、0.3mmol、0.5mmol、1mmol 和 1.5mmol，并将得到的异质光催化剂分别标记为 CdS-1、CdS-2、CdS-3、CdS-4 和 CdS-5。

8.2.4 实验仪器

实验过程所用主要实验仪器，见表 2.2、表 3.2 和表 4.2。

8.2.5 光催化降解实验

首先，配制浓度为 10mg/L 的亚甲基蓝（MB）和甲基紫（MV）溶液，将配好的溶液置于暗处。然后，称取 100mg 相应的催化剂放入含有 100mL 目标降解液的反应器中。黑暗条件下，持续搅拌 30min 使催化剂在溶液中分散均匀并达到吸附 - 脱附平衡后，打开冷却水源和光源，进行光催化降解实验。每隔 10min 吸取一定量的光催化降解液，立即离心后用紫外 - 可见吸收光谱仪测量其吸光度，MB 的最大吸收波长为 664nm，MV 的最大吸收波长为 590nm。捕获实验是通过在光催化降解过程中加入浓度为 1 mM 的不同捕获剂来捕获光催化降解过程中产生的活性因子。

8.2.6 电化学阻抗测试

电化学阻抗测试采用样品修饰玻碳电极（GCE）的方法制备样品。首先对玻碳电极依次用 1.0μm，0.3μm，0.5μm 的 α -Al_2O_3 粉浆在碳化硅砂砾纸上打磨抛光，然后将电极在超声波清洗仪中依次用无水乙醇和去离子水中超声洗涤 3min，最后待电极表面干燥后备用。将 2.0mg 不同的光催化剂（$MnWO_4$、CdS 和 CdS/$MnWO_4$）样品分散于 1mL 超纯水中，充分超声分散后，取 6μL 分散后样品滴在处理好的电极表面，并自然风干样品，将得到的修饰不同样品后的电极分别记为 $MnWO_4$-GCE、CdS-GCE 和 CdS/$MnWO_4$-GCE。借助电化学工作站（CHI760E），并用三电极法来测试不同样品的电化学阻抗，电解液为 0.1 M KCl 溶液，其中 Fe（CN）$_6^{3-/4-}$ 的浓度为 5mM。

8.3 结果与讨论

利用 XRD 来测试纯 $MnWO_4$、CdS 和 CdS/$MnWO_4$ 异质光催化剂的晶体结构。从图 8.1 可以看出，$MnWO_4$ 的衍射峰对应的是钨锰铁矿型（JCPDS No. 80-0132）。当 CdS 沉积于 $MnWO_4$ 表面之后，位于 2θ 为 25.29°、26.41°、36.84° 和 40.4° 出现的不同于纯 $MnWO_4$ 的衍射峰与六边晶相 CdS（JCPDS No.41-1049）相吻合，并分别对应 CdS 的（002）、（101）、（102）和（110）晶面。XRD 测试结果表明，异质结的物质组成为 CdS 和 $MnWO_4$。

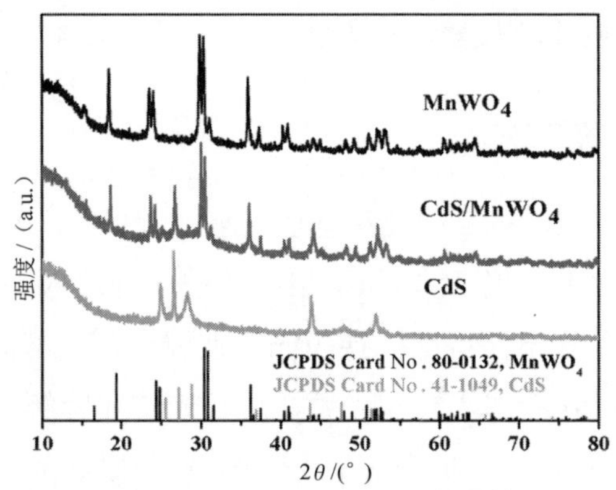

图 8.1 $MnWO_4$、CdS/$MnWO_4$ 和 CdS 样品的 XRD 测试结果

同时，对含有不同 CdS 的 CdS/$MnWO_4$ 样品进行了 XRD 测试，结果如图 8.2 所示。与硫化镉和钨酸锰的标准卡片衍射峰位置对比可知，异质结样品中同时含有 $MnWO_4$ 和 CdS 两物相。此外，随着 CdS 含量的不断提高，CdS 的衍射峰也逐渐增强。

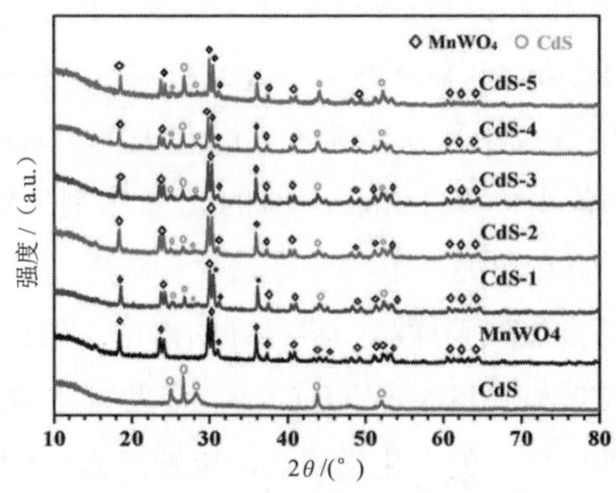

图 8.2 CdS、$MnWO_4$ 和含有不同 CdS 的 CdS/$MnWO_4$ 样品的 XRD 测试结果

利用 XPS 分析 CdS/$MnWO_4$ 异质结样品表面的元素组成的化合价，从图 8.3 可以看出，CdS/$MnWO_4$ 样品的组成元素分别为 Mn、O、W、Cd、S 和 C，其中 C 元素来源于测试仪器设备。Mn 的 XPS 特征峰位于 796.1eV 和 641.1eV，分别对应于 Mn $2p_{1/2}$ 和 Mn $2p_{3/2}$ 两个自旋轨道。

图 8.3（c）为 W 4f 的 XPS 特征峰，36.3eV 和 34.2eV 两个 XPS 峰分别对应钨酸锰中的 W $4f_{7/2}$ 和 W $4f_{1/2}$。图 8.3（d）为 $MnWO_4$ 的 O 1s 轨道的 XPS 特征峰，其位于 530.8eV。图 8.3（e）是 Cd $3d_{5/2}$ 和 Cd $3d_{5/2}$ 的 XPS 谱图，特征峰分别位于 406.08eV 和 412.08eV。这些特征峰位置表明异质结中的镉是以 Cd^{2+} 的化合态存在的。从图 8.3（f）可以看出，S 2p 特征峰所对应的结合能为 162.08eV。这个结果证实了 CdS/$MnWO_4$ 异质结中存在 CdS，因此所合成的样品是 CdS 和 $MnWO_4$ 的复合材料，所形成的异质结界面具有电子快速分离特性，并有利于提高异质光催化剂的光催化活性。

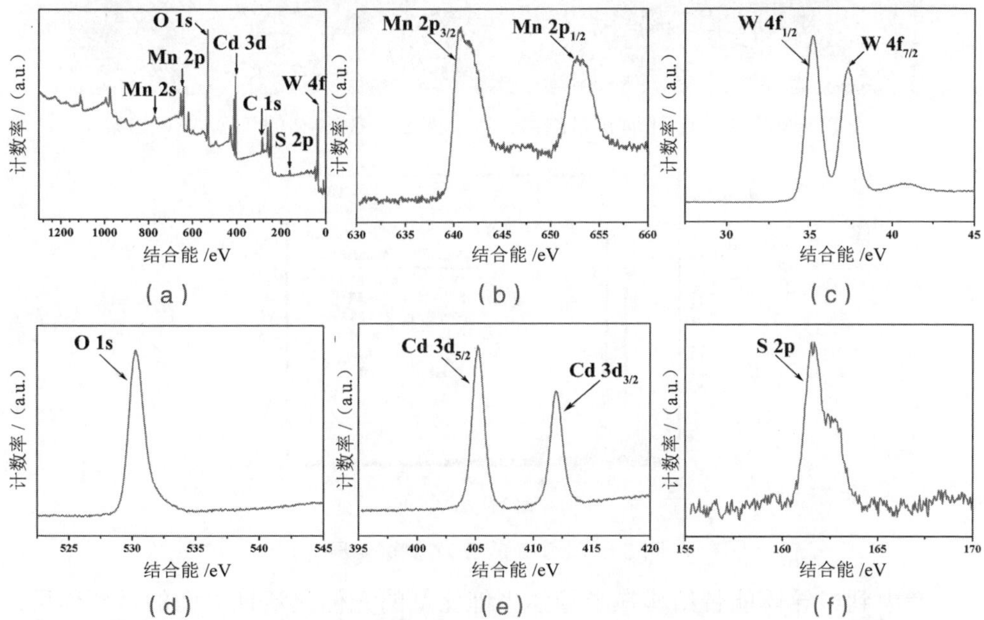

图 8.3 CdS/$MnWO_4$ 样品（CdS-2）、纯 $MnWO_4$、纯 CdS 的 XPS 谱图

为了更进一步地研究所制备的样品的表面形态和结构，对 $MnWO_4$ 和 CdS/$MnWO_4$（CdS-2）样品进行了 TEM 测试，结果如图 8.4 和图 8.5 所示，纯 $MnWO_4$ 是长度为 100 ～ 200nm 的纳米棒，表面平滑。从图 8.5 可以看出，CdS 是粒径为 10 ～ 15nm 的纳米颗粒附着在 $MnWO_4$ 纳米棒的表面，这证明了 CdS

和 $MnWO_4$ 之间是紧密结合的。HRTEM 测试结果表明了 CdS 和 $MnWO_4$ 之间形成了异质结，同时，可以明显看出 CdS 和 $MnWO_4$ 具有不同的晶向和晶格间距，CdS 和 $MnWO_4$ 的晶格间距分别为 0.207nm 和 0.482nm，分别对应 CdS 和 $MnWO_4$ 的（110）和（100）晶面。因此，CdS 和 $MnWO_4$ 之间形成的接触界面对于光生载流子的传递是十分有利的。另外，对 CdS-2 样品进行了 EDX 分析，结果如图 8.6 所示。实验结果说明所制备复合材料是由 Mn、Cd、S、W 和 O 元素组成，进一步表明了 CdS-2 样品中同时含有 CdS 和 $MnWO_4$。

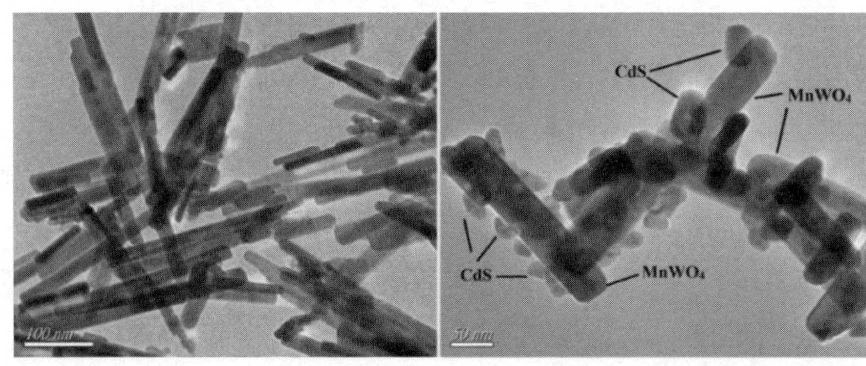

图 8.4 $MnWO_4$ 的 TEM 测试结果　　图 8.5 CdS-2 的 TEM 测试结果

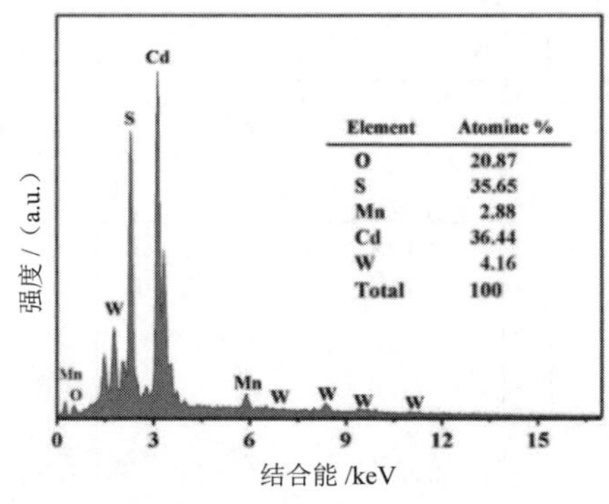

图 8.6 CdS-2 的 EDX 测试结果

考虑到半导体能带结构在半导体光催化剂的光催化活性方面的重要作用，对样品进行了 UV-vis 测试。图 8.7 是纯 $MnWO_4$ 在负载 CdS 前后的固体紫外光谱图，可以看出 $MnWO_4$ 和 CdS 的吸收边分别为 455nm 和 575nm。与纯 $MnWO_4$ 相比，不同 CdS/$MnWO_4$ 异质结样品随着 CdS 含量的提高，其吸收边逐渐发生红移。通过 Kubelka-Munk 公式（式 4.1）计算得出 CdS 的 $MnWO_4$ 的带隙，对于直接带隙半导体 n=1，而对于间接带隙半导体 n=4。对于 CdS 和 $MnWO_4$ 来说，

其电子跃迁过程为间接跃迁，所以 n=4。CdS 和 $MnWO_4$ 的禁带宽度如图 8.8 所示。通过作吸收边位置的切线与 hν=0 的交点所得的横轴数值得出 CdS 和 $MnWO_4$ 的带隙分别为 2.21eV 和 2.68eV。此外，CdS 和 $MnWO_4$ 的导带（CB）和价带（VB）位置可以通过式 4.2、式 4.3 进行计算。通过计算得出的 $MnWO_4$ 和 CdS 的 X 值分别为 6.12 和 5.18，计算得出 $MnWO_4$ 的 E_{CB} 和 E_{VB} 分别为 +0.27V 和 +2.95 V，CdS 的 E_{CB} 和 E_{VB} 分别为 - 0.425V 和 +1.785 V。

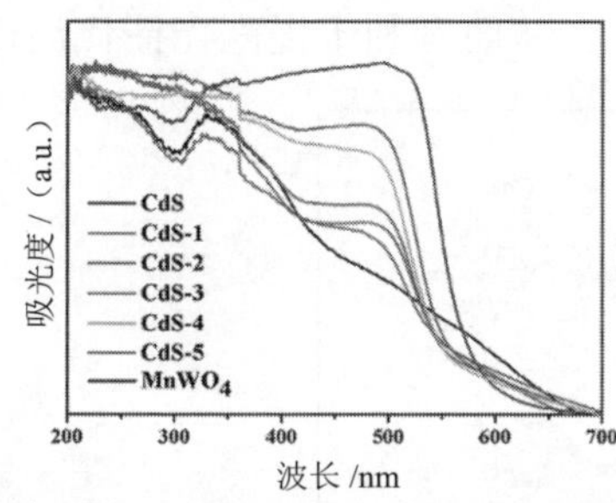

图 8.7 纯 $MnWO_4$ 在负载 CdS 前后的固体紫外光谱图

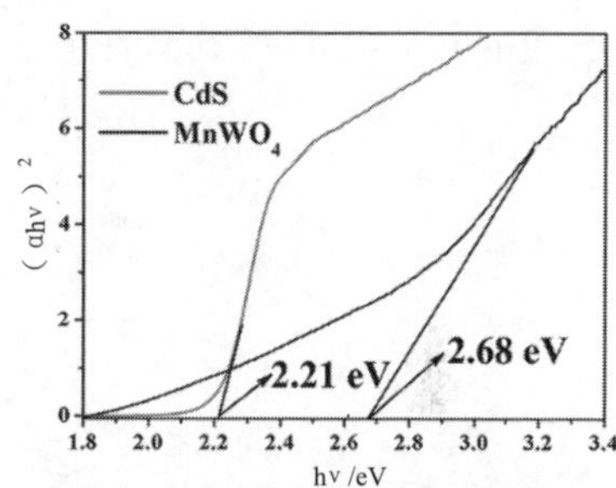

图 8.8 CdS 和 $MnWO_4$ 的禁带宽度

通过测试光催化剂的 PL 发射光谱来研究光催化剂内部光生活性因子的分离情况，荧光强度越低说明光生载流子复合概率越低，越有利于提高光催化活性。如图 8.9 所示，CdS/$MnWO_4$ 异质结的发光强度明显低于单一 $MnWO_4$ 样品，这说明了 CdS/$MnWO_4$ 异质结与单一 $MnWO_4$ 样品相比具有更低的光生电子 - 空穴复合概率。这个结果进一步揭示了在单一光催化剂基础上建立异质结能有效抑制光生电子 - 空穴的复合，使活性因子有效分离并参与光催化反应过程中的氧化还原反应。

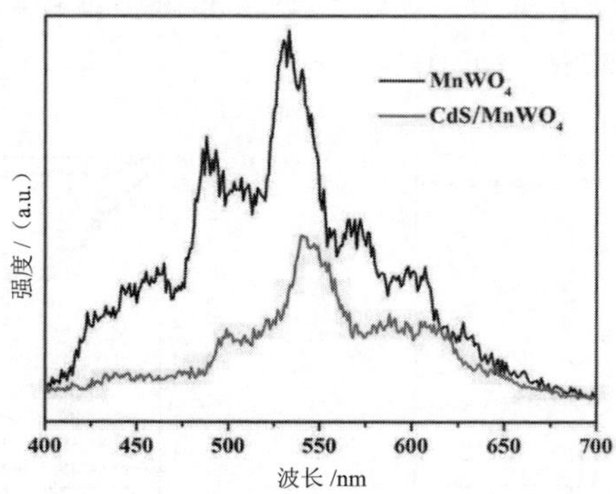

图 8.9 $MnWO_4$ 和 CdS/$MnWO_4$（CdS-2）样品的 PL 光谱

电化学阻抗能够用来反映催化剂界面电子转移和光生电子 - 空穴之间的分离效果。本节中使用 Fe（CN）$_6^{3-/4-}$ 作为电解液，利用 CdS、$MnWO_4$ 和 CdS/

$MnWO_4$ 来修饰玻碳电极，并测试修饰过的不同电极的电化学阻抗的 Nyquist 谱图，结果如图 8.10 所示。通常电化学阻抗光谱 Nyquist 图中越小的圆弧半径，其电子转移电阻就越低，电子传递能力越强。$MnWO_4$-GCE 的电子转移电阻（R_{ct}）明显小于 CdS-GCE，相比之下 CdS/$MnWO_4$-GCE 的电子转移电阻最小，不同样品的电化学阻抗大小顺序为 CdS/$MnWO_4$-GCE < $MnWO_4$-GCE <CdS-GCE。结果表明，CdS 和 $MnWO_4$ 所形成的异质结具有最好的电荷转移性质。因此，CdS 和 $MnWO_4$ 所形成的异质结能有效抑制电子 - 空穴的复合从而有利于提高光催化活性。

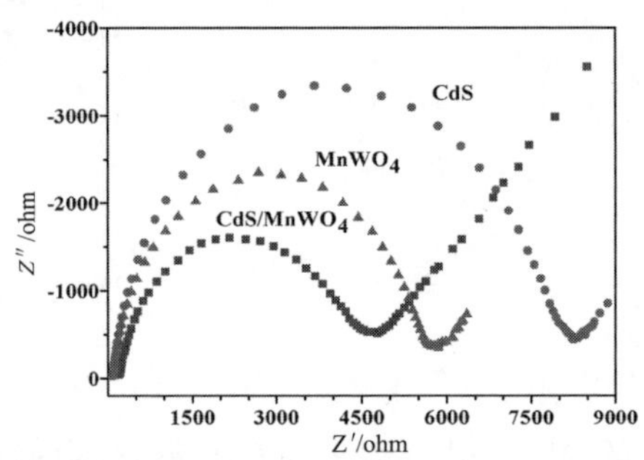

图 8.10 $MnWO_4$-GCE，CdS/$MnWO_4$-GCE（CdS-2），以及 CdS-GCE 样品在 0.1 M KCl 和 5mM $Fe(CN)_6^{3-/4-}$ 液中的 Nyquist 谱图

图 8.11 为 $MnWO_4$、CdS 和不同 CdS/$MnWO_4$ 异质光催化剂在可见光（λ >420nm）照射下降解亚甲基蓝（MB）的降解曲线。在经过 90min 的光催化反应后，纯 CdS 和 $MnWO_4$ 样品对亚甲基蓝的光催化降解率分别为 50% 和 7%。而 CdS/$MnWO_4$ 异质光催化剂的光催化活性有明显提高，即使 CdS 的含量非常低，催化活性也有显著的提高，其中，CdS-2 样品表现出最佳的亚甲基蓝降解活性，相同实验条件下其降解率达到了 91%。

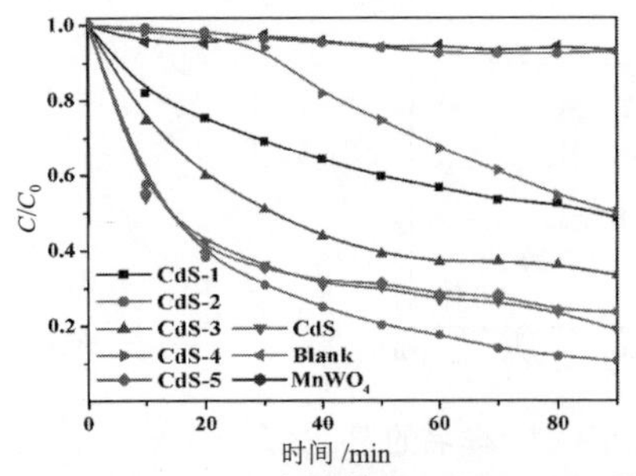

图 8.11 不同 CdS 含量的 CdS/$MnWO_4$ 异质光催化剂在可见光照射下光催化降解亚甲基蓝（MB）的降解曲线

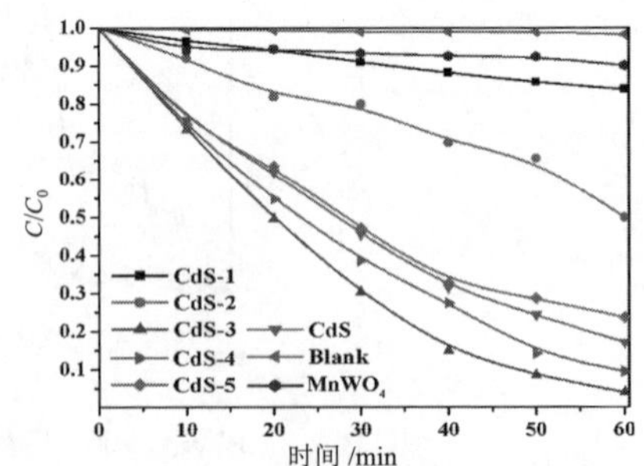

图 8.12 不同 CdS 含量的 CdS/$MnWO_4$ 异质光催化剂在可见光照射下光催化降解亚甲基紫（MV）的降解曲线

此外，本书也对 $MnWO_4$、CdS 和不同比例的 $CdS/MnWO_4$ 样品降解甲基紫（MV）活性进行了研究，光催化降解实验结果如图 8.12 所示。在没有加入任何半导体催化剂的情况下，进行光照 60min 之后，甲基紫的浓度没有发生明显的变化，表明甲基紫在光照下稳定，难以分解。在把 $CdS/MnWO_4$ 与纯 $MnWO_4$ 样品作为光催化剂加入降解过程中，甲基紫降解效率明显提升，其中，当制备的 $CdS/MnWO_4$ 异质结样品（CdS-3）中含 0.5mmol CdS 时，光催化降解甲基紫的降解率为 97%，表现出最佳的降解活性。这个结果可以归结为 $CdS/MnWO_4$ 对可见光的强吸收和异质结光生活性因子的有效分离。

光催化剂活性提高的原因可以总结如下：第一，两个半导体材料的价导带位置非常适合构建异质结构，促进了光生载流子转移；第二，CdS 有助于提高光催化剂对光的吸收率；第三，当 CdS 纳米颗粒生成在 $MnWO_4$ 纳米棒上之后，$MnWO_4$ 比表面积增加，从而产生更多的活性位点。但是，过多的 CdS 负载量将导致光催化活性降低，这种降低是由于过多的 CdS 可能影响了 $MnWO_4$ 对可见光的吸收，从而影响光生活性因子的数量。过多的 CdS 会转变成光生活性因子的复合中心，从而影响活性因子的分离，因此光催化活性反而降低。

对最佳比例的样品进行光催化反应后进行回收，分别进行五次循环实验的实验结果如图 8.13 和图 8.14 所示，五次循环实验的降解曲线结果表明这种异质结催化剂稳定性良好，能够被重复利用，第五次催化活性有略微降低，可能是由于回收过程中催化剂清洗时产生的损失造成的。

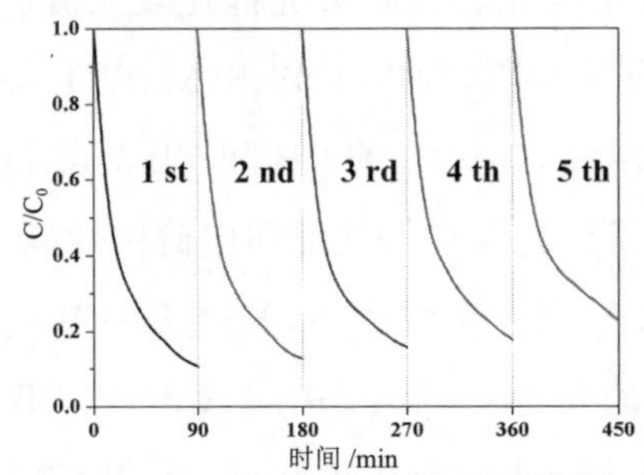

图 8.13 CdS-2 和 CdS-3 光催化剂用于光催化降解亚甲基蓝的循环降解实验结果

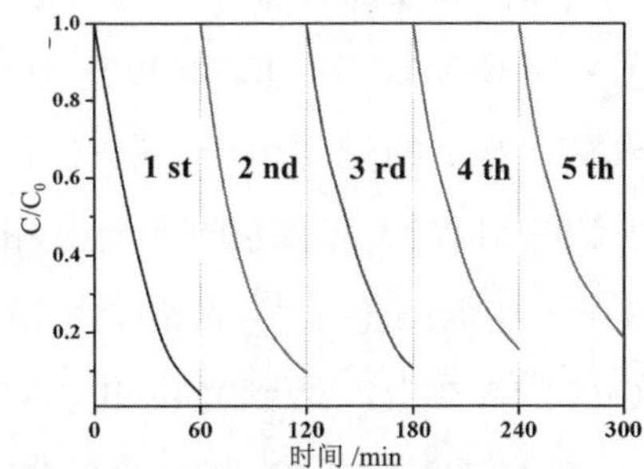

图 8.14 CdS-2 和 CdS-3 光催化剂用于光催化降解亚甲基紫的循环降解实验结果

为了进一步探究 $CdS/MnWO_4$ 光催化体系的光催化反应机理，加入不同的活性组分捕获剂来考察光催化剂光降解进程中不同活性组分的作用，加入捕获剂后亚甲基蓝的降解曲线如图 8.15 所示。本书选用乙二胺四乙酸二钠（EDTA-2Na）

和重铬酸钾（$K_2Cr_2O_7$）分别作为空穴（h^+）和电子（e^-）捕获剂。利用异丙醇（IPA）作为羟基自由基（•OH）捕获剂，以及对苯醌（BQ）作为超氧自由基（$•O_2^-$）捕获剂。在不添加任何捕获剂时光催化降解亚甲基蓝相同反应条件下降解率为91%。在异丙醇加入反应体系之后，光催化降解效率没有发生明显变化，表明•OH不是影响亚甲基蓝降解过程的主要活性组分。在对苯醌加入反应体系后，亚甲基蓝的光降解率降低至80%。当重铬酸钾加入反应体系之后，光催化剂的光降解率降至40%，这是由于光催化体系中光电子被捕获后，严重影响了$•O_2^-$的生成过程。此外，EDTA-2Na的加入同样对光催化降解活性具有一定的影响。综上所述。可以得出结论，即$•O_2^-$和h^+是$CdS/MnWO_4$光催化剂光催化降解体系中最主要的活性组分。

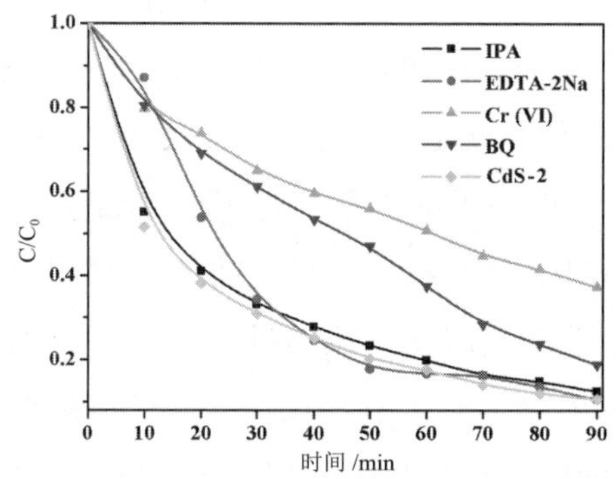

图 8.15 可见光照射下 CdS-2 样品降解亚甲基蓝的捕获实验

根据降解实验和捕获实验的结果可以推断出$CdS/MnWO_4$光催化反应机理，如图8.16所示。当$CdS/MnWO_4$复合材料被可见光照射时，CdS和$MnWO_4$都会被激发，产生的光生电子-空穴将分别在CdS和$MnWO_4$的CB和VB处累积。由于$CdS/MnWO_4$光催化剂具有互相匹配的能带结构和良好的界面电荷传导能力，CdS的CB上的电子将易于注入$MnWO_4$的CB上，空穴由$MnWO_4$的VB传导到CdS的VB上，达到光生电子-空穴分离的目的。同时，由于CdS的CB位置（－0.42 V）高于$O_2/•O_2^-$的标准氧化还原电极电势（－0.28 V），所以CdS的CB上的光生电子很容易被催化剂表面吸附的O_2捕获进而转变为$•O_2^-$，这个反应也会在$CdS/MnWO_4$光催化剂异质结的界面处发生，因此催化活性提高。此外，$MnWO_4$的VB上的光生空穴会转移到CdS的VB上。但是，由于CdS的VB位置（+1.78 V）比$•OH/OH^-$氧化还原电位（+2.38 V）要低，因此CdS的VB上的

光生空穴不能将 OH^- 氧化为 •OH，而是直接参与污染物的降解过程。

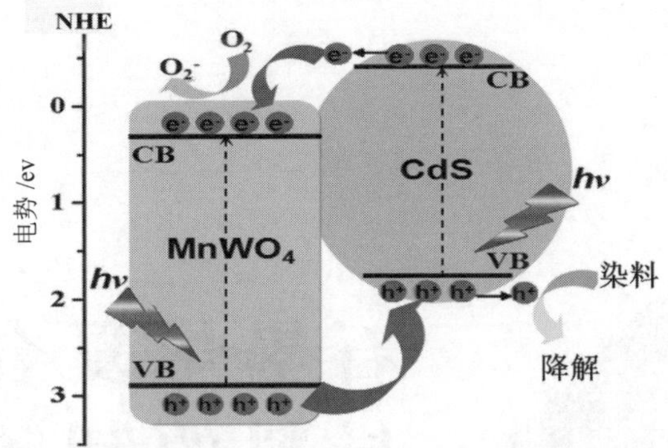

图 8.16 $CdS/MnWO_4$ 光催化剂体系降解有机污染物的光催化反应机理

8.4 本章小结

（1）本书通过二步法水热合成 $CdS/MnWO_4$ 异质结光催化剂，通过调节水热过程中硫脲、醋酸镉用量来调控催化剂表面硫化镉的负载量。

（2）以亚甲基蓝（MB）、甲基紫（MV）为目标污染物，在可见光照射下来考察 $CdS/MnWO_4$ 异质光催化剂的活性，最佳比例样品降解 MB 和 MV 的最大降解率分别达到 91% 和 97%。

（3）利用捕获实验来测试 $CdS/MnWO_4$ 异质结光催化降解 MB 反应过程中的活性组分，并分析其光催化机理，结果表明 $CdS/MnWO_4$ 的光催化机理符合交错型异质结电荷分离的特点。对 $CdS/MnWO_4$ 异质光催化剂最佳比例样品进行光催化稳定性测试，五次循环实验结果表明这种异质光催化剂具有稳定的光化学性质，能够被重复利用。

第9章 石墨烯复合光催化材料的制备及表界面性质研究

9.1 引言

利用 Ag 纳米颗粒 SPR 效应和窄带隙 CdS 对可见光的强吸收能力来构筑异质光催化体系，能够提升半导体材料的可见光吸收和光催化活性。然而，为了进一步提升异质光催化剂光催化活性，还需要对异质光催化剂的界面性质进行调控。通过将半导体光催化剂与大比表面积二维材料（石墨烯、类石墨烯的氮化碳等）复合能够改善半导体光催化剂的界面性质，增加异质结的有效接触面积，进而有效促进半导体材料的光生活性因子的分离过程。石墨烯具有优异的导电性，稳定的化学特质、较大的比表面积，以及具有二维网状单层碳原子，受到了研究者的极大关注[189]。石墨烯的 π 键共轭结构使电子能够在石墨烯内部自由移动，室温下石墨烯具有很强的电子流动性，电学性能突出，被应用于多个研究领域[190]。石墨烯的制备最常用的是机械剥离法、液相剥离法、化学气相沉积法和氧化还原法。在半导体光催化反应中，石墨烯与半导体纳米粒子的结合能够为半导体材料提供二维导电平面，有效提升半导体电子 - 空穴分离概率，石墨烯除了提供电子传递的作用以外，将石墨烯与其他半导体复合后形成的化学键和肖特基界面能够使半导体纳米粒子变窄，拓宽其光响应范围。石墨烯较大的比表面积能够提供大量的表面活性位点，通过表面化学特性可促进反应物的吸附作用。同时，石墨烯也可以作为敏化剂来提升半导体的催化活性。这些特性使石墨烯比其他碳材料（碳纳米管、富勒烯、活性炭等）更受欢迎[191]。

近年来，卤氧化铋因其独特的电子结构、特殊的层状结构和内部静电场能够有效促进光生电子 - 空穴分离，在光催化领域被广泛研究和应用。其中，氯氧化铋（BiOCl 作为最早被发现的一种卤氧铋，由于其能带为 3.3eV，只能被紫外光激发，无法利用太阳光中占总能量 47% 左右的可见光激发，严重阻碍了 BiOCl 的实际应用。因此，提高 BiOCl 对太阳光的利用率是提升该类光催化剂催化活性的关键[192]。在过去的研究中，研究者利用离子掺杂、半导体复合、贵金属沉积等手段来提高其可见光吸收能力。对 BiOCl 应用密度泛函理论（Density Functional Theory，DFT）的研究发现，通过调节 Bi、O、Cl 的原子比例能够有效降低 BiOCl 的禁带宽度，提升可见光响应和光催化活性。例如，通过不同方法合成的 $Bi_{24}O_{31}Cl_{10}$、Bi_3O_4Cl、$Bi_{12}O_{17}Cl_2$ 和 $Bi_{12}O_{15}Cl_6$ 都具有良好的光催化活性和可见光吸收能力。其中，$Bi_{12}O_{15}Cl_6$ 作为一种窄带隙半导体，具有高导带位置，光生电子还原性强的优点，通过构筑异质结构以提升其电子空穴的分离效率和光催化活性，对于实际应用非常重要。

本书采用溶剂热法和高温焙烧过程来制备 $Bi_{12}O_{15}Cl_6$ 纳米片光催化剂，进一步利用光还原法构筑 rGO/$Bi_{12}O_{15}Cl_6$ 异质光催化剂，细致考察了不同 rGO 含量对 $Bi_{12}O_{15}Cl_6$ 光催化活性的影响，利用不同比例的 rGO/$Bi_{12}O_{15}Cl_6$ 异质光催化剂在可见光照射下降解 TC 实验来考察其光催化活性，深入研究了这种异质光催化剂的光催化反应机理。

9.2 实验部分

9.2.1 实验材料

实验过程中所使用的原料和化学试剂见表 9.1。

表 9.1 原料和化学试剂一览表

药品名称	化学式	纯度	生产厂家
硝酸铋	$Bi(NO_3)_3 \cdot 5H_2O$	AR	中国医药集团有限公司
氯化铵	NH_4Cl	AR	中国医药集团有限公司
乙二醇	$(CH_2OH)_2$	AR	中国医药集团有限公司
石墨粉	C	AR	中国医药集团有限公司
TC	$C_{22}H_{24}N_2O_8$	AR	中国医药集团有限公司
EDTA 二钠盐	$C_{10}H_{14}N_2Na_2O_8 \cdot 2H_2O$	AR	中国医药集团有限公司
重铬酸钾	$K_2Cr_2O_7$	AR	中国医药集团有限公司
异丙醇	$(CH_3)_2CHOH$	AR	中国医药集团有限公司
抗坏血酸	$C_6H_8O_6$	AR	中国医药集团有限公司
高锰酸钾	$KMnO_4$	AR	中国医药集团有限公司
硝酸钠	$NaNO_3$	AR	中国医药集团有限公司
浓硫酸	H_2SO_4	AR	中国医药集团有限公司
双氧水	H_2O_2	AR	中国医药集团有限公司
盐酸	HCl	AR	中国医药集团有限公司

9.2.2 制备 $Bi_{12}O_{15}Cl_6$

采用水热法和空气焙烧过程来制备实验中所需的 $Bi_{12}O_{15}Cl_6$ 光催化剂，具体步骤如下：称取 0.9701g （2mmol） $Bi(NO_3)_3 \cdot 5H_2O$ 并溶于 10mL 乙二醇中；称取 0.87mmol （0.0465mmol） NH_4Cl 溶于 20mL 去离子水中；在不断搅拌的过程中将 $Bi(NO_3)_3 \cdot 5H_2O$ 缓慢滴加到 NH_4Cl 溶液中，继续搅拌 20min，将得到的溶液转入水热釜中水热反应 160℃，并保持 12h，反应完成后待水热釜冷却至室温，离心收集到的白色沉淀，用乙醇和去离子水交替清洗三遍，然后在 60℃烘箱中干燥得到沉淀；最后，在马弗炉中 400℃条件下焙烧 5h，反应完成后收集得到的浅黄色粉末。

9.2.3 制备 GO

采用改良后的 Hummers 法来制备 GO，实验步骤如下：在冰水浴中，称取 10g 鳞片石墨和 5g $NaNO_3$ 加入 200mL 98%H_2SO_4 中，搅拌状态下加入 30g $KMnO_4$，再分次缓慢加入 6g $KMnO_4$，控制反应温度不超过 35℃，搅拌 4h，然后缓慢加入 230mL 去离子水，并控制温度为 98℃持续搅拌 15min 后，混合物进一步用 700mL 去离子水稀释，继续搅拌 30min。最后，加入 20mLH_2O_2（35%），使混合物变为亮黄色。趁热过滤，并用 5%HCl 溶液和去离子水洗涤直至滤液中无硫酸根被检测到。最后将滤饼置于 60℃的真空干燥箱中充分干燥，保存备用。

9.2.4 制备 rGO/$Bi_{12}O_{15}Cl_6$

将制备好的 150mg $Bi_{12}O_{15}Cl_6$ 分散到 100mL 去离子水中，分别超声、搅拌 30min。称取不同质量的 GO（分别为 $Bi_{12}O_{15}Cl_6$ 质量的 0.5%、1%、3%、5%、10%），加入 20mL 去离子水中不断超声、搅拌，直到 GO 充分分散。将上述分散后的 $Bi_{12}O_{15}Cl_6$ 和 GO 混合，并搅拌 20min，将得到的混合体系在可见光下照射并继续搅拌 1h 进行光还原反应，反应完成后通过离心来收集样品，用去离子水和乙醇清洗样品并将得到的样品真空干燥 12h。通过相同的实验方法制备的具有不同 rGO 用量的 rGO/$Bi_{12}O_{15}Cl_6$ 异质结样品，分别记为 0.5 %rGO、1 %rGO、3 %rGO、5 %rGO、10 %rGO。

9.2.5 实验仪器

实验过程所用主要实验仪器，见表 2.2 和表 3.2。

9.2.6 光催化降解实验

首先，配制浓度为 10mg/L 的盐酸四环素（TC）溶液，并将配好的溶液置于暗处。然后称取 100mg 相应的催化剂放入含有 100mL 目标降解液的反应器中。黑暗条件下，持续搅拌 30min 使催化剂在溶液中分散均匀并达到吸附 - 脱附平衡后，打开冷却水源、光源，进行光催化降解实验。每隔 10min 吸取一定体积的光催化混合液，立即离心后用紫外 - 可见吸收光谱仪测量其吸光度，TC 的最大吸收波长为 357nm。通过在光催化降解过程中加入浓度为 1mM 的不同捕获剂来捕获光催化降解过程中产生的相应活性组分，且该过程与上述降解实验方法相同。

9.3 结果与讨论

图 9.1 所示为所制备样品的 SEM、TEM、HRTEM 测试结果，由图 9.1（a）中 SEM 结果可知 $Bi_{12}O_{15}Cl_6$ 是一种由二维纳米片组装的三维结构。图 9.1（b）是石墨烯负载量为 3% 样品（3% rGO）的 SEM 图，由图可知石墨烯薄层附着在 $Bi_{12}O_{15}Cl_6$ 纳米片的表面，$Bi_{12}O_{15}Cl_6$ 本身形貌没有发生明显变化，说明光还原过程只是将石墨烯和 $Bi_{12}O_{15}Cl_6$ 附着在一起。图 9.1（c）是氧化石墨烯的 TEM 图。由图可知，氧化石墨烯是一种二维的薄层结构，与复合样品扫描电镜中观察到的 r-GO 形貌一致。图 9.1（d）和图 9.1（e）分别是 $Bi_{12}O_{15}Cl_6$ 和 3% rGO 样品的 TEM 图，图 9.1（d）中可知纯相 $Bi_{12}O_{15}Cl_6$ 是一种二维纳米片结构，不同纳米片堆叠在一起形成不规则的三维结构，纳米片尺寸为 100 ～ 200nm，厚度约为 30nm。从 3% rGO 的 TEM 图中可以清晰地观察到石墨烯薄层分布在不同纳米片的间隙中，石墨烯的大比表面积为 $Bi_{12}O_{15}Cl_6$ 纳米片提供了大量的附着点，提高了 $Bi_{12}O_{15}Cl_6$ 的分散性。图 9.1（f）是 3% rGO 样品的 HRTEM 测试结果。$Bi_{12}O_{15}Cl_6$ 的晶格宽度为 0.318nm、0.341nm、0.361nm、0.335nm，分别对应 $Bi_{12}O_{15}Cl_6$ 的（1003）、（212）、（803）、（604）晶面，石墨烯薄层分散在 $Bi_{12}O_{15}Cl_6$ 纳米片的边缘，二者紧密结合在一起。

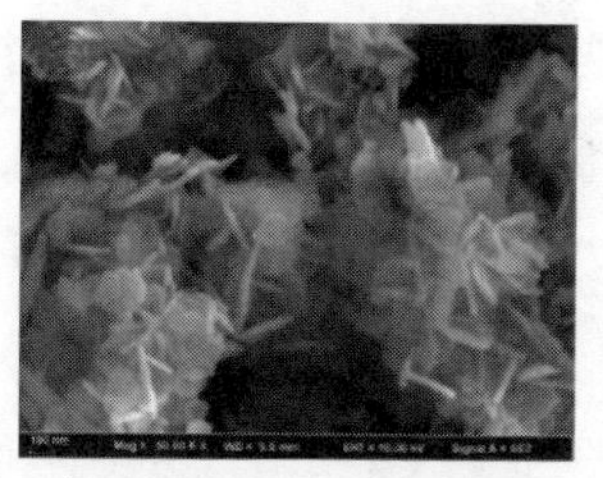

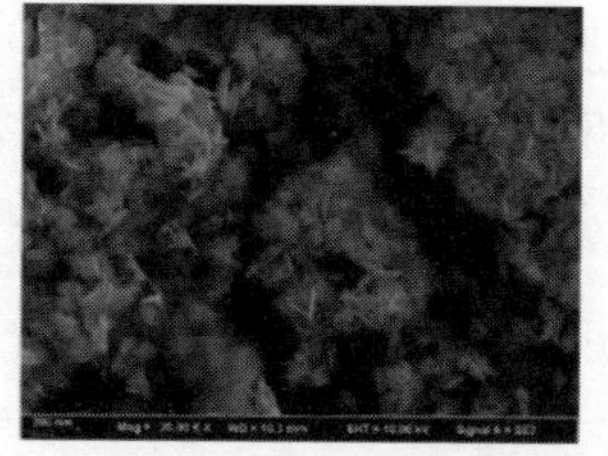

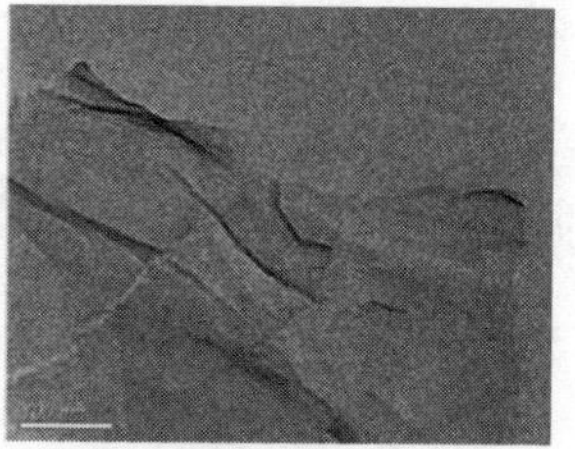

（a）$Bi_{12}O_{15}Cl_6$ 的 SEM 图　（b）3% rGO 样品的 SEM 图　（c）rGO 样品的 TEM 图

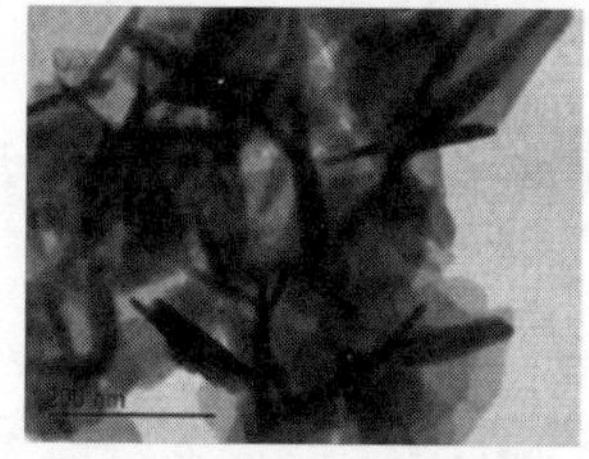

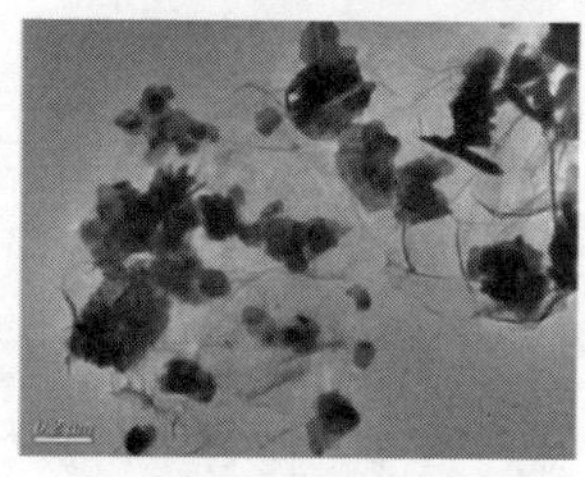

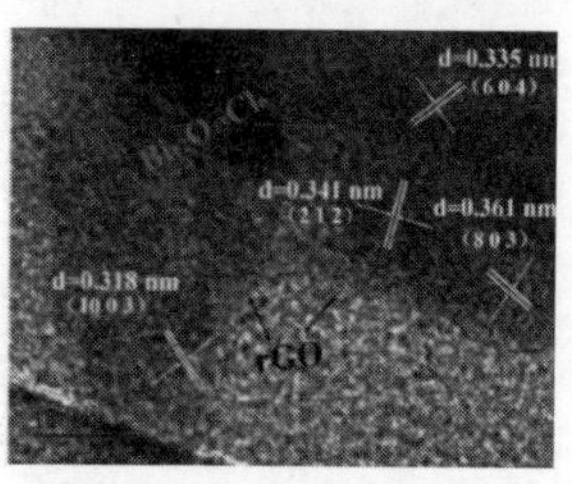

（d）$Bi_{12}O_{15}Cl_6$ 的 TEM 图　（e）3% rGO 样品的 TEM 图　（f）3% rGO 样品的 HRTEM 图

图 9.1　制备样品的 SEM、TEM、HRTEM 测试结果

对不同石墨烯含量的氯氧铋和复合氧化石墨烯光照前后的样品进行 XRD 表征，结果如图 9.2 所示。由图 9.2 可见，其中 $Bi_{12}O_{15}Cl_6$ 的 XRD 衍射峰记为 BOC，与 JCPDS No.70-0249 的标准卡片对应的 $Bi_{12}O_{15}Cl_6$ 特征峰一致，没有其他杂峰出现，表明成功合成了纯相 $Bi_{12}O_{15}Cl_6$ 样品。GO 的（0 0 2）特征峰位于 2θ =9.0°，当 BOC 与 GO 混合后，样品中 $Bi_{12}O_{15}Cl_6$ 的衍射峰没有发生变化，光照后产物中也没有出现其他杂峰，表明了石墨烯被还原，与纯相 $Bi_{12}O_{15}Cl_6$ 的 XRD 相比，位于 2θ =24.0° 出现的小的衍射峰为石墨烯的特征峰，并且随着石墨烯用量的增加，该衍射峰也逐渐增强。

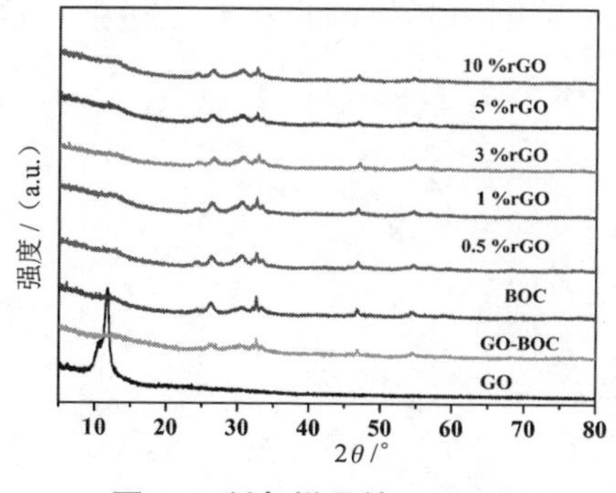

图 9.2　制备样品的 XRD 谱图

对不同样品进行 UV-vis 测试，测试结果如图 9.3 所示。纯相 BOC 样品的吸收边位于 550nm，在 550 ～ 700nm 的波长范围没有吸收。通过与不同石墨烯复

合后得到的产物在 550 ～ 700nm 波长范围的光吸收强度逐渐增强，并且随着石墨烯的增加，吸收边逐渐发生红移，这是由于引入石墨烯后光催化剂对可见光的吸收范围显著拓宽，复合样品的光吸光范围和吸收能力的增强有利于复合光催化剂产生更多的光生载流子，进而提升光催化活性。

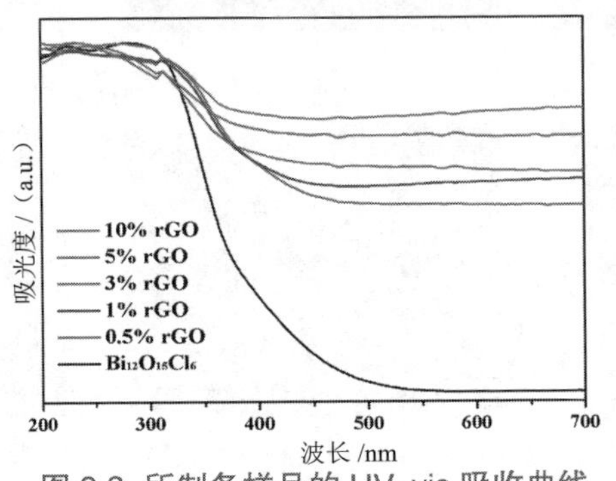

图 9.3 所制备样品的 UV-vis 吸收曲线

GO、3%GO、3% rGO 和 BOC 样品的 FT-IR 曲线如图 9.4 所示。图 9.4 中 GO 图谱中的特征峰主要有 $1727cm^{-1}$、$1620cm^{-1}$、$1406cm^{-1}$、$1223cm^{-1}$ 和 $1050cm^{-1}$，分别是 C=O、C=C、羧基 O=C-OH、环氧基 O-C-O 和烷氧基 C-O 的伸缩振动峰。说明通过化学氧化法成功制备了含有丰富含氧基团的 GO。$2913cm^{-1}$、$2972cm^{-1}$ 处为 $-CH_2$ 的对称和反对称吸收峰。此外，BOC 的红外光谱在 1300 ～ $1700cm^{-1}$ 范围内，有两个较强的特征吸收峰，这些都是由 BOC 中各原子之间的化学键振动所引起的。而 3% rGO 与 BOC、3%GO 、GO 相比，在 1250 ～ $1750cm^{-1}$ 范围内的峰强发生一些变化，这可能是由于 BOC 与 rGO 键合的化学键振动所引起的。另外，在 1250 ～ $1750cm^{-1}$ 范围内的峰强也有明显增强，这进一步证明石墨烯是通过化学键的相互作用与 BOC 结合。

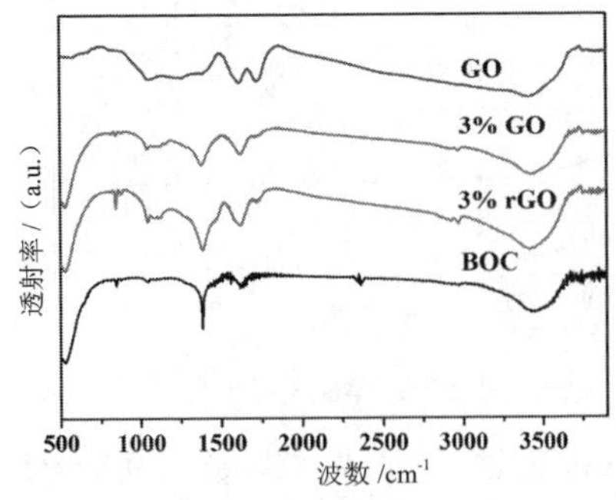

图 9.4 GO，3%GO，3% rGO 和 BOC 样品的 FT-IR 曲线

以 TC 为目标污染物，利用光催化降解实验来考察不同 rGO/$Bi_{12}O_{15}Cl_6$ 异质结样品的光催化活性，结果如图 9.5 所示。经过 1h 可见光照射后，相同反应条件下纯相 $Bi_{12}O_{15}Cl_6$ 降解 TC 活性为 61%，经过光还原过程与石墨烯含量小于 3% 时复合后的异质结样品降解 TC 的效率逐渐提升，当石墨烯负载量为 3% 时所得异质结样品具有最高的光催化降解活性，降解率达 83%。这是由于石墨烯的引入使 $Bi_{12}O_{15}Cl_6$ 对可见光的吸收增加，同时极大提高了活性因子的分离效率，因而光催化活性显著提升。进一步提高石墨烯的用量，光催化降解活性逐渐降低。当石墨烯用量为 5% 时相同反应条件下的降解率为 79%，继续增加石墨烯用量为 10% 时，降解率降低至 67%，这是由于过量的石墨烯影响了光的透过能力。尽管石墨烯能够吸收大部分可见光，但是过多石墨烯会严重阻碍可见光照射到 $Bi_{12}O_{15}Cl_6$ 表面，影响 $Bi_{12}O_{15}Cl_6$ 的光吸收。虽然，石墨烯有敏化作用，但降解 TC 的过程以光催化反应为主导。因此，过量的石墨烯对氯氧铋的活性提升效果不明显。当石墨烯用量为 1% 和 0.5% 时，由于石墨烯用量过少，分离 $Bi_{12}O_{15}Cl_6$ 光生活性因子效果不明显，因此光催化效果提升也不明显。因此，石墨烯的用量严重影响 rGO/$Bi_{12}O_{15}Cl_6$ 异质光催化剂的光催化活性。

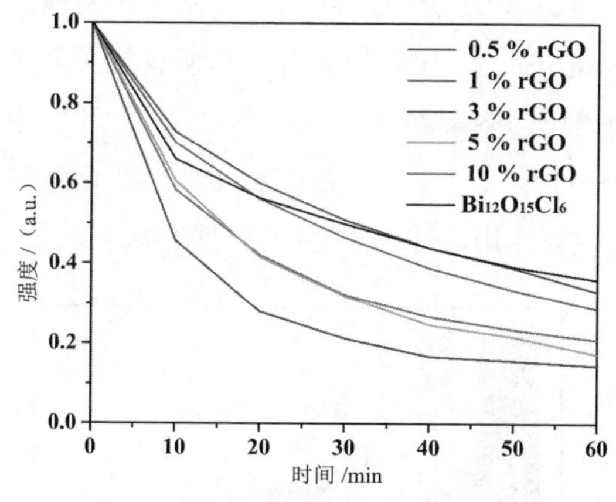

图 9.5 不同样品的可见光光催化活性

通过荧光发射光谱考察3% rGO和 $Bi_{12}O_{15}Cl_6$ 样品的光生活性因子分离效率，其中激发波长为325nm，测试结果如图 9.6 所示。由图 9.6 可知，这两种催化剂在 450 ～ 500nm 的荧光峰峰型相似，其中，3% rGO 样品的荧光强度明显低于纯相 $Bi_{12}O_{15}Cl_6$ 样品，表明石墨烯复合后的样品具有显著提升的电子空穴分离效率，这有利于产生更多的电子和空穴，参与光催化过程中的氧化还原反应。

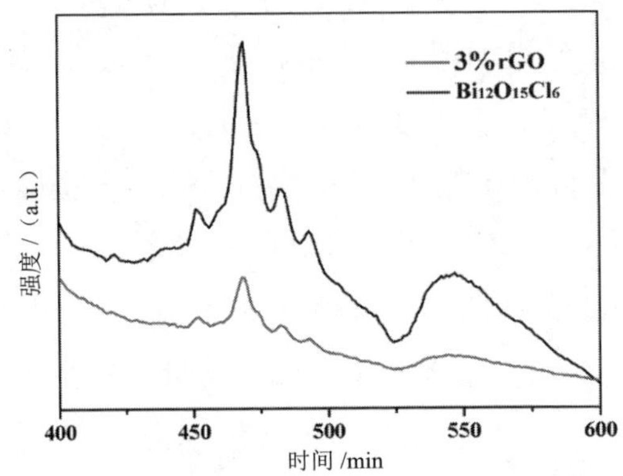

图 9.6 3% rGO 和 $Bi_{12}O_{15}Cl_6$ 样品的荧光发射测试谱图

为了探明这种 rGO/$Bi_{12}O_{15}Cl_6$ 光催化降解 TC 的光催化反应机理，利用活性最佳的 3% rGO 样品进行光催化降解 TC，同时在反应过程中引入不同的活性组分捕获剂，分别利用 EDTA-2Na 来作为空穴捕获剂，异丙醇（IPA）作为羟基自由基捕获剂，抗坏血酸（Vc）作为超氧自由基捕获剂，重铬酸钾（$K_2Cr_2O_7$）作为电子捕获剂，光催化反应的结果如图 9.7 所示。实验结果表明，不添加任何捕获剂时 3% rGO 光催剂降解 TC 降解率达 85.7%，引入 EDTA-2Na 来作为空穴捕获剂后降解活性降低到 39.3%，加入 IPA 作为羟基自由基捕获剂后降解活性也出现了下降，为 50%。而引入 Vc 作为超氧自由基捕获剂后降解活性最低，相同反应条件下光催化降解 TC 的降解率仅为 5%。另外，加入重铬酸钾后降解活性也明显降低，仅为 14.5%。因此，在 rGO/$Bi_{12}O_{15}Cl_6$ 光催化降解 TC 的反应过程中超氧自由基和空穴起主要作用，即为主要的活性组分。

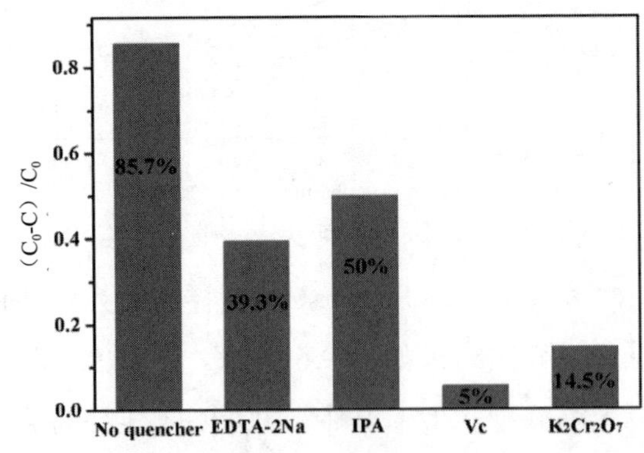

图 9.7 3% rGO 样品在可见光照射下降解 TC 的捕获实验结果

根据 rGO/$Bi_{12}O_{15}Cl_6$ 光催化性能测试和捕获实验结果，提出这种异质光催化

剂可能的光催化反应机理如图 9.8 所示。

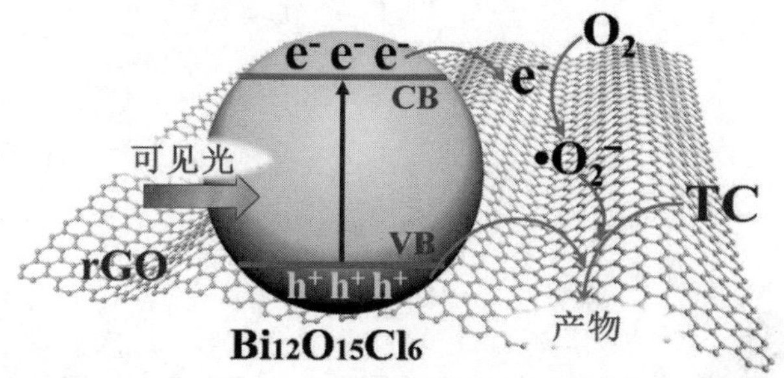

图 9.8 rGO/$Bi_{12}O_{15}Cl_6$ 异质光催化剂可能的光催化反应机理图

首先，在可见光照射下 $Bi_{12}O_{15}Cl_6$ 被激发，产生活性因子，电子跃迁到 $Bi_{12}O_{15}Cl_6$ 的导带上，而空穴留在其价带上。然后，由于石墨烯的存在，$Bi_{12}O_{15}Cl_6$ 导带上的电子迁移到石墨烯上并和水中的溶解氧发生反应，生成超氧自由基参与反应。同时，$Bi_{12}O_{15}Cl_6$ 价带上的空穴直接与 TC 分子发生反应。石墨烯的超强导电性能够促进 $Bi_{12}O_{15}Cl_6$ 的光生 - 活性因子分离，从而显著提升 $Bi_{12}O_{15}Cl_6$ 的光催化活性。此外，石墨烯的大比表面积为光催化反应提供了更多的活性位点，也是光催化活性提升的重要原因。

9.4 本章小结

（1）本书采用光还原法制备了 rGO/$Bi_{12}O_{15}Cl_6$ 异质光催化剂。调节 rGO 的用量制备出石墨烯质量分数为 0.5%、1%、3%、5% 和 10% rGO 复合 $Bi_{12}O_{15}Cl_6$ 的样品。

（2）光催化降解 TC 实验表明，石墨烯的引入能够使 $Bi_{12}O_{15}Cl_6$ 的光催化活性显著提升。这是由于石墨烯优良的导电性能够提高 $Bi_{12}O_{15}Cl_6$ 光生活性因子的分离效率，同时石墨烯的大比表面积为光催化降解 TC 提供了更多的活性位点。

（3）石墨烯的用量对 $Bi_{12}O_{15}Cl_6$ 的光催化活性起重要作用，石墨烯用量小于 3% 时，样品光催化活性随着石墨烯用量增加而增加；当石墨烯用量大于 3% 时，降解活性反而降低，这是由于过量的石墨烯对光和催化剂表面活性位点的屏蔽效应导致的。

第 10 章 $Bi_2S_3/Bi_{12}O_{15}Cl_6$ 表界面性能调控及性能研究

10.1 引言

纳米硫化铋（Bi_2S_3）是一种窄带隙（E_g = 1.30eV）直接半导体。由于 Bi_2S_3 带隙很窄，因而具有较强的太阳光吸收能力和优异的光电转换效率[193]。纳米 Bi_2S_3 具有很强的氧化还原性能，且具有环保、高光电导性、高光吸收的特点。此外，在可见光照射下，Bi_2S_3 表现出微弱的光催化活性及光敏化特性。将 Bi_2S_3 与其他半导体材料复合能够显著提高半导体材料对光的吸收能力和电子空穴分离效率，因此可用于提升半导体材料的光催化活性[194]。目前，已经成功将 Bi_2S_3 与 TiO_2、Bi_2O_3、Bi_2WO_6、CeO_2、$BiVO_4$、$Bi_2O_2CO_3$、BiOCl、CdS、In_2S_3 等材料复合，提升了相应光催化剂的活性。因此，利用简单的合成方法来构筑硫化铋与其他半导体形成异质光催化剂，是研究 Bi_2S_3 光催化应用的重要组成部分。

近年来，离子交换法作为一种原位合成技术具有低成本、操作简单、尺寸可控的优点，在材料合成领域备受关注[195-196]。此外，在异质光催化剂的合成过程中，离子交换法同样具有显著的优势，利用离子交换法合成异质光催化剂能够使异质结中不同半导体之间可以更好地接触，电子通过异质结界面高效迁移，更有利于提高光催化反应过程中活性因子的分离效率。利用离子交换法，大量硫化铋基异质光催化剂已经被研发出来，例如 Bi_2S_3/ZnS、Bi_2S_3/SnS_2、Bi_2S_3/MoS_2、$Bi_2S_3/Bi_2O_3/Bi_2O_2CO_3$、$Bi_2S_3/Pd_4S$ 等，均表现出优良的光催化活性。$Bi_{12}O_{15}Cl_6$ 作为一种 n 型半导体，禁带宽度约为 2.54eV，具有良好的可见光吸收能力，是一种可见光响应型光催化剂。但是，纯相 $Bi_{12}O_{15}Cl_6$ 的光催化活性仍然较低，难以满足实际应用的需求，需要改性来提升其光催化活性。

本书以硫脲为硫源，$Bi_{12}O_{15}Cl_6$ 为模板，并利用水热法、离子交换法以合成 $Bi_2S_3/Bi_{12}O_{15}Cl_6$ 异质结，通过调节硫脲的用量来调控异质光催化剂中硫化铋含量，得到不同 Bi_2S_3 含量的异质光催化剂。通过可见光照射下光催化降解 TC 实验来考察不同光催化剂的活性，结果表明，通过在 $Bi_{12}O_{15}Cl_6$ 表面原位生成 Bi_2S_3 形成的 $Bi_2S_3/Bi_{12}O_{15}Cl_6$ 异质结构能够提高 $Bi_{12}O_{15}Cl_6$ 光催化剂活性因子分离效率，从而提升光催化活性。此外，在光催化反应中引入多种活性组分捕获剂对该类异质结降解 TC 的光催化反应机理进行了深入研究。

10.2 实验部分

10.2.1 实验材料

实验过程中所使用的原料和化学试剂见表 10.1。

表 10.1 原料和化学试剂一览表

药品名称	化学式	纯度	生产厂家
硝酸铋	$Bi(NO_3)_3 \cdot 5H_2O$	AR	中国医药集团有限公司
氯化铵	NH_4Cl	AR	中国医药集团有限公司
乙二醇	$(CH_2OH)_2$	AR	中国医药集团有限公司
硫脲	CH_4N_2S	AR	中国医药集团有限公司
TC	$C_{22}H_{24}N_2O_8$	AR	中国医药集团有限公司
EDTA 二钠盐	$C_{10}H_{14}N_2Na_2O_8 \cdot 2H_2O$	AR	中国医药集团有限公司
重铬酸钾	$K_2Cr_2O_7$	AR	中国医药集团有限公司
异丙醇	$(CH_3)_2CHOH$	AR	中国医药集团有限公司
抗坏血酸	$C_6H_8O_6$	AR	中国医药集团有限公司

10.2.2 制备 $Bi_{12}O_{15}Cl_6$

采用水热法和空气焙烧来制备实验中所需的 $Bi_{12}O_{15}Cl_6$ 光催化剂。具体步骤如下：称取 0.9701g （2mmol） $Bi(NO_3)_3 \cdot 5H_2O$ 并溶于 10mL 乙二醇中；称取 0.87mmol （0.0465mmol） NH_4Cl 溶于 20mL 去离子水中。在不断搅拌的过程中将 $Bi(NO_3)_3 \cdot 5H_2O$ 缓慢滴加到 NH_4Cl 溶液中，继续搅拌 20min 后，将得到的溶液转入水热釜中水热反应 160℃，12h，反应完成后待水热釜冷却至室温，离心收集得到白色沉淀，用乙醇和去离子水交替清洗三遍，然后在 60℃烘箱中干燥得到沉淀。最后，在马弗炉中 400℃，5h 条件下焙烧得到的样品，反应完成后收集浅黄色粉末样品。

10.2.3 制备 $Bi_2S_3/Bi_{12}O_{15}Cl_6$

称取 150mg 制备好的 $Bi_{12}O_{15}Cl_6$ 分散到 30mL 去离子水中，经过持续超声搅拌后使 $Bi_{12}O_{15}Cl_6$ 分散均匀，然后加入一定量的硫脲（0.01mmol、0.02mmol、0.04mmol、0.06mmol、0.08mmol），继续搅拌 12min 后将得到的混合物装入水热釜中，在 160℃下水热反应 12h。待反应结束水热釜冷却后，通过离心收集所得的沉淀，用水和乙醇清洗后在60℃烘箱中干燥得到的沉淀12h，并收集干燥后的样品储存备用。不同硫脲含量的样品分别记为0.01 S-Cl、0.02 S-Cl、0.04 S-Cl、0.06 S-Cl、0.08 S-Cl。

10.2.4 制备 Bi_2S_3

将一定量 CH_4N_2S 溶解于乙二醇甲醚溶剂中，超声10min、磁力搅拌10min使其充分溶解后加入1mM $Bi(NO_3)_3•5H_2O$，再次超声10min、磁力搅拌30min，使溶质充分溶解、搅拌均匀。将上述溶液转移到50mL聚四氟乙烯反应釜后，将反应釜放入烘箱中120℃加热12h。反应结束后，反应釜自然冷却至室温，经过离心后得到黑色沉淀，经蒸馏水和无水乙醇多次洗涤，去除材料表面粘附的溶剂杂质等。最后，将洗涤过的样品放入烘箱中60℃干燥12h。

10.2.5 实验仪器

实验过程所用主要实验仪器，见表2.2和表3.2。

10.2.6 光催化降解实验

首先配制浓度为10mg/L的盐酸四环素（TC）溶液，将配好的溶液置于暗处。然后称取100mg相应的催化剂放入含有100mL目标降解液的反应器中。黑暗条件下，持续搅拌30min使催化剂在溶液中分散均匀并达到吸附-脱附平衡后，打开冷却水源、光源，进行光催化降解实验。每隔10min吸取一定量的光催化降解混合液，立即离心后去除样品中的催化剂，并利用紫外-可见吸收光谱仪测量其吸光度，TC紫外最大吸收波长 λ_{max}=357nm。通过在光催化降解过程中加入浓度为1mM的不同捕获剂来捕获光催化降解过程中产生的相应的活性组分，实验过程中的取样、测试过程与光催化降解实验过程相同。

10.3 结果与讨论

图10.1为所制备光催化剂的XRD测试结果。Bi_2S_3 的XRD衍射峰对应斜方晶系 Bi_2S_3（JCPDS No.17-0320），$Bi_{12}O_{15}Cl_6$ 的XRD衍射峰与 $Bi_{12}O_{15}Cl_6$ 的标准卡片（JCPDS No.70-0249）对应特征峰一致，两种半导体材料中均无其他杂峰出

现，证明合成的 $Bi_{12}O_{15}Cl_6$ 和 Bi_2S_3 均为纯相。通过调节硫脲的用量，同时通过离子反应过程可以看出，反应后不同 Bi_2S_3 含量的样品中 $Bi_{12}O_{15}Cl_6$ 的特征峰一致。当 2θ =27.4°时，出现一个微弱的衍射峰，并且随着硫脲的用量增加，该衍射峰强度逐渐增加，同时，可以观察到这个衍射峰的位置对应 Bi_2S_3 的（021）晶面。此外，在复合样品中没有看到硫化铋其他的特征峰，这可能是由于硫化铋的含量太低的原因。

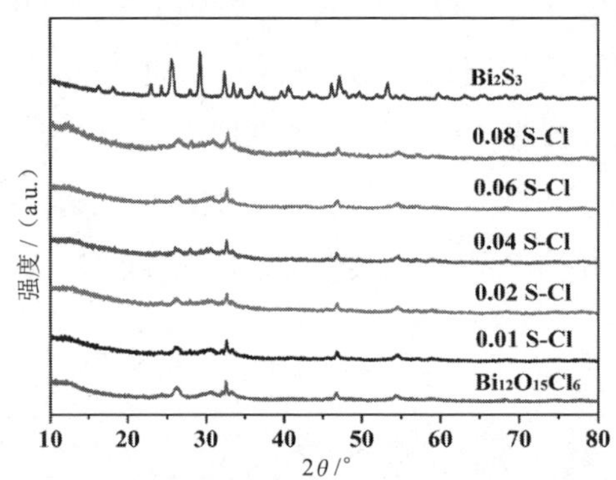

图 10.1 Bi_2S_3，$Bi_{12}O_{15}Cl_6$ 和所制备的 $Bi_2S_3/Bi_{12}O_{15}Cl_6$ 样品的 XRD 测试结果

为了进一步深入了解所制备 Bi_2S_3/ $Bi_{12}O_{15}Cl_6$ 异质结的结构组成，测试了合成样品的 SEM、EDS、TEM 和 HRTEM，结果如图 10.2 所示。

由 $Bi_{12}O_{15}Cl_6$ 的 SEM 图［图 10.2（a）］，可以看出纯相 $Bi_{12}O_{15}Cl_6$ 是由二维纳米片堆积形成的三维结构，纳米片尺寸在 100 ～ 200nm 之间，厚度约为 30nm。由图 10.2（b）可知，$Bi_{12}O_{15}Cl_6$ 形貌与图 10.2（a）相比没有发生明显改变，但是在不同纳米片之间出现了带状的 Bi_2S_3，这是由于硫脲在水热反应中产生的 S^{2-} 与 $Bi_{12}O_{15}Cl_6$ 之间发生了离子交换反应导致的。图 10.2（c）为 0.04 S-Cl 样品的 EDS 测试结果。EDS 谱图证明异质结样品中包含的元素为 S、Bi、Cl、O，元素的种类与异质结中元素种类相同。纯相 $Bi_{12}O_{15}Cl_6$ 的 TEM 图如图 10.2（d）所示。由图可知纯相 $Bi_{12}O_{15}Cl_6$ 是由纳米薄片交错组成，并且纳米片的尺寸和厚度与 SEM 测试结果相同。图 10.2（e）是 0.04 S-Cl 样品的 TEM 图，可以看出离子交换反应后在交错的 $Bi_{12}O_{15}Cl_6$ 纳米薄片之间出现了纳米带状结构，长度在 400 ～ 600nm 之间，宽度约为 50nm，这种纳米带形貌与纯 $Bi_{12}O_{15}Cl_6$ 截然不同，可以推断这种纳米带是离子交换反应后产生的。进一步测试 0.04 S-Cl 样品的 HRTEM，如图 10.2（f）所示，可以看出 Bi_2S_3 晶格宽度为 0.28nm，对应 Bi_2S_3 的（221）

晶面，$Bi_{12}O_{15}Cl_6$ 的晶格宽度为 0.459nm 和 0.25nm，分别对应 $Bi_{12}O_{15}Cl_6$ 的（403）和（406）晶面，并且两种半导体材料的界面清晰可见。因此，0.04 S-Cl 样品是由 $Bi_{12}O_{15}Cl_6$ 和 Bi_2S_3 组成的。

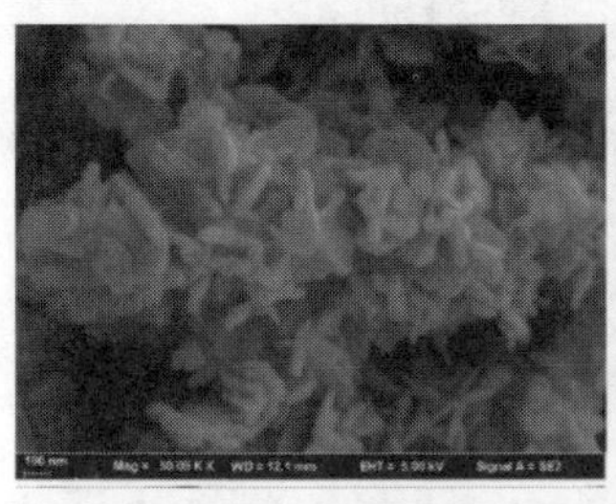
（a）$Bi_{12}O_{15}Cl_6$ 样品的 SEM 图

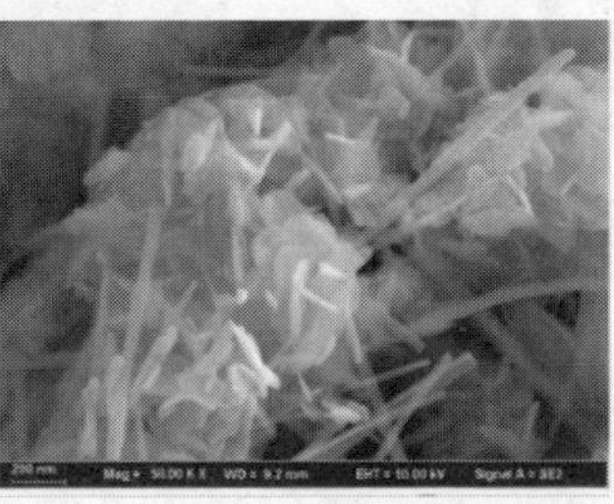
（b）0.04 S-Cl 样品的 SEM 图

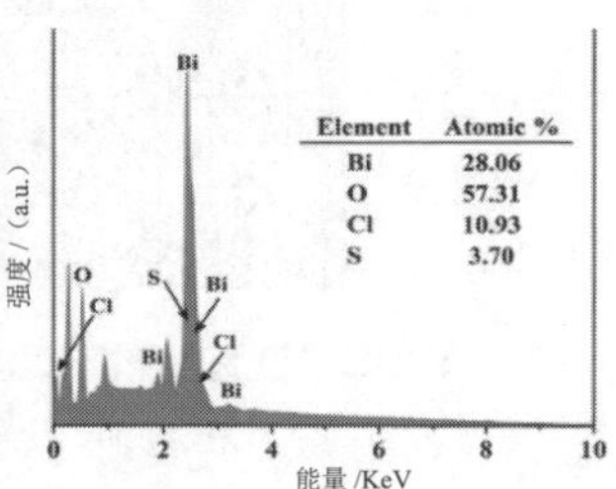

（c）0.04 S-Cl 样品的 EDX 图

（d）$Bi_{12}O_{15}Cl_6$ 的 TEM 图

（e）0.04 S-Cl 的 TEM 图

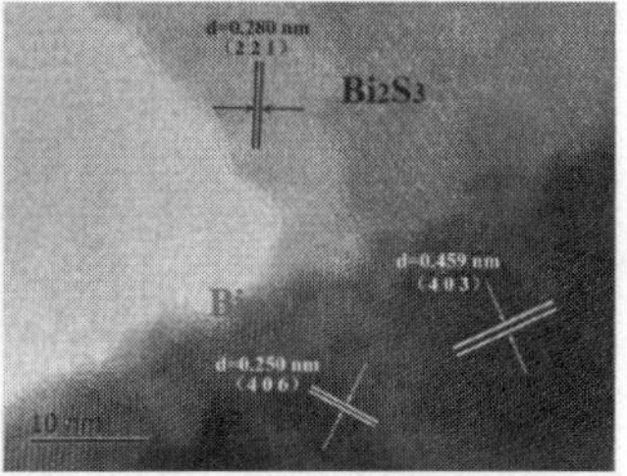

（f）0.04 S-Cl 的 HRTEM 图

图 10.2 合成样品的 SEM、TEM、HRTEM 图

对 0.4 S-Cl 异质结样品测试 EDS 元素分布，结果如图 10.3 所示。测试结果证明，样品中包含的元素为 Bi、O、Cl、S 四种元素。其中，Bi 元素是均匀分布的，而 Cl 元素主要分布在部分的纳米片上，O 元素的分布信号相对较弱。此外，S 元素分布于整个样品中，这可能是由于离子交换反应过程中，S^{2-} 首先和 $Bi_{12}O_{15}Cl_6$ 中的 Cl^- 发生交换，再和氯氧铋中的 $[Bi_{12}O_{15}]^{6+}$ 反应生成 Bi_2S_3。因此，Cl 元素的信号强度减弱最快，随着反应的进行，O 元素的信号逐渐减弱。

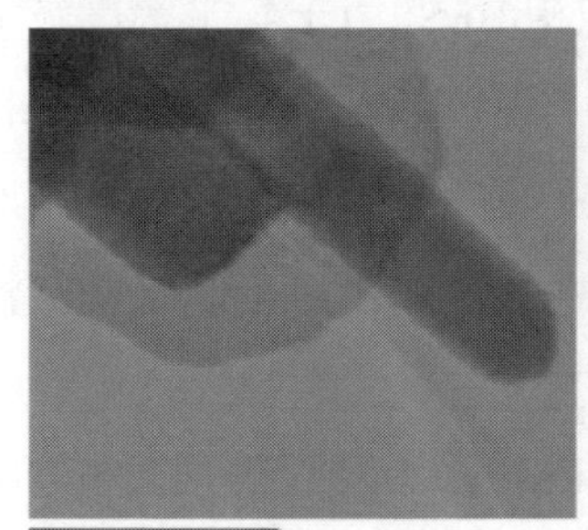
（a）总图

（b）Bi 元素的 EDX 能谱测试结果

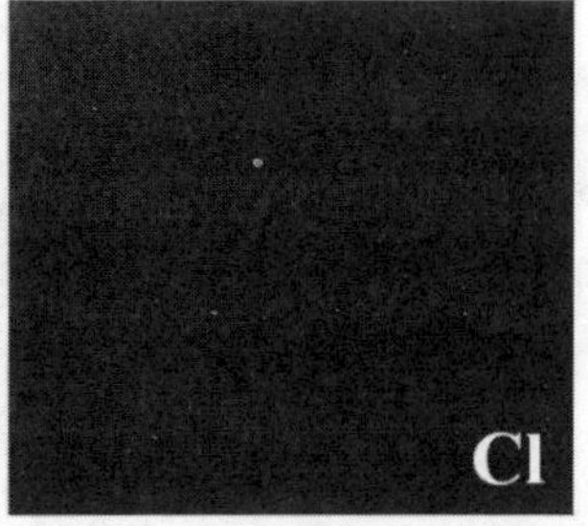

（c）Cl 元素的 EDX 能谱测试结果

图 10.3 0.04 S-Cl 样品的不同元素的 EDX 能谱测试结果

（d）O 元素的 EDX 能谱测试结果　（e）S 元素的 EDX 能谱测试结果

图 10.3 0.04 S-Cl 样品的不同元素的 EDX 能谱测试结果（续）

利用 UV-vis 测试来分析所制备光催化剂的光吸收能力，结果如图 10.4 所示。可以看出，纯相 $Bi_{12}O_{15}Cl_6$ 的吸收边为 550nm，在 500 ～ 700nm 波段光吸收强度很弱。

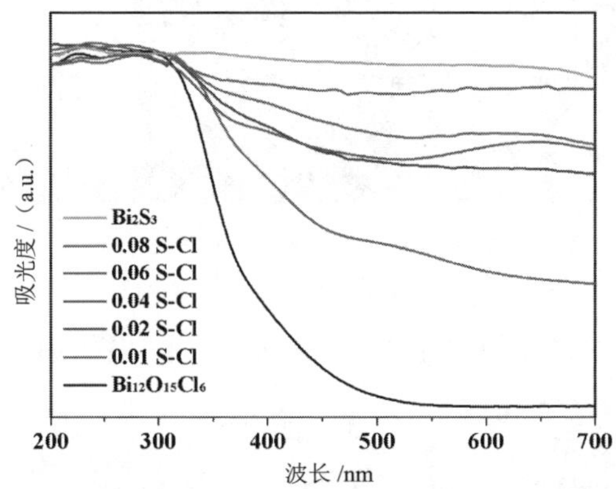

图 10.4 $Bi_{12}O_{15}Cl_6$，Bi_2S_3 和 $Bi_2S_3/Bi_{12}O_{15}Cl_6$ 异质光催化剂的 UV-vis 测试结果

在加入 0.01mmol 硫脲参与反应后得到的异质结样品对大于 350nm 波长的光吸收能力显著增强，这是由于表面其生成了 Bi_2S_3，随着硫脲的用量逐渐增加，Bi_2S_3 含量随之升高，光吸收也进一步增强，而纯相 Bi_2S_3 由于禁带宽度较窄（1.3eV），对整个光谱范围的光都具有强吸收能力。综上所述，通过离子交换法制备的 $Bi_2S_3/Bi_{12}O_{15}Cl_6$ 异质结样品能够对可见光有良好的吸收能力。异质结对光的吸收受到 Bi_2S_3 含量的影响，对可见光吸收能力的增强有利于光催化剂活性的提升。

对所制备纯相 $Bi_{12}O_{15}Cl_6$、Bi_2S_3 和活性最佳的 $Bi_2S_3/Bi_{12}O_{15}Cl_6$ 异质结（0.04 S-Cl）样品测试荧光谱图，结果如图 10.5 所示。从图中可看出，三种催化剂具有类似的峰型，最高荧光峰位于 470nm。其中，$Bi_{12}O_{15}Cl_6$ 的荧光强度最高，反映

出 $Bi_{12}O_{15}Cl_6$ 的光生电子 - 空穴复合最严重，而经过离子交换反应得到的 0.04 S-Cl 异质结样品荧光强度明显减弱，表明了构筑异质结能够显著提高电子 - 空穴的分离效率。而 Bi_2S_3 的荧光强度最低，这是由于 Bi_2S_3 的能带过窄所引起的。

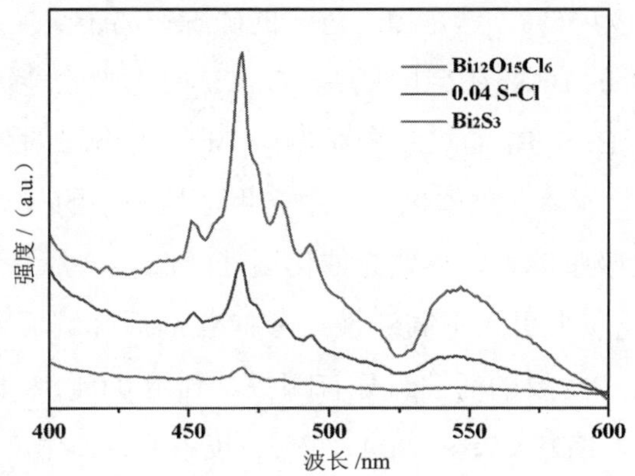

图 10.5 $Bi_{12}O_{15}Cl_6$，Bi_2S_3，0.04 S-Cl 样品的荧光谱图

本节以 TC 为目标污染物来研究光催化剂的催化活性。在可见光照射下，不同光催化剂的光催化降解曲线如图 10.6 所示。

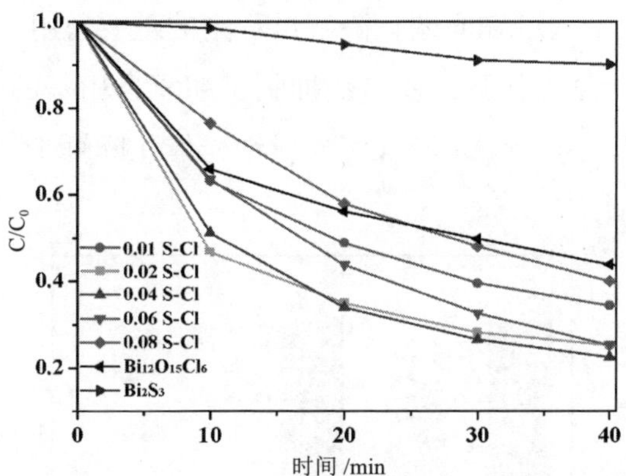

图 10.6 所制备样品在可见光照射下光催化降解 TC 曲线图

从图 10.6 中可以看出，纯 Bi_2S_3 在可见光下对 TC 降解活性较低，经过 40min 光照反应后，降解率仅为 9%，而相同反应条件下 $Bi_{12}O_{15}Cl_6$ 的降解率为 52%，当 0.01mmol 硫脲用于离子交换反应来合成 $Bi_2S_3/Bi_{12}O_{15}Cl_6$（0.01 S-Cl）异质光催化剂时，相同反应条件下的降解率达到 63%。进一步增加硫脲用量到 0.02mmol 后降解率达 70%。当 0.04 S-Cl 样品的催化活性达到最佳（78.7%）时，催化活性相比于纯相 Bi_2S_3 和 $Bi_{12}O_{15}Cl_6$ 明显提升，这种催化活性的显著提升是由于 Bi_2S_3 和 $Bi_{12}O_{15}Cl_6$ 形成的异质结构提升了 $Bi_{12}O_{15}Cl_6$ 的光生电荷迁移速率和

分离效率，并且 Bi_2S_3 对光的强吸收显著增加了反应体系中光生活性因子的数量，能够产生更多的活性因子参与降解反应。然而，继续增加硫脲用量，可以发现异质光催化剂的降解活性逐渐降低。0.08 S-Cl 异质光催化剂光催化降解 TC 的降解活性最低，降解率约为 55%。这是由于过多的硫脲在离子交换反应中消耗了过多 $Bi_{12}O_{15}Cl_6$，生成过量的 Bi_2S_3 还会降低 $Bi_{12}O_{15}Cl_6$ 的光吸收能力，导致光催化反应活性降低。因此，$Bi_2S_3/Bi_{12}O_{15}Cl_6$ 异质结中 Bi_2S_3 的含量对催化剂的活性有重要影响：适量的 Bi_2S_3 能够促进催化体系中光生活性因子的分离，而过量的 Bi_2S_3 会降低光催化剂的光吸收能力，导致光催化活性降低。

在光催化降解反应中引入不同活性组分捕获剂后降解活性的变化能够证明光催化降解反应过程中主要的活性组分有哪些。利用 0.04 S-Cl 样品降解 TC，并引入了 IPA（•OH）、EDTA-2Na（h^+）、Vc（$•O_2^-$）、$K_2Cr_2O_7$（e^-）作为光催化降解过程中各种活性组分对应的捕获剂。如图 10.7 所示，加入 IPA 后光催化活性没有显著变化，表明 •OH 对光催化降解反应影响很小。加入 EDTA-2Na 后降解率明显降低，表明降解反应过程中 h^+ 的作用要强于 •OH。在加入 Vc 后 TC 的降解率最低，表明了 $•O_2^-$ 在光催化降解过程中的重要作用。加入 $K_2Cr_2O_7$ 后降解活性也显著降低，这是由于 e^- 被捕获抑制了超氧自由基的生成从而严重影响 TC 的降解反应。因此，$Bi_2S_3/Bi_{12}O_{15}Cl_6$ 异质结光催化降解 TC 反应过程中主要的活性组分为 h^+ 和 $•O_2^-$。

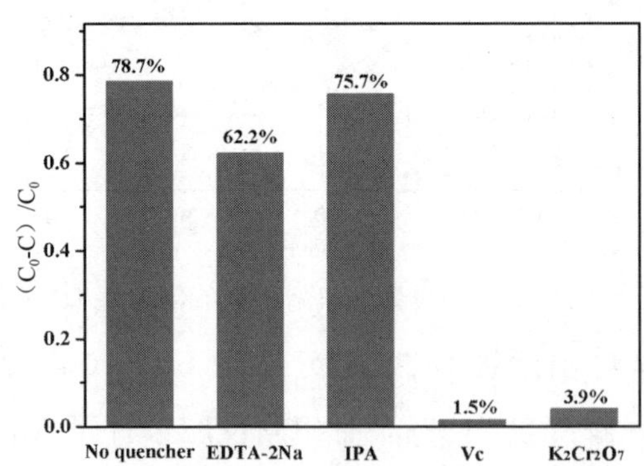

图 10.7 0.04 S-Cl 样品可见光照射下降解 TC 的捕获实验结果

由光催化降解反应和捕获实验结果可以推断出 $Bi_2S_3/Bi_{12}O_{15}Cl_6$ 异质结光催化降解 TC 的反应机理，如图 10.8 所示。在受到可见光照射后，Bi_2S_3 和 $Bi_{12}O_{15}Cl_6$ 被激发后分别产生活性因子，同时光生电子迁移到各自的导带上。由于 Bi_2S_3 的禁带宽度很小，激发后的电子能够迁移到更高的电位（-1.62eV）而明显高于

$Bi_{12}O_{15}Cl_6$。因此，Bi_2S_3 表面的光生电子很容易转移到 $Bi_{12}O_{15}Cl_6$ 的导带上并与水中溶解氧反应生成 $•O_2^-$。同时，$Bi_{12}O_{15}Cl_6$ 价带上的空穴会迁移到 Bi_2S_3 的价带上，并直接参与 TC 的降解反应过程。综上所述，构筑 $Bi_2S_3/Bi_{12}O_{15}Cl_6$ 异质结构能够提升这两种半导体材料的活性因子分离效率，进而显著提升光催化材料的光催化活性。

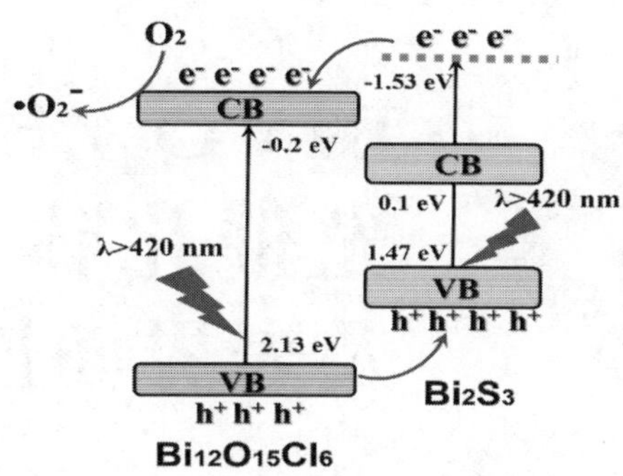

图 10.8 $Bi_2S_3/Bi_{12}O_{15}Cl_6$ 异质光催化剂可能的光催化反应机理图

10.4 本章小结

（1）本书利用硫脲作为硫源与 $Bi_{12}O_{15}Cl_6$ 通过离子交换反应原位生成 Bi_2S_3 纳米带，与 $Bi_{12}O_{15}Cl_6$ 纳米薄片之间形成异质结构。调节硫脲的使用量能够实现对异质结中 Bi_2S_3 含量的调控，制备出具有不同 Bi_2S_3 的 $Bi_2S_3/Bi_{12}O_{15}Cl_6$ 异质光催化剂。

（2）光催化降解 TC 实验结果表明该类 $Bi_2S_3/Bi_{12}O_{15}Cl_6$ 异质结光催化活性明显提升，最佳样品经过可见光照射 1h 后对 TC 的降解率达到 78.7%。这是由于异质光催化剂对可见光的吸收增强，同时提高了半导体光催化剂中活性因子的分离效率。根据降解实验和捕获实验结果，提出这种 $Bi_2S_3/Bi_{12}O_{15}Cl_6$ 异质光催化剂在可见光照射下降解 TC 的光催化反应机理。

第11章 $BiVO_4/Bi_{12}O_{15}Cl_6$ 光催化体系的构筑及表界面性质研究

11.1 引言

钒酸铋（$BiVO_4$）作为一种对人体无害的重金属元素、无毒环保的亮黄色无机化学颜料，在工业、生活上都有广泛的应用前景。同时，$BiVO_4$ 也是一种窄带隙半导体光催化剂，带隙宽度为 2.4eV，能够被可见光激发引起价带上的电子跃迁至导带上，进而参与光催化反应。在钒酸铋光催化剂的研究过程中，经常会将其与氧化物复合进行研究，如 $CdS/BiVO_4$、$Ag_3PO_4/BiVO_4$、$AgI/BiVO_4$、$CoO_x/BiVO_4$ 等，这些含有 $BiVO_4$ 的异质光催化剂都具有很好的光催化活性和化学稳定性。

在众多异质光催化剂中，Z 型异质光催化剂由于光生电子和空穴具有强氧化还原能力，并且能够高效地分离活性因子，被广泛的应用于光分解水制氢和有机污染物降解反应。与其他 Z 型异质光催化剂合成方法相比，离子交换法具有许多显著优点，如得到的异质结中不同半导体之间接触良好，电子在异质结界面迁移速度快，光催化反应过程中催化体系的活性因子分离效率明显提升。由于 $BiVO_4$ 和 $Bi_{12}O_{15}Cl_6$ 相互匹配的能带位置，非常适合构筑 Z 型光催化剂。通过离子交换法合成 $BiVO_4/Bi_{12}O_{15}Cl_6$ 异质结界面的连续性好，有利于电荷在异质结界面的快速传递，同时光生电子和空穴具有较强的氧化还原能力，能够更好地催化氧化有机污染物。

本书利用水热法和离子交换法来控制合成 Z 型 $BiVO_4/Bi_{12}O_{15}Cl_6$ 异质光催化剂，通过调节离子交换反应过程中偏钒酸铵的用量来调控异质结中 $BiVO_4$ 和 $Bi_{12}O_{15}Cl_6$ 的比例。利用多种表征技术对合成样品的结构和组成进行系统研究，通过可见光催化降解 TC 来考察所制备的不同光催化剂的光催化活性，并采用 ESR 和捕获实验对异质光催化剂的光反应机理进行深入研究。为了考察这种异质光催化剂的光化学稳定性，对最佳比例的异质结样品进行回收和再利用，经过五次循环实验后证明所制备异质光催化剂用于 TC 的可见光降解过程具有高效稳定的特点，能够被多次重复利用。

11.2 实验部分

11.2.1 实验材料

实验过程中所使用的原料和化学试剂见表 11.1。

表 11.1 原料和化学试剂一览表

药品名称	化学式	纯度	生产厂家
硝酸铋	$Bi(NO_3)_3$•$5H_2O$	AR	中国医药集团有限公司
氯化铵	NH_4Cl	AR	中国医药集团有限公司
乙二醇	$(CH_2OH)_2$	AR	中国医药集团有限公司
偏钒酸铵	NH_4VO_3	AR	中国医药集团有限公司
TC	$C_{22}H_{24}N_2O_8$	AR	中国医药集团有限公司
EDTA 二钠盐	$C_{10}H_{14}N_2Na_2O_8$•$2H_2O$	AR	中国医药集团有限公司
重铬酸钾	$K_2Cr_2O_7$	AR	中国医药集团有限公司
异丙醇	$(CH_3)_2CHOH$	AR	中国医药集团有限公司
抗坏血酸	$C_6H_8O_6$	AR	中国医药集团有限公司

11.2.2 制备 $Bi_{12}O_{15}Cl_6$

$Bi_{12}O_{15}Cl_6$（BOC）采用溶剂热法和热处理方法制备。首先，称取 1mmol $Bi(NO_3)_3$•$5H_2O$ 加入 10mL 乙二醇中，充分搅拌后超声 10min，使 $Bi(NO_3)_3$•$5H_2O$ 完全溶解，同时将 0.33mmol NH_4Cl 溶解于 35mL 去离子水中形成透明溶液。将上述两种溶液混合在一起，溶液颜色变为白色，继续搅拌 30min 后，将混合溶液倒入容积为 50mL 的反应釜中，160℃下反应 12h。水热反应完成后反应釜自然冷却至室温，通过离心收集得到白色沉淀，并利用去离子水和乙醇反复清洗样品。将样品置于 80℃烘箱中干燥 12h。最后，将干燥后得到的样品研磨后在高温马弗炉中，400℃空气氛围下焙烧 5h，收集得到的黄色样品就是纯 $Bi_{12}O_{15}Cl_6$ 光催化剂。

11.2.3 制备 $BiVO_4/Bi_{12}O_{15}Cl_6$ 异质光催化剂

利用离子交换法制备不同摩尔比例的 $Bi_{12}O_{15}Cl_6/BiVO_4$ 异质光催化剂（BOC-BVO），实验步骤如下：首先，称取 0.15g $Bi_{12}O_{15}Cl_6$ 分散于 30mL 去离子水中，经过不断的超声和搅拌后，加入不同物质的量（0.1mmol、0.2mmol、0.3mmol、0.4mmol、0.5mmol）的 NH_4VO_3，继续搅拌 20min，将得到的混合体系转移到水热反应釜中，水热反应 120℃，12h。反应完成后，待水热釜冷却至室温后，通过离心来收集得到沉淀，并用乙醇和去离子水清洗样品。最后，将得到的样品在 60℃下干燥 12h。不同 NH_4VO_3 用量制备的异质结样品分别记为 0.1V、0.2V、0.3V、0.4V、0.5V。

11.2.4 制备 $BiVO_4$

通过水热法来制备 $BiVO_4$ 光催化剂，硝酸铋和偏钒酸铵分别作为铋源和钒源，先将 1mmol 硝酸铋加入 30mL 去离子水中，超声、搅拌 30min 使硝酸铋充分溶解，然后加入 1mmol NH_4VO_3，继续搅拌 20min 后将得到的黄色溶液加入水热釜中，在 120℃下水热反应 12h，反应完成后收集得到黄色样品，用去离子水和乙醇清洗样品，最后将得到的样品在 60℃下干燥 12h。

11.2.5 实验仪器

实验过程所用主要实验仪器，见表 2.2 和表 3.2。

11.2.6 光催化降解实验

首先，配制浓度为 10mg/L 的盐酸四环素（TC）溶液，将配好的溶液置于暗处。然后称取 100mg 相应的催化剂放入含有 100mL 目标降解液的反应器中。黑暗条件下，持续搅拌 30min 使催化剂在溶液中分散均匀并达到吸附 - 脱附平衡后，打开冷却水源、光源，进行光催化降解实验。每隔 10min 吸取一定量的光催化降解液，立即离心后用紫外 - 可见吸收光谱仪测量其吸光度，TC 的最大吸收波长为 357nm。通过在光催化降解过程中加入浓度为 1mM 的不同捕获剂来捕获光催化降解过程中产生的相应活性组分，实验过程中的取样、测试过程与光催化降解实验过程相同。

11.2.7 光电化学性能测试

利用电化学工作站（CHI-660E）来测试实验中样品的光电流和电化学阻抗。实验过程中采用三电极法，Ag/AgCl 作为参比电极，Pt 作为对电极，采用不同的光催化剂样品（BOC、BVO、BOC-BVO）旋涂 FTO 导电玻璃形成工作电极。光电流测试过程中用 300 W 氙灯作为光源，并且滤去紫外光部分。光电流测试过程中电解液为 0.5 M Na_2SO_4 溶液，电化学阻抗测试过程中电解液为 0.1 M KCl 溶液，$Fe(CN)_6^{3-/4-}$ 的浓度为 5mM。

11.3 结果与讨论

图 11.1 为实验制备的不同光催化剂的 XRD、SEM、TEM、HRTEM 测试结果。

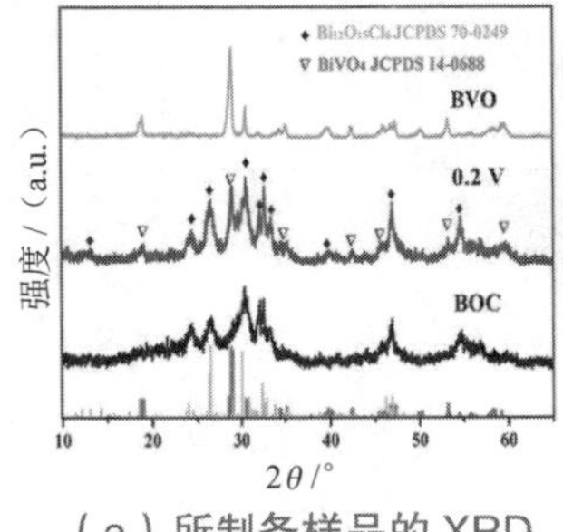

（a）所制备样品的 XRD 测试结果

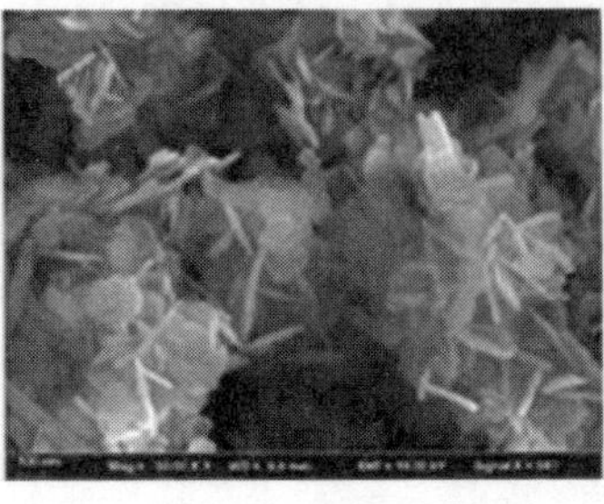

（b）$Bi_{12}O_{15}Cl_6$ 的 SEM 测试结果

（c）0.2V 样品的 SEM 测试结果

（d）$BiVO_4$ 样品的 SEM 测试结果

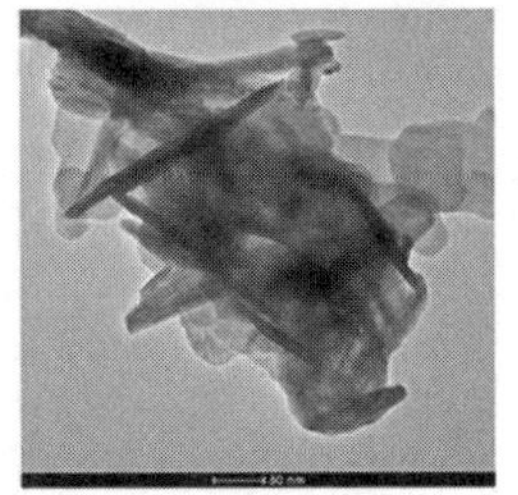

（e）0.2V 样品的 TEM 测试结果

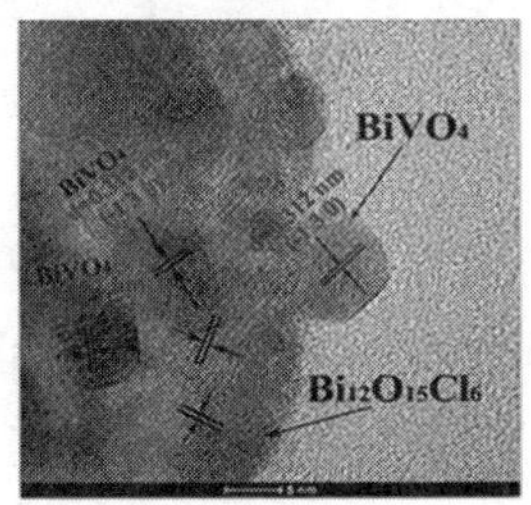

（f）0.2V 样品的 HRTEM 测试结果

图 11.1 制备的不同光催化剂的 XRD、SEM、TEM、HRTEM 测试结果

从图 11.1（a）中可以看出，BOC 样品的 XRD 衍射峰分别对应 $Bi_{12}O_{15}Cl_6$（JCPDS No. 70-0249）的衍射谱图，位于 24.0°、26.4°、30.1°、32.4° 和 46.7° 的衍射峰分别对应 $Bi_{12}O_{15}Cl_6$ 的（211）、（405）、（413）、（1011）和（020）晶面，没有出现其他杂峰，表明得到的 BOC 样品为纯 $Bi_{12}O_{15}Cl_6$。BVO 样品的 XRD 衍射峰分别对应 $BiVO_4$（JCPDS No. 14-0688）的衍射谱图，位于 18.6°、28.8°、30.5°、35.1° 和 42.4° 的衍射峰分别对应于单斜 $BiVO_4$ 的（100）、（-121）、（040）、（002）和（051）晶面。0.2V 样品（偏钒酸铵用量为 0.2mmol）的 XRD 结果证明 $BiVO_4$ 和 $Bi_{12}O_{15}Cl_6$ 的特征峰同时出现，且特征峰的位置和数量与纯 $BiVO_4$ 和 $Bi_{12}O_{15}Cl_6$ 相一致，表明 0.2V 样品中同时含有 $BiVO_4$ 和 $Bi_{12}O_{15}Cl_6$。通过扫描电镜测试来进一步观察 $Bi_{12}O_{15}Cl_6$，0.2V 和 $BiVO_4$ 样品的微观结构和组成。由图 11.1（b）中可以看到，$Bi_{12}O_{15}Cl_6$ 是由二维纳米片组装而成的花状结构，纳米片尺寸在 100 ～ 200nm 之间，厚度约为 30nm。从图 11.1（c）中可以

看出，组成 $Bi_{12}O_{15}Cl_6$ 的纳米片表面变的粗糙，纳米片上生长出了新纳米颗粒，不同纳米片之间空隙也被更小的纳米粒子所填充，这是由于在离子交换反应中 $Bi_{12}O_{15}Cl_6$ 与偏钒酸铵发生反应生成了 $BiVO_4$ 纳米颗粒。图 11.1（d）为相同反应条件制备的 $BiVO_4$ 样品，可以看出纯的 $BiVO_4$ 为形状不规则的纳米颗粒，尺寸大小为 200nm ～ 1 μm。对 0.2V 样品测试 TEM 和 HRTEM 的结果如图 11.1（e）和图 11.1（f）所示，从图 11.1（e）中可以看出，$Bi_{12}O_{15}Cl_6$ 为纳米薄片相互交错组成的结构，纳米片厚度约为 30nm，不同纳米片之间的空隙被离子交换反应产生的矾酸铋纳米颗粒填充。进一步的高分辨透射电镜结果显示，$BiVO_4$ 纳米颗粒的直径约为 5nm，分布在 $Bi_{12}O_{15}Cl_6$ 薄片的表面，晶格宽度为 0.312nm，对应 $BiVO_4$ 的（-130）晶面，$Bi_{12}O_{15}Cl_6$ 的晶格宽度为 0.374nm 和 0.506nm，分别对应 $Bi_{12}O_{15}Cl_6$ 的（111）和（800）晶面。综上所述，通过离子交换法可以制备 $Bi_{12}O_{15}Cl_6/BiVO_4$ 异质结。

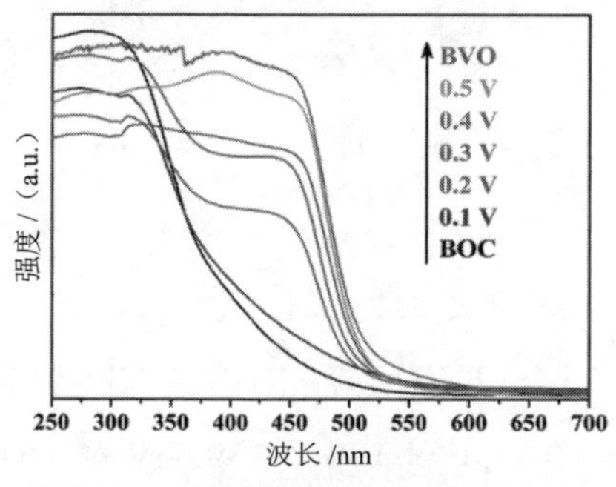

图 11.2 所制备光催化剂的 UV-vis 吸收谱

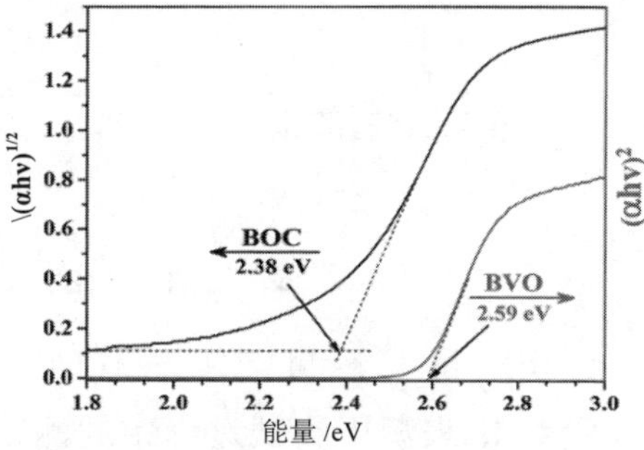

图 11.3 $Bi_{12}O_{15}Cl_6$（BOC）和 $Bi_{12}O_{15}Cl_6$（BVO）样品的能带计算

对 $Bi_{12}O_{15}Cl_6$、$BiVO_4$ 和不同摩尔比例的 $Bi_{12}O_{15}Cl_6/BiVO_4$ 异质光催化剂测试固体紫外 - 可见漫反射（UV-vis）谱图来考察这些光催化剂的光吸收能力。如图 11.2 所示，可以看出纯 $Bi_{12}O_{15}Cl_6$ 的吸收边为 550nm，纯 $BiVO_4$ 样品的吸收边约为 520nm。相比于纯 $Bi_{12}O_{15}Cl_6$ 样品，通过离子交换法制备的不同 $Bi_{12}O_{15}Cl_6/BiVO_4$ 异质结样品，UV-vis 吸收谱图中在 325 ～ 500nm 处的光吸收能力显著增强，这是由于在 $Bi_{12}O_{15}Cl_6$ 的表面生成了 $BiVO_4$，并且随着偏钒酸铵用量的增加，$BiVO_4$ 会逐渐增多进而使吸收强度发生变化。由 $Bi_{12}O_{15}Cl_6$ 和 $BiVO_4$ 的吸收边和晶体在吸收边附近的光吸收遵从式（4.1），由于 $Bi_{12}O_{15}Cl_6$ 和 $BiVO_4$ 分别为直接和间接半导体，因此对应的 n 值分别为 1/2 和 2。由此，通过对曲线做切线与 X 轴的交点，可以得出两种半导体的禁带宽度分别为 2.38eV 和 2.59eV（图 11.3）。

利用 XPS 来测试制备的异质光催化剂（0.2V）表面的化学组成，结果如图 11.4 所示。

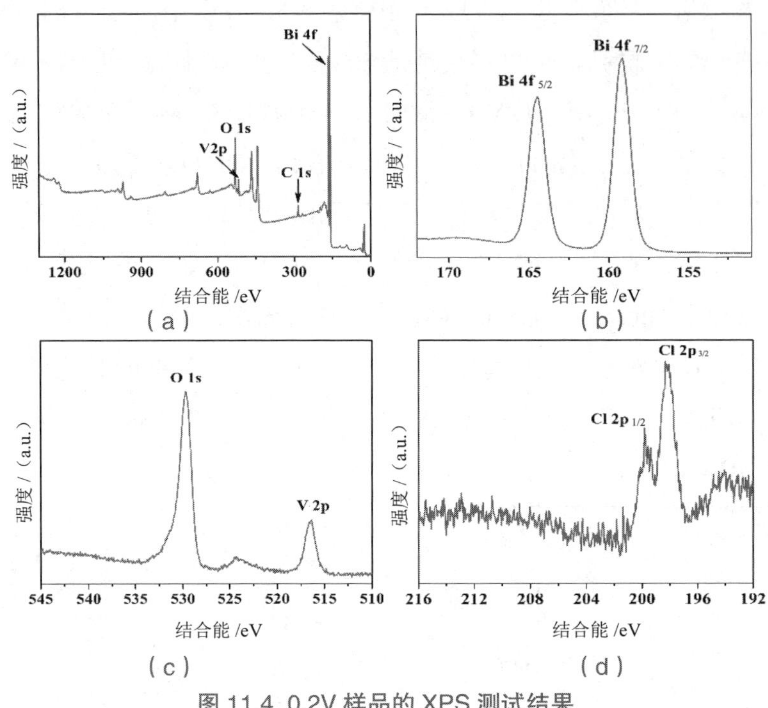

图 11.4 0.2V 样品的 XPS 测试结果

由图 11.4（a）可以看出，样品中含有 V 2p、O 1s、C 1s 和 Bi 4f 的 XPS 特征峰，其中 C 1s 来源于测试过程中的测试仪器。图 11.4（b）中，159.5eV 和 164.4eV 出现的两个 XPS 峰分别对应 Bi 4f 的 Bi $4f_{7/2}$ 和 Bi $4f_{5/2}$ 的 XPS 特征峰；图 11.4（c）中 529.5eV 和 516.5eV 分别对应的是 O 1s 和 V 2p 的 XPS 特征峰；图 11.4（d）中位于 197.2eV 和 198.7eV 的两个 XPS 峰分别对应 Cl $2p_{3/2}$ 和 Cl $2p_{1/2}$ 原子轨道。XPS 的结果表明合成的样品为 $Bi_{12}O_{15}Cl_6$ 和 $BiVO_4$ 的复合材料。

通过测试光催化剂的荧光发射光谱来研究所制备光催化剂内部光生活性因子的分离情况，荧光是由活性因子的复合产生的，因而，荧光强度越低就说明催化剂的光生载流子复合效率也越低，就越有利于光催化活性的提升。如图 11.5 所示，纯 $BiVO_4$ 的发光强度明显低于纯 $Bi_{12}O_{15}Cl_6$ 样品，而相同反应条件下 0.2V 样品的荧光强度最低，这说明了 $BiVO_4/Bi_{12}O_{15}Cl_6$ 异质结比复合前的两种催化剂具有更低的光生电子 - 空穴复合概率，这是由于异质结构有效地促进了催化剂活性因子的分离过程，更有利于光催化活性的提升。这个结果进一步揭示了在单一光催化剂基础上建立异质结能有效抑制光生电子 - 空穴的复合，使活性因子有效分离并参与到光催化氧化还原反应过程中。

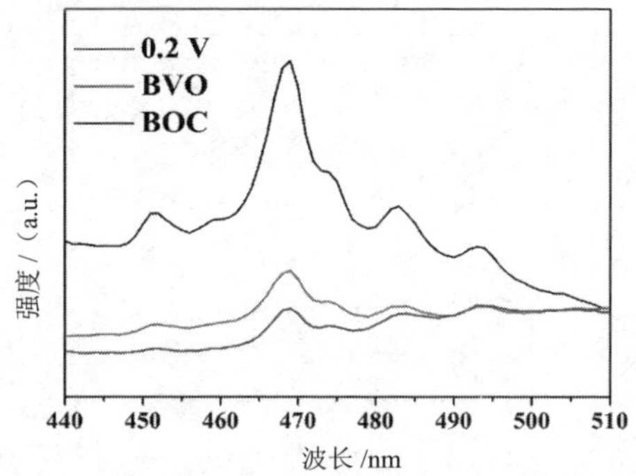

图 11.5 $Bi_{12}O_{15}Cl_6$ (BOC)、$BiVO_4$(BVO) 和 0.2V 样品的荧光测试

为了研究合成的光催化剂载流子迁移速度，对 $BiVO_4$（BVO），0.2V 和 $Bi_{12}O_{15}Cl_6$（BOC）样品进行光电流测试和交流阻抗测试。从图 11.6 的不同样品的瞬态光电流曲线可以看出，三种催化剂受到光照后的一瞬间都产生了光电流，关灯后一瞬间光电流下降，经过几次开 - 关灯循环后可以看出光电流都能稳定的产生，表明催化剂对光的响应很灵敏，并且产生的电流强度稳定。此外，可以看到 0.2V 样品作为光电极产生的电流强度明显高于其他两种半导体，$Bi_{12}O_{15}Cl_6$ 样品作为电极材料的光电流强度略低于 $BiVO_4$，这是由于异质结构中产生了更多的活性因子，有利于电荷的快速转移。从图 11.7 的 $BiVO_4$（BVO）、0.2V 和 $Bi_{12}O_{15}Cl_6$（BOC）样品的交流阻抗可以清楚地看到，样品的交流阻抗曲线弧半径大小顺序为 0.2V<$BiVO_4$<$Bi_{12}O_{15}Cl_6$，表明异质结样品具有最小的阻抗值，这是因为异质结中载流子能够在 $BiVO_4$ 和 $Bi_{12}O_{15}Cl_6$ 界面间快速地迁移。

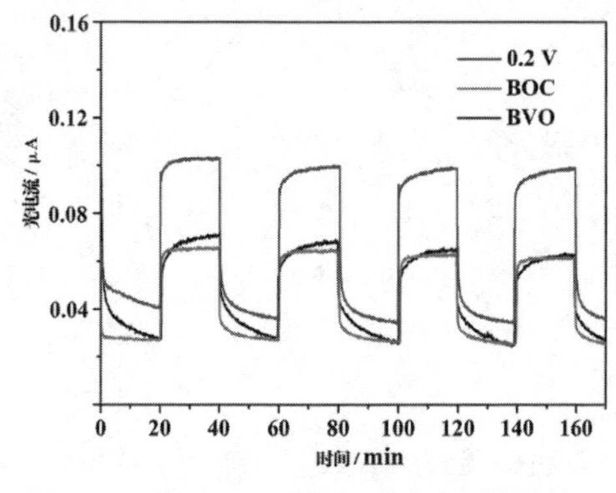

图 11.6 纯 BOC、BVO 和 0.2V 样品的光电流测试结果

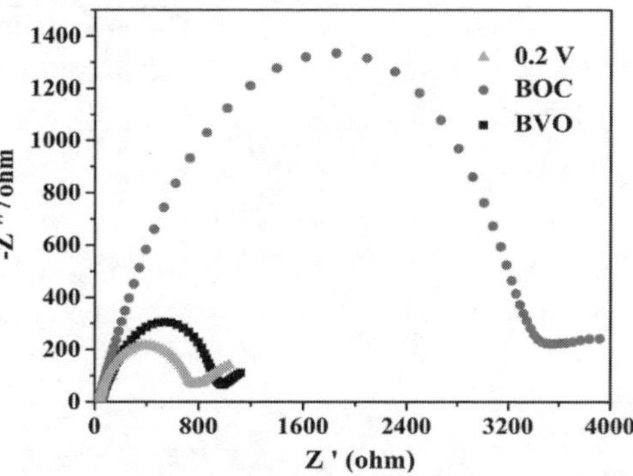

图 11.7 纯 BOC、BVO 和 0.2V 样品的交流阻抗测试结果

以盐酸四环素（TC）为目标污染物，在可见光照射下对不同光催化剂的光催化活性进行测试，实验结果如图 11.8 所示。

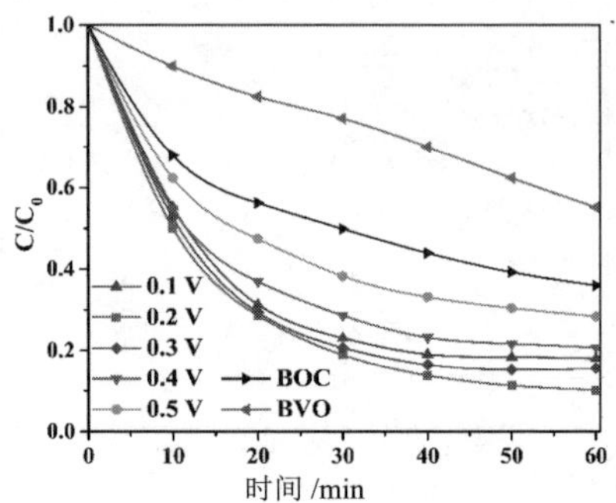

图 11.8 所制备光催化剂样品光催化降解 TC 曲线

从图 11.8 中可以看出相同反应条件下 $BiVO_4$ 和 $Bi_{12}O_{15}Cl_6$ 的 TC 降解率较低，分别为42%和65%，这可能是由于单一半导体材料光生活性因子复合严重造成的。然而，不同 $BiVO_4$/ $Bi_{12}O_{15}Cl_6$ 异质光催化剂的 TC 降解活性明显提高，表明引入 $BiVO_4$ 对提高 $Bi_{12}O_{15}Cl_6$ 的光催化活性有重要作用，当 $BiVO_4$ 的含量少于 0.2mmol 时，随着 $BiVO_4$ 含量的增加形成的异质光催化剂降解活性也逐渐提升，$BiVO_4$ 含量为 0.2mmol 时得到的异质结催化剂具有最佳的降解 TC 活性，降解率达到了 90%。继续增加 $BiVO_4$ 的比例到 0.5mmol，光催化降解活性反而降低，相同实验条件下降解率仅为 73%。对降解曲线做第一动力学曲线的结果（图 11.9）表明，不同光催化剂（BVO、0.1V、0.2V、0.4V、0.5V 和 BOC）降解 TC 的反应动力学常数分别为 $0.00689min^{-1}$、$0.0103min^{-1}$、$0.0162min^{-1}$、$0.0121min^{-1}$、$0.0106min^{-1}$ 和 $0.039min^{-1}$，其中 0.2V 样品反应动力学常数最大，降解 TC 反应速率最快。

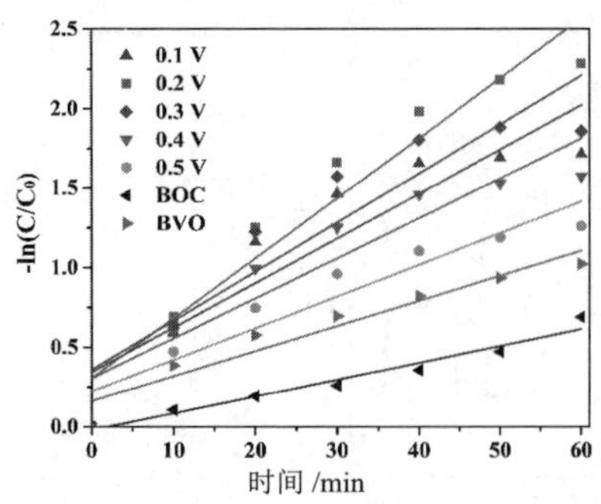

图 11.9 所制备光催化剂样品的第一动力学曲线

为了进一步深入研究 $Bi_{12}O_{15}Cl_6/BiVO_4$ 异质光催化剂降解 TC 的光催化反应

机理，需要进行捕获实验来探究反应过程中主要的活性组分。通过在降解实验过程中引入不同的捕获剂〔EDTA-2Na 作为空穴捕获剂，异丙醇（IPA）作为羟基自由基捕获剂，抗坏血酸（Vc）作为超氧自由基捕获剂，重铬酸钾（$K_2Cr_2O_7$）作为电子捕获剂〕来研究光催化反应过程中主要的活性组分，加入不同捕获剂后的实验结果如图 11.10 所示。

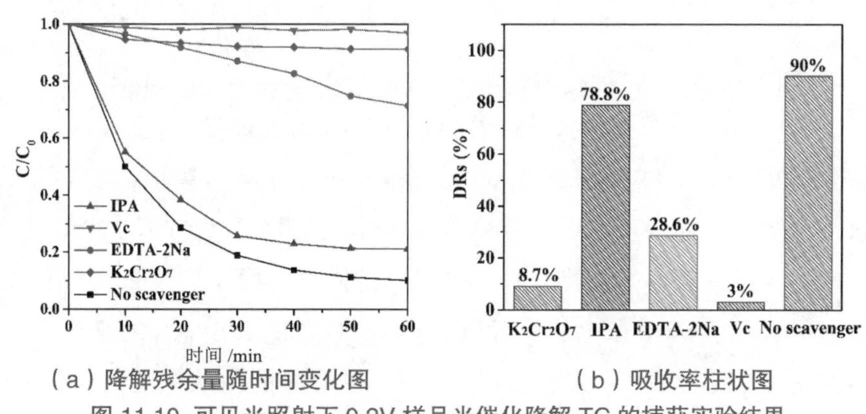

（a）降解残余量随时间变化图　　（b）吸收率柱状图

图 11.10 可见光照射下 0.2V 样品光催化降解 TC 的捕获实验结果

从图 11.10（a）中可以看到，加入了 Vc 后降解活性显著降低，表明了超氧自由基在光催化降解 TC 反应过程中起主要作用，此外，加入 $K_2Cr_2O_7$ 后 TC 的降解活性也显著降低，这是由于光生电子对超氧自由基的生成起重要作用。引入 IPA 后 TC 降解率变化不明显，表明了羟基自由基不是主要的活性组分，然而，在反应过程中加入 EDTA-2Na 后降解率也发生了明显变化，表明了空穴对 TC 降解具有重要作用。从图 11.10（b）中可以看出，加入 Vc 后 TC 的降解率由 90% 降低到 3%，加入 $K_2Cr_2O_7$ 后降解活性为 8.7%，而加入 EDTA-2Na 后降解率为 28.6%，相比之下加入 IPA 后降解率没有发生太大变化，降解率为 78.8%，表明反应过程中超氧自由基和空穴起到重要作用。

图 11.11 是 0.2V 样品的 ESR 图谱，从图中可以看出，黑暗条件下 0.2V 样品不会被激发因而没有产生超氧自由基和羟基自由基，当可见光照射后，检测到了高度比例分别为 1∶1 ∶1 ∶1 和 1 ∶2 ∶2 ∶1 ESR 信号峰，分别对应 DMPO-•O_2^- 和 DMPO-•OH 的特征峰，表明 0.2V 样品在光照过程中能够产生 •O_2^- 和 •OH。

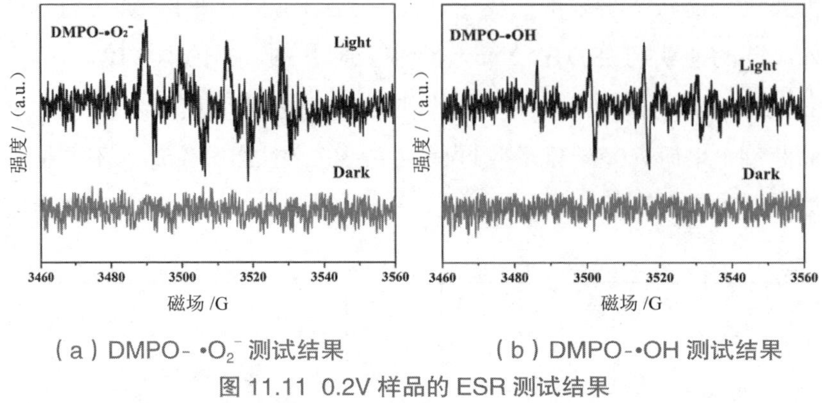

（a）DMPO- $\cdot O_2^-$ 测试结果　（b）DMPO-•OH 测试结果

图 11.11 0.2V 样品的 ESR 测试结果

图 11.12 和图 11.13 分别是 $Bi_{12}O_{15}Cl_6$ 和 $BiVO_4$ 样品的莫特 - 肖特基（Mott-Schottky）曲线，从图中可以看出两种半导体材料的莫特 - 肖特基曲线斜率为正，所以这两种半导体都是 n 型半导体。莫特 - 肖特基曲线作切线和 X 轴的交点为这两种半导体材料的平带电位，可以看出 $Bi_{12}O_{15}Cl_6$ 和 $BiVO_4$ 的平带电位分别为 -0.34V 和 0.21V （甘汞电极电位，pH=7），对应的标准氢电极电位为 -0.1V 和 0.45V。对于 n 型半导体而言，半导体的导带位置比平带电位高 0.1eV，由此可知，$Bi_{12}O_{15}Cl_6$ 和 $BiVO_4$ 的导带位置分别为 -0.2V 和 0.39V。根据半导体禁带宽度与价带、导带的换算关系可知这两种半导体对应的价带位置为 2.13V 和 2.88V。

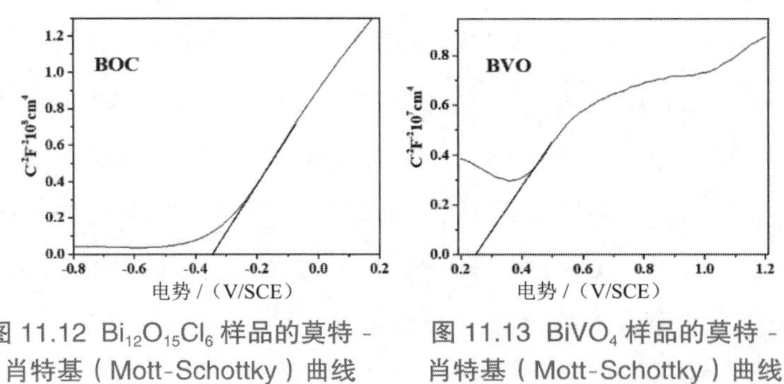

图 11.12 $Bi_{12}O_{15}Cl_6$ 样品的莫特 - 肖特基（Mott-Schottky）曲线

图 11.13 $BiVO_4$ 样品的莫特 - 肖特基（Mott-Schottky）曲线

根据 $Bi_{12}O_{15}Cl_6$ 和 $BiVO_4$ 这两种半导体材料的能带位置关系、捕获实验和 ESR 实验结果，可以将这种异质结光催剂可见光催化降解 TC 的光催化反应机理归纳如下：对于纯 $BiVO_4$ 而言，由于导带位置为 0.35V，明显低于生成超氧自由基所需电位，因而不能生成超氧自由基；如果电子空穴传递过程与传统异质结相同，光生电子会从 $Bi_{12}O_{15}Cl_6$ 的导带上经过界面传递到 $BiVO_4$ 的导带上，空穴会从 $BiVO_4$ 的价带传递到 $Bi_{12}O_{15}Cl_6$ 的价带上，这样就导致 $BiVO_4$ 的导带上不能生

成超氧自由基，$Bi_{12}O_{15}Cl_6$ 价带上的空穴不能氧化水中 OH- 生成羟基自由基，这与捕获实验和 ESR 测试结果大不相同，而降解实验中异质光催化剂活性明显增加，因此，$Bi_{12}O_{15}Cl_6/BiVO_4$ 异质结中电荷的传递过程是通过 Z 型电荷分离过程来提高电子空穴分离效率（图 11.14）。在光照后的反应过程中，$BiVO_4$ 价带上的电子与在界面处于 $Bi_{12}O_{15}Cl_6$ 价带上的空穴发生复合，而 $BiVO_4$ 价带上的空穴直接与 TC 反应或者与水中的 OH- 反应生成羟基自由基参与反应，而 $Bi_{12}O_{15}Cl_6$ 导带上的电子与水中溶解氧反应生成超氧自由基参与 TC 降解过程，$Bi_{12}O_{15}Cl_6$ 和 $BiVO_4$ 活性因子通过这种 Z 型传导方式能够实现有效分离，同时具有强氧化还原能力，因此，这种异质光催化剂的降解活性相比于单一的 $Bi_{12}O_{15}Cl_6$、$BiVO_4$ 半导体显著提升。

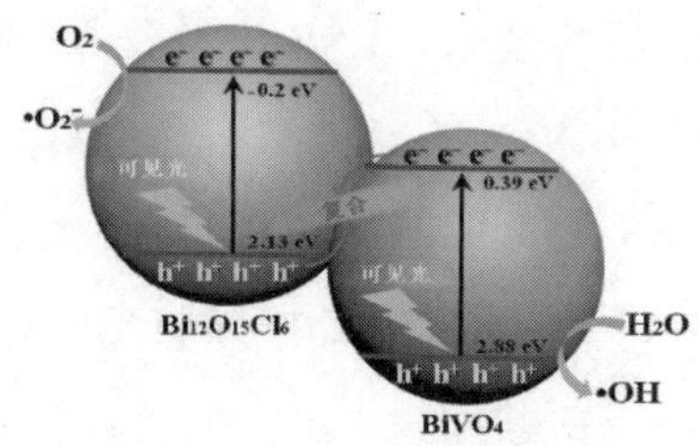

图 11.14 光催化反应原理

为了考察这种异质光催化剂的稳定性，对降解 TC 后的光催化剂进行回收并再次利用，经过五次回收使用的降解曲线如图 11.15 所示，结果表明，经过五次循环使用后这种光催化剂依然具有很好的降解 TC 活性，第五次回收降解实验中降解活性发生了轻微降低这是由于催化剂回收过程中样品的损失引起的。从循环实验结果中可以看出，这种异质光催化剂具有良好的稳定性，是一种理想的可见光光催化剂，并且具有实际应用的潜力。

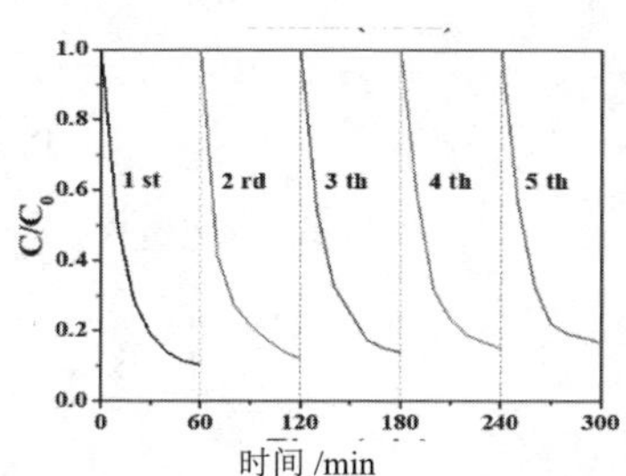

图 11.15 重复实验的降解曲线

11.4 本章小结

（1）本书采用水热法、培烧法合成 $Bi_{12}O_{15}Cl_6$ 纳米片，并通过离子交换法与偏钒酸铵反应来制备 $Bi_{12}O_{15}Cl_6/BiVO_4$ 异质光催化剂，并利用可见光照射光催化降解 TC 实验来考察所制备异质光催化剂的光催化活性。

（2）通过调节偏钒酸铵的用量来控制异质结中矾酸铋的比例，降解实验结果表明，与 $Bi_{12}O_{15}Cl_6$ 和 $BiVO_4$ 相比，所制备 $Bi_{12}O_{15}Cl_6/BiVO_4$ 异质结的光催化活性明显提升，0.2V 样品的光催化活性最好，光反应 1h TC 的降解率达到了 90%，并具有很好的稳定性。

（3）捕获实验和 ESR 实验结果表明这种异质光催化剂在 TC 降解过程中主要的活性物种为超氧自由基和空穴，ESR 实验结果表明反应过程中生成了 •OH 和 $•O_2^-$。研究 $Bi_{12}O_{15}Cl_6$ 和 $BiVO_4$ 的能带结构和价带、导带的位置关系，并结合降解反应、捕获实验和 ESR 测试的结果可以推断，这种 $Bi_{12}O_{15}Cl_6/BiVO_4$ 异质光催化剂光催化降解 TC 的反应机理符合 Z 型异质光催化剂的电荷传导特点。

第 12 章 $TS\text{-}1/Bi_2MoO_6$ 光催化体系构筑及光降解性能研究

12.1 引言

Ag/AgBr 等离子体与 $CeVO_4$ 复合形成 Z 型异质结改善了光吸收能力、光生电子与空穴的分离与迁移效率和氧化还原能力，对罗丹明 B 的降解效率有一定的提升，但 $CeVO_4$ 纳米颗粒容易聚集，导致光生电荷复合概率高，活性位点减少，使其对抗生素的降解效率较低。因此，本书通过一些改性策略来抑制催化剂的聚集。目前，铋基光催化剂（Bi_2CrO_6、Bi_2MoO_6、$Bi_2O_2CO_3$ 和 $BiVO_4$）作为可见光驱动催化剂，由于其独特的能带结构，在光催化方面表现出相当大的潜力[197-200]。其中，钼酸铋（Bi_2MoO_6，BMO）因其广泛的光响应范围（$E_g = 2.49eV$）、高的光氧化电位，以及环境友好、低成本和优异的化学稳定性而被认为是一种潜在的可见光驱动光催化剂[201]。此外，Bi_2MoO_6 是一种简单的奥里维里斯（Aurivillius）相化合物，由（Bi_2O_2）$^{2+}$ 层和 MoO_4^{2-} 层组成[202]。然而，二维 Bi_2MoO_6 纳米片的自发聚集大大限制了活性位点，阻碍了光生电荷的分离，从而降低了其催化活性。因此，如何阻止其自聚集是至关重要的。Bi_2MoO_6 与载体复合可以阻止其自聚集，增加表面活性位点。

近年来，含钛分子筛材料由于其具有较高的化学稳定性、独特的孔隙结构和较大的比表面积，成为光催化领域的研究热点[203]。其中，钛硅分子筛（TS-1）是一种含有钛氧化物 $Ti\text{-}O_x$（x 表示钛原子配位的氧原子数）共价连接到多孔 SiO_2 骨架上的硅质分子筛。研究结果表明，TS-1 的能带结构与 TiO_2 相似，作为 Ti 基光催化剂具有巨大潜力[204]。TS-1 的电荷转移激发态寿命大于 TiO_2，这可以归因于其高度分散的孤立四面体氧化钛物种[205]。同时，TS-1 的各 Ti 原子的本征活性均优于 TiO_2[206]，具有更多的催化位点，更长的电荷转移激发态寿命和更高的 Ti 利用效率，是处理抗生素废水的较好选择。此外，与 TiO_2 催化剂相比，TS-1 具有较大的表面积和丰富的孔隙系统，可作为载体分散 Bi_2MoO_6 纳米片，抑制 Bi_2MoO_6 纳米片的聚集，提供更多的催化位点。因此，结合形貌调控和异质结构建改性方法制备 TS-1/BMO 异质结光催化剂有利于改善催化活性。

本书采用水热法制备了 TS-1/BMO 异质结光催化剂，通过调节 TS-1 和 BMO 比值，最大限度地利用太阳光，促进电荷分离，提高光降解活性。在 TCH 和 RhB 降解过程中，优化后的 TS-1/BMO 催化剂具有较强的光催化活性，这可能是由于 TS-1 与 Bi_2MoO_6 之间紧密的界面相互作用提升了光的利用率，提高了光致电子和空穴的快速迁移。

12.2 实验部分

12.2.1 实验材料

实验材料：硝酸铋 [$Bi(NO_3)_3 \cdot 5H_2O$]，钼酸铵 [$(NH_4)_6Mo_7O_{24} \cdot 4H_2O$]、十六烷基三甲基溴化铵（CTAB）、氢氧化钠（NaOH）、硝酸（HNO_3）、L- 抗坏血酸、三乙醇胺（TEOA）、异丙醇（IPA）、过硫酸钾（$K_2S_2O_8$）、TS - 1 分子筛、盐酸四环素（TCH）等。

12.2.2 Bi_2MoO_6 的合成

采用水热法制备 Bi_2MoO_6，具体操作步骤为：将 0.9701g $Bi(NO_3)_3 \cdot 5H_2O$ 分散到 10mL 1mol/LHNO_3 溶液中，磁力搅拌得到透明溶液。然后，将 0.05g CTAB 加入硝酸铋溶液中，超声搅拌 30min。同时，将 0.1766g $(NH_4)_6Mo_7O_{24} \cdot 4H_2O$ 溶解于 60mL 去离子水中，剧烈搅拌得到透明溶液。然后，将 $(NH_4)_6Mo_7O_{24} \cdot 4H_2O$ 溶液滴加到上述混合物中，超声搅拌 30min，得到有白色沉淀的前驱体混合物。然后，在搅拌状态下，用 1mol/L NaOH 溶液将混合物的 pH 调为 5。超声搅拌 30min 后，将得到的混合物转移到 100mL 不锈钢高压釜中，在 160℃ 保持 12h。高压釜自然冷却到室温，收集沉淀，用去离子水和无水乙醇交替洗涤三次，在 60℃干燥 6h，得到 Bi_2MoO_6。

12.2.3 $TS-1/Bi_2MoO_6$ 的合成

采用水热法合成 $TS-1/Bi_2MoO_6$（TS-1/BMO）复合材料，具体操作步骤为：将 0.2g TS-1 粉末分散于 50mL 去离子水中超声搅拌 20min，将 0.05g CTAB 加入 TS-1 溶液中超声搅拌 20min。将 0.9701g $Bi(NO_3)_3 \cdot 5H_2O$ 分散到 10mL 1mol/L HNO_3 溶液中，磁力搅拌得到透明溶液。然后，在搅拌状态下，将硝酸铋溶液缓慢滴入上述混合物中，超声搅拌 30min。同时将 0.1766g $(NH_4)_6Mo_7O_{24} \cdot 4H_2O$ 溶解于 10mL 去离子水中，剧烈搅拌得到透明溶液。然后，将四水钼酸铵溶液滴入上述混合物中，超声搅拌 30min 得到含有白色沉淀的前驱体混合物。然后，在搅拌状态下，通过 1mol/L NaOH 溶液将混合物的 pH 调为 5。超声搅拌 30min 后，将得到的混合物转移到 100mL 不锈钢高压釜中，在 160℃ 保持 12h。高压釜自然冷却到室温，收集沉淀，用去离子水和无水乙醇交替洗涤三次，在 60℃干燥 6h，得到 TS-1/BMO-1.0。在相同条件下，保持 TS-1 和 CTAB 的含量不变，改变 $Bi(NO_3)_3{\bullet}5H_2O$（0.4851g、0.7761g、1.2612g 和 1.5522g）和 $(NH_4)_6Mo_7O_{24}{\bullet}4H_2O$（0.0833g、0.1412g、0.2295g 和 0.2825g）的含量，分别制备 TS-1/BMO-0.5、TS-1/BMO-0.8、TS-1/BMO-1.3 和 TS-1/BMO-1.6 复合材料。TS-1/BMO 复合材料的合成过程如图 12.1 所示。

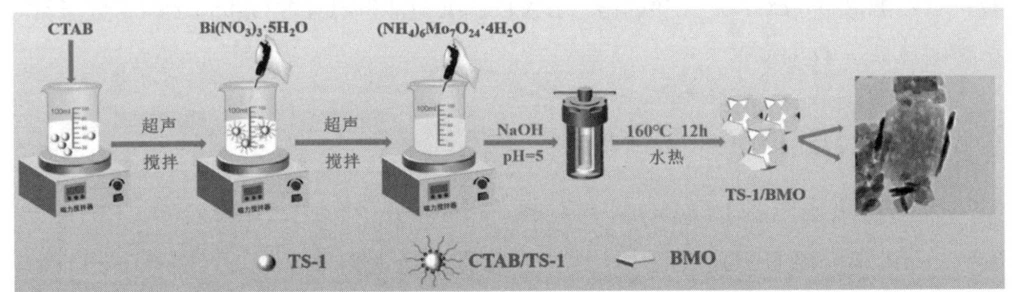

图 12.1 TS-1/BMO 异质结光催化剂的合成路线示意图

12.2.4 光催化材料的表征

对合成的光催化材料进行了多种表征测试，具体仪器见表 2.2 和表 3.2。

12.2.5 光催化性能研究

为了评估催化剂的光催化性能，250 W 氙灯（强度约 50 mW cm^{-2}）照射下，在 100mL 石英试管中降解 TCH 溶液。称取 100mg 催化剂置于装有 100mL 10mg/L TCH 溶液的石英试管中。光照前，将悬石英试管在黑暗中连续搅拌 30min，以达到吸附 - 解吸平衡。随后，打开氙灯，每隔 10min 取 5mL 悬浮液，在 12000 r/min 转速下离心 7min，吸取上清液。用紫外 - 可见分光光度计测定上清液中 RhB 和 TCH 的浓度。降解效率（DE）的计算公式为

$$DE=（A_0/A_i）/A_i \times 100\% \quad （式 12.1）$$

式中：A_i 为 TCH 的瞬时吸光度，A_0 为 TCH 的初始吸光度。

另外，采用 L- 抗坏血酸、TEOA、$K_2S_2O_8$ 和 IPA 分别作为 $\bullet O_2^-$、h^+、e^- 和 •OH 的捕获剂以确定光催化过程中产生的主要活性自由基。

12.3 结果与讨论

12.3.1 TS−1/Bi_2MoO_6 的结构与组成分析

利用 XRD 谱图分析 TS-1、BMO 和 TS-1/BMO-1.0 催化剂的晶相结构，如图 12.2 所示。2θ为 7.8°、8.8°、23.2°、23.8°和 24.1°处的衍射峰分别对应正交对称 TS-1（JCPDS No.70-4276）的（101）、（200）、（501）、（151）和（303）晶面的衍射峰。2θ为 10.8°、28.2°、32.6°、33.1°、36.0°、47.1°、55.5°、56.2°和 58.4°的衍射峰，分别属于正交相 Bi_2MoO_6（PDF#76-2388）的（020）、（131）、（002）、（060）、（151）、（260）、（331）、（191）和（262）晶面的特征峰。TS-1/BMO 复合材料的 XRD 谱图包含 TS-1 和 BMO 的衍射峰，证明 TS-1/BMO 复合材料已经成功合成。此外，随着 BMO 的引入，TS-1 的峰强度略有下降，这是由于 BMO 制备过程中加入的 NaOH，对 TS-1 有碱化作用，导致晶体表面不规则。利用拉曼（Raman）光谱观察 TS-1 与 BMO 的结构变化及相互作用，如图 12.3 所示。143cm^{-1} 和 197cm^{-1} 的衍射峰为（Bi_2O_2）$^{2+}$ 晶格。287cm^{-1}、353cm^{-1}、713cm^{-1}、800cm^{-1} 和 846cm^{-1} 的衍射峰属于 MoO_6 八面体的非对称和对称伸缩振动，与顶端氧原子的运动有关。此外，随着 BMO 含量的增加，TS-1/BMO 复合材料中 BMO 的峰强度逐渐增加，证实了 TS-1/BMO 异质结的成功制备。

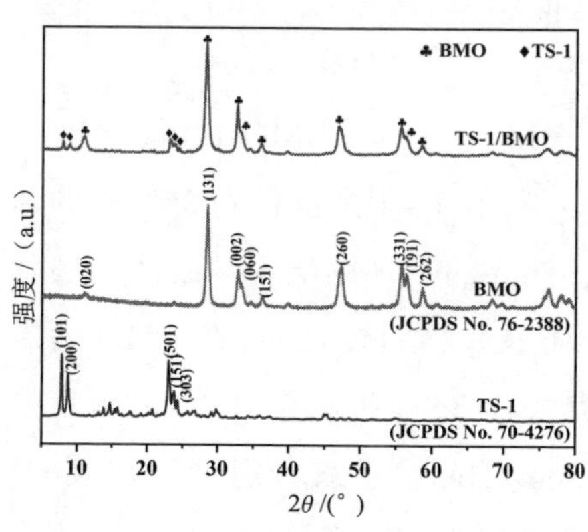

图 12.2 TS-1、BMO 和 TS-1/BMO-1.0 的 XRD 测试结果

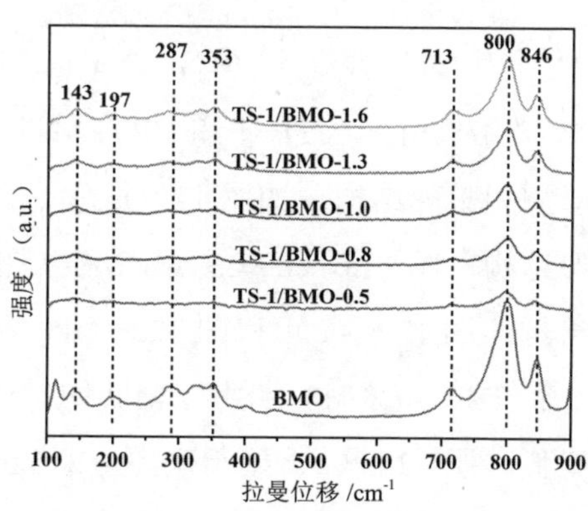

12.3 BMO 和 TS-1/BMO 的 Raman 图

通过 FT-IR 光谱分析了 TS-1、BMO 和 TS-1/BMO 催化剂表面的基团，图 12.4

显示BMO在584cm^{-1}和700cm^{-1}的峰分别归属于MoO的弯曲振动和不对称拉伸。797cm^{-1}和838cm^{-1}的峰分别归属于MoO_6的不对称和对称拉伸，与顶端氧原子的振动有关。TS-1在547cm^{-1}、797cm^{-1}、1078cm^{-1}和1224cm^{-1}的峰，表明其为MFI沸石结构。547cm^{-1}的信号峰与分子筛双五环的振动有关。797cm^{-1}和1078cm^{-1}的特征峰分别归属于SiO_4四面体的对称和不对称拉伸振动。1224cm^{-1}的信号峰对应于MFI框架结构的不对称拉伸振动。此外，969cm^{-1}的峰与Si-O-Ti的拉伸振动或四面体框架位置上的Ti原子扰动的Si-O振动有关。从图12.5可以看出TS-1/BMO在969cm^{-1}处的峰强度减弱，并向高波数（980cm^{-1}）偏移，这是TS-1与BMO之间的界面相互作用导致的。TS-1/BMO复合材料的FT-IR光谱中包含TS-1和BMO的特征峰，表明TS-1/BMO复合材料成功制备。

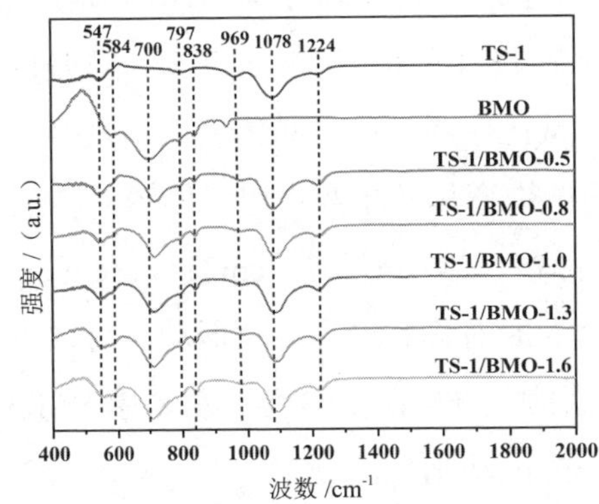

图12.4 TS-1、BMO和不同比例TS-1/BMO复合材料的FT-IR光谱

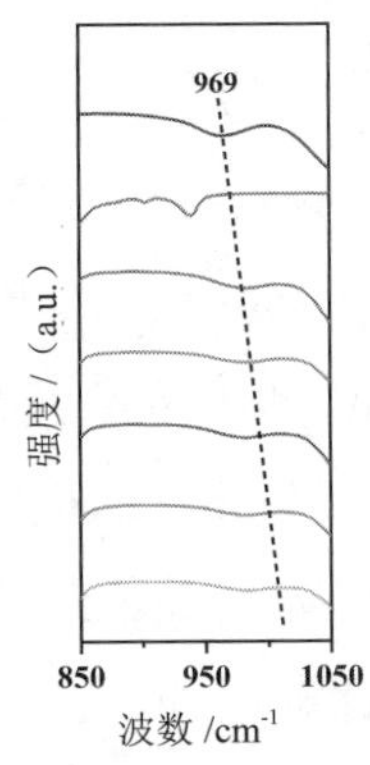

图12.5 TS-1/BMO在969 cm^{-1}处波数局部放大图

通过SEM、TEM和HRTEM考察TS-1、BMO和TS-1/BMO-1.0催化剂的形貌和微观结构，如图12.6所示。图12.6（a）显示TS-1是直径为350nm的球形结构，图12.6（b）显示BMO是由厚度为35nm的不规则纳米片组成的块状结构，图12.6（c）和图12.6（d）显示TS-1/BMO复合材料中存在BMO纳米片和TS-1纳米球，并且BMO均匀分散，这是由于TS-1抑制了BMO纳米片的聚集。图12.6（e）显示间距0.315nm和1.003nm的晶格条纹分别对应BMO的（131）晶面和TS-1的（200）晶面。显然，两个晶面在异质结界面紧密相连，这将非常有利于光生电子-空穴对的分离和迁移。图12.6（f）和图12.6（g）显示了TS-1/BMO的EDS元素映射图，表明异质结催化剂由Bi、Mo、Ti、Si和O元素组成，并且元素均匀分布，进一步证明TS-1/BMO复合材料成功制备。

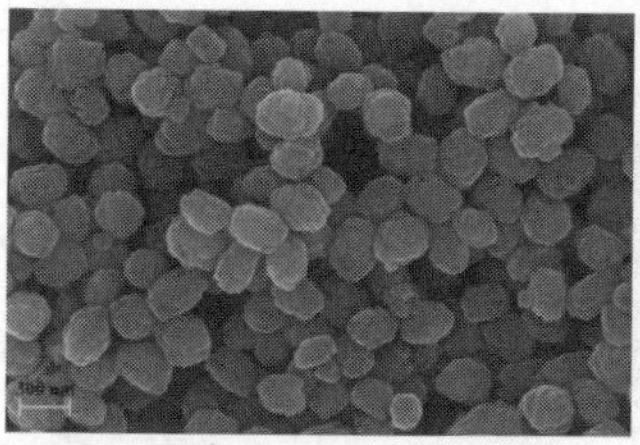

（a）TS-1 的 SEM 图

（b）BMO 的 SEM 图

（c）TS-1/BMO-1.0 的 SEM 图

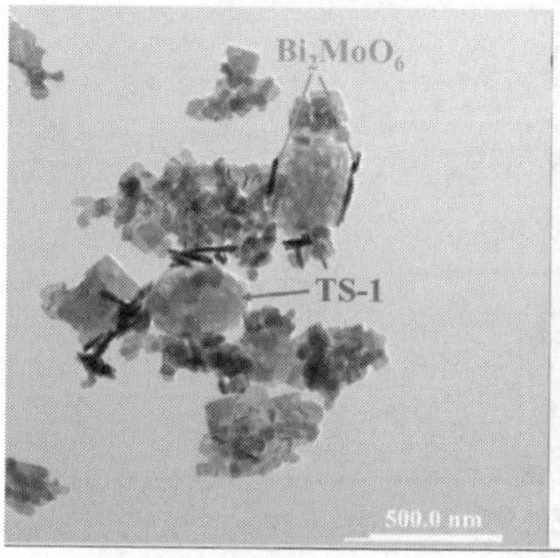

（d）TS-1/BMO-1.0 复合材料的 TEM 图

（e）TS-1/BMO-1.0 复合材料的 HRTEM 图

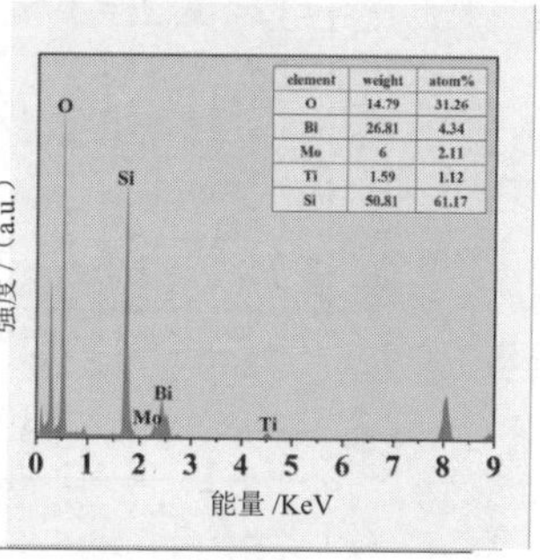

element	weight	atom%
O	14.79	31.26
Bi	26.81	4.34
Mo	6	2.11
Ti	1.59	1.12
Si	50.81	61.17

（f）TS-1/BMO-1.0 复合材料的 EDS 谱图

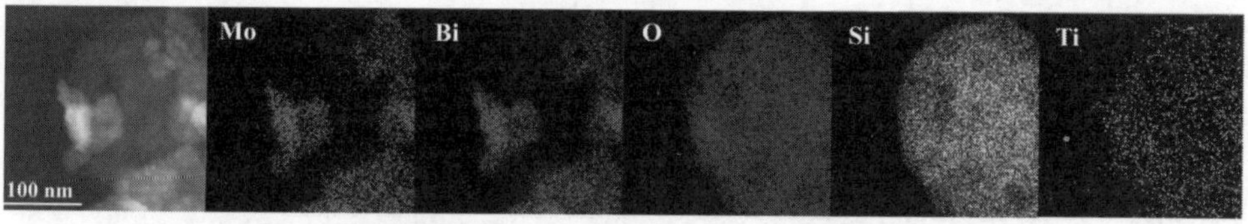

（g）Mo、Bi、O、Si 和 Ti 的元素映射图

图 12.6 TS-1、BMO 和 TS-1/BMO-1.0 催化剂的形貌和微观结构图

通过 XPS 研究 TS-1、BMO 和 TS-1/BMO-1.0 催化剂的元素组成和价态，如图 12.7 所示。图 12.7（a）显示 TS-1/BMO-1.0 中存在 Bi、Mo、Ti、Si 和 O 元素，与 EDS 结果一致。Mo 3d XPS 谱图如图 12.7（b）所示，232.6eV 和 235.73eV 处的峰分别归属于 BMO 的 Mo^{6+} $3d_{5/2}$ 和 $Mo^{6+}3d_{3/2}$。图 12.7（c）为 Bi 4f XPS 谱图，159.27eV 和 164.58eV 处的峰分别对应 BMO 的 Bi^{3+} $4f_{7/2}$ 和 Bi^{3+} $4f_{5/2}$。图 12.7（d）为 Ti 2p XPS 谱图，459.56eV 和 465.25eV 处的峰分别对应 TS-1 的 Ti^{4+} $2p_{3/2}$ 和 Ti^{4+} $2p_{1/2}$。与 TS-1 相比，TS-1/BMO 中的 Ti^{4+} $2p_{3/2}$ 峰面积减小，而 Ti^{4+} $2p_{1/2}$ 峰面积增加，这是因为 TS-1 中非骨架 Ti 物种减少的缘故。103.90eV 处的峰与 TS-1 中的 Si 2p 相关，见图 12.7（e）。此外，图 12.7（f）显示 TS-1/BMO-1.0 中的 O 1s 的特征峰位于 530.03eV、531.61eV 和 533.31eV。其中，530.03eV 和 531.61eV 处的峰分别归属于 BMO 的晶格氧和表面吸附氧或表面羟基，而在 533.31eV 处

的峰与 TS-1 中的 O 1s 有关。与 BMO 相比，TS-1/BMO 中 Bi 和 Mo 元素的结合能发生负偏移。与 TS-1 相比，TS-1/BMO 中 Ti 和 Si 元素的结合能发生正偏移，表明 TS-1 与 BMO 的结合可以影响电子的相互作用，从而加速 TS-1 与 BMO 之间电荷的有效转移。

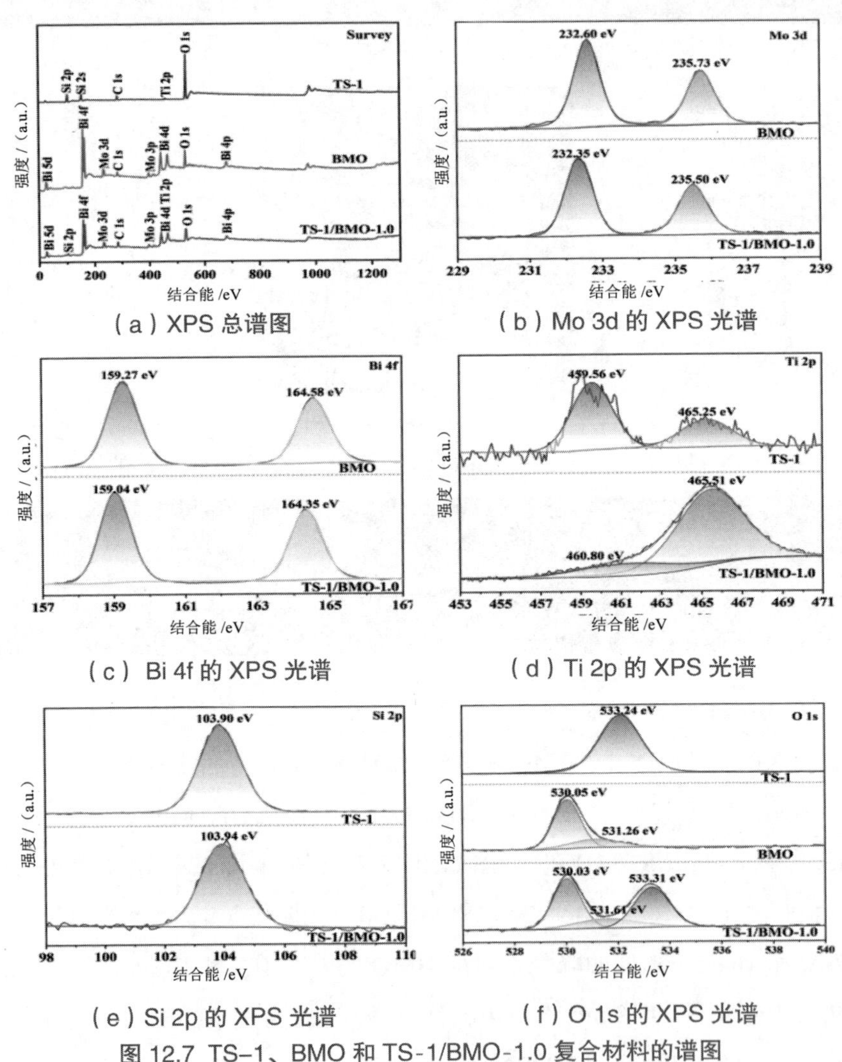

（a）XPS 总谱图

（b）Mo 3d 的 XPS 光谱

（c）Bi 4f 的 XPS 光谱

（d）Ti 2p 的 XPS 光谱

（e）Si 2p 的 XPS 光谱

（f）O 1s 的 XPS 光谱

图 12.7 TS–1、BMO 和 TS-1/BMO-1.0 复合材料的谱图

12.3.2 TS–1/Bi_2MoO_6 的光电催化性能研究

为研究催化剂的能带结构和光学特征，测试了 TS-1、BMO 和 TS-1/BMO-1.0 催化剂的 UV - vis DRS 光谱，如图 12.8 和图 12.9 所示。图 12.8 显示 TS-1 仅吸收紫外光，这可能与产生的非骨架 Ti 物种或四配位骨架 Ti 物种有关。纯

BMO 对紫外光和部分可见光区域吸收。TS-1 与 BMO 复合后，TS-1/BMO 的光吸收范围拓宽，这是由于 TS-1 与 BMO 的耦合改善了样品的光吸收特性。随着 BMO 负载量的增加，TS-1/BMO 的光吸收能力先增强后减弱，这是由于 TS-1 表面负载过量的 BMO 阻碍了样品的光吸收，如图 12.9 所示。为了分析催化剂的光催化性能，根据式（4.1）计算 TS-1 和 BMO 的 E_g。研究表明 TS-1 和 BMO 都是直接半导体，因此 TS-1 和 BMO 的 n 均取 1。通过 $(\alpha h\nu)^{1/2}/(\alpha h\nu)^2$ 与光子能量（hν）的关系得到 TS-1 和 BMO 的 E_g 值（图 12.10 和图 12.11）。TS-1 和 BMO 的 E_g 值分别为 2.93eV 和 2.49eV。利用 VB-XPS 光谱进一步确定样品的能带结构，并通过线性外推法得到 TS-1 和 BMO 的 VB 位置。TS-1 和 BMO 的 EVB-XPS 值分别为 4.11eV 和 1.63eV（图 12.12 和图 12.13）。考虑到 XPS 分析仪器和光催化剂之间可能存在电位差，用式（12.2）、式（4.3）计算了 TS-1 和 BMO 的 VB 值。

$$E_{VB}\text{-}NHE = \varphi + E_{VB} - XPS - 4.44 \tag{12.2}$$

式中：φ 为 XPS 分析仪器的功函数（4.2eV）。

TS-1 和 BMO 的 E_{VB}-NHE 值分别为 3.81eV 和 1.39eV。根据式（4.3）可以计算出 TS-1 和 BMO 的 E_{CB} 分别为 0.88eV 和 - 1.10eV。

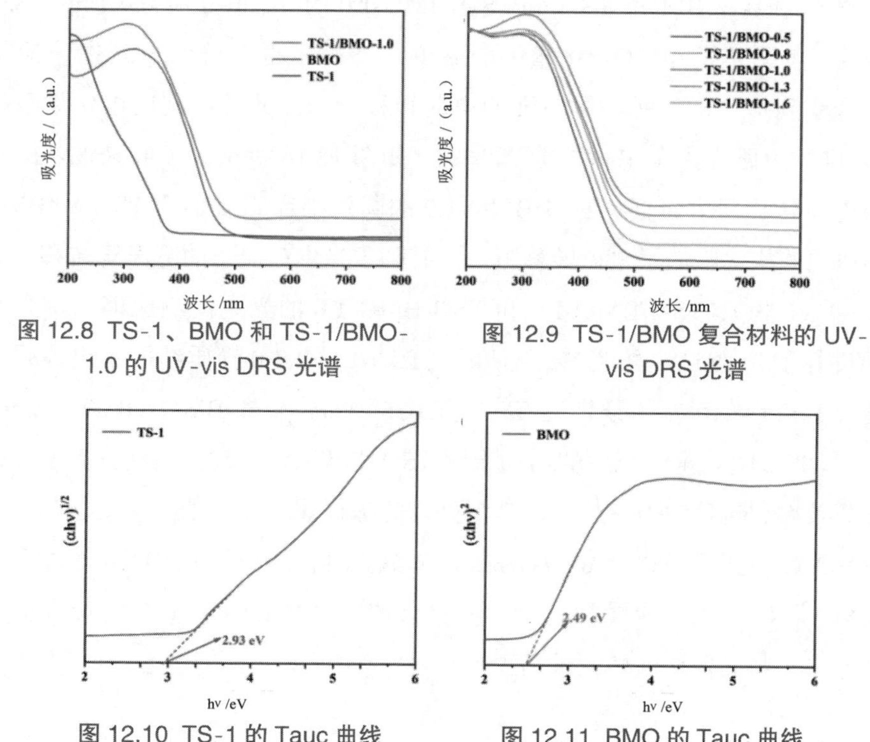

图 12.8 TS-1、BMO 和 TS-1/BMO-1.0 的 UV-vis DRS 光谱

图 12.9 TS-1/BMO 复合材料的 UV-vis DRS 光谱

图 12.10 TS-1 的 Tauc 曲线

图 12.11 BMO 的 Tauc 曲线

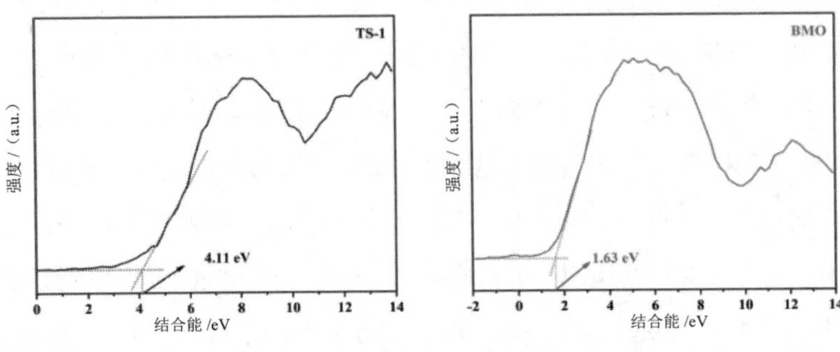

图 12.12 TS-1 的 VB-XPS 光谱　图 12.13　BMO 的 VB-XPS 光谱

为深入研究催化剂的光生电荷的分离效率，对 TS-1、BMO 和 TS-1/BMO-1.0 催化剂测试了光致发光（PL）谱、时间分辨荧光（TRPL）光谱、电化学阻抗谱（EIS）和瞬态光电流响应（i-t），图 12.14 显示 TS-1/BMO-1.0 的发射峰强度显著低于纯 TS-1 和 BMO，表明 TS-1 和 BMO 复合促进了光生活性因子的有效分离与转移。图 12.15 为 TS-1、BMO 和 TS-1/BMO-1.0 的时间分辨荧光（TRPL）光谱，得到相应的平均荧光寿命（τ_{av}），其计算公式为：$\tau_{av} = \tau_1 \bullet A_1 + \tau_2 \bullet A_2$。表 12.1 显示了 τ_1（短寿命）和 τ_2（长寿命）以及对应 τ_1 和 τ_2 在荧光寿命中的百分比的 A_1 和 A_2。BMO、TS-1 和 TS-1/BMO-1.0 的 τ_{av} 值分别为 4.14ns、3.94ns 和 2.82ns，表明 TS-1/BMO-1.0 催化剂的单线态激子寿命降低，光生载流子的辐射复合受到抑制，从而获得更强的电荷转移能力。此外，利用电化学阻抗谱（EIS）进一步研究光生电荷的分离效率，如图 12.16 所示。一般来说，圆弧半径越小电荷转移阻力越低。TS-1/BMO-1.0 的圆弧半径明显小于 TS-1 和 BMO，表明异质结的构建降低了电荷转移阻力，有利于光生载流子的分离与转移。为了评价 TS-1、BMO、TS-1/BMO-1.0 和 TS-1/BMO-1.6 的光电流响应能力，光照下对样品进行了 i-t 测试，如图 12.17 所示。TS-1/BMO-1.0 异质结展示出最强的电流强度（1.62μA/cm^2），分别是 TS-1（0.036μA/cm^2）和 BMO（0.094μA/cm^2）的 45 倍和 17.2 倍。电流强度的增加表明 TS-1 和 BMO 构建异质结提高了光生电荷的分离效率和转移动力，从而提高污染物的降解效率。与 TS-1/BMO-1.0 相比，TS-1/BMO-1.6 的电流强度（0.094μA/cm^2）略有下降，这是因为 TS-1 表面负载过量的 BMO 阻碍了光吸收缘故。以上结果表明，TS-1/BMO-1.0 具有最高的电荷分离效率，这与光催化活性测试结果一致。

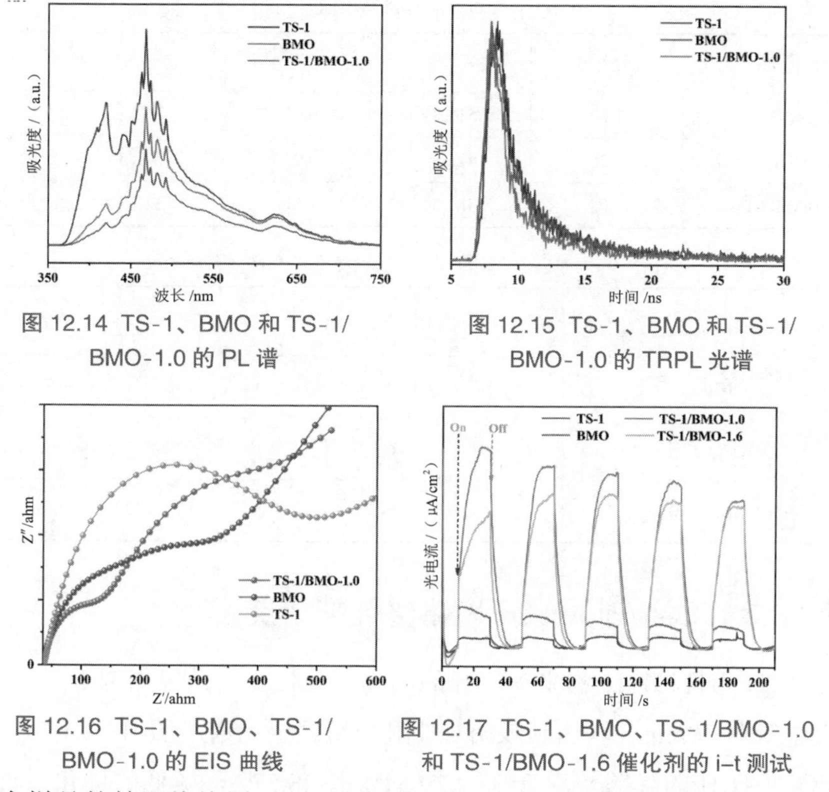

图 12.14 TS-1、BMO 和 TS-1/BMO-1.0 的 PL 谱

图 12.15 TS-1、BMO 和 TS-1/BMO-1.0 的 TRPL 光谱

图 12.16 TS–1、BMO、TS-1/BMO-1.0 的 EIS 曲线

图 12.17 TS-1、BMO、TS-1/BMO-1.0 和 TS-1/BMO-1.6 催化剂的 i–t 测试

所有样品的等温线均属于 IV 型曲线，如图 12.18 所示。相对压力 0.5 处 TS-1 的吸附量明显增大，这是由于分子筛具有较大的比表面积。表 12.2 显示了不同样品的比表面积和孔径，BMO 的比表面积（S_{BET}）为 $6.76m^2•g^{-1}$。TS-1/BMO-1.0 的 S_{BET} 为 $28.94m^2•g^{-1}$，低于 TS-1（$457.05m^2•g^{-1}$），这是由于 BMO 的沉积堵塞了 TS-1 的部分孔，这与他人的研究结果一致。结果表明，S_{BET} 不是影响 TS-1/BMO 异质结光催化性能的关键因素。另外，TS-1、BMO 和 TS-1/BMO-1.0 的孔径分别为 4.60nm、19.27nm 和 16.80nm，表明材料具有介孔结构。

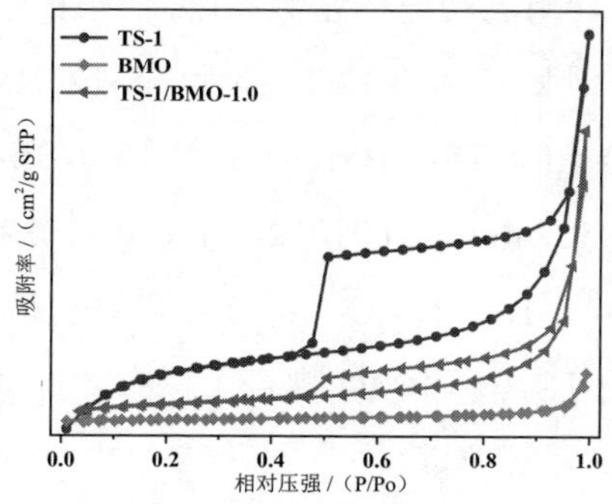

图 12.18 TS-1、BMO 和 TS-1/BMO-1.0 的 N_2 吸附 - 脱附等温线

表 12.1 双指数拟合得到样品的 τ_{av}

催化剂	τ_1/ns	A_1/%	τ_2/ns	A_2/%	τ_{av}/ns
BMO	1.50	51.18	6.92	48.82	4.14
TS-1	1.28	42.55	5.92	57.45	3.94
TS-1/BMO-1.0	1.05	48.73	4.51	51.27	2.82

表 12.2 不同样品的比表面积和孔径

样品	比表面积 /($m^2 \cdot g^{-1}$)	孔径 /nm
TS-1	457.05	4.60
BMO	6.76	19.27
TS-1/BMO-1.0	28.94	16.80

12.3.3 TS–1/Bi_2MoO_6 光催化性能研究

以 TCH 为目标污染物来评价样品的光催化性能，结果如图 12.19 所示。黑暗条件下吸附 30min，以达到吸附 - 脱附平衡。全光谱下照射 120min 后，TS-1 和 BMO 对 TCH 的降解效率分别为 19.54% 和 48.57%，较低的催化活性是由于单一半导体的光吸收能力较差，并且光生电荷容易复合造成的。TS-1/BMO-0.5、TS-1/BMO-0.8、TS-1/BMO-1.0、TS-1/BMO-1.3 和 TS-1/BMO-1.6 对 TCH 的降解效率分别为 68.97%、71.51%、85.49%、73.56% 和 70.39%。TS-1/BMO-1.0 复合材料的光催化活性分别是 TS-1 和 BMO 的 4.38 倍和 1.76 倍，证明 TS-1 与 BMO 的耦合是提升光催化活性的有效途径。然而，随着 BMO 负载量的增加，TS-1/BMO 的光降解活性先上升后下降，这是由于 TS-1 表面负载过量的 BMO 屏蔽了 TS-1 的光吸收。此外，利用表观速率常数（k）值来评估材料的光催化性能，通过拟一级动力学模拟得到 k 值。图 12.20 显示 TS-1、BMO、TS-1/BMO-0.5、TS-1/BMO-0.8、TS-1/BMO-1.0、TS-1/BMO-1.3 和 TS-1/BMO-1.6 催化剂的 k 值分别为 $0.00083min^{-1}$、$0.00527min^{-1}$、$0.01012min^{-1}$、$0.01089min^{-1}$、$0.01267min^{-1}$、$0.01113min^{-1}$ 和 $0.01016min^{-1}$。TS-1/BMO-1.0 的 k 值分别是样品 TS-1 和 BMO 的 15.3 倍和 2.4 倍，结果表明 TS-1 和 BMO 耦合可以有效提高电荷迁移效率和光吸收能力，从而提高污染物的降解效率。

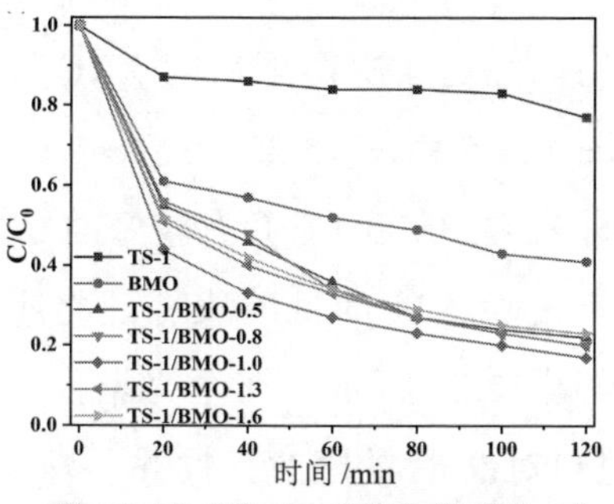

图 12.19 TS-1、BMO 和 TS-1/BMO 对 TCH 的光降解效率

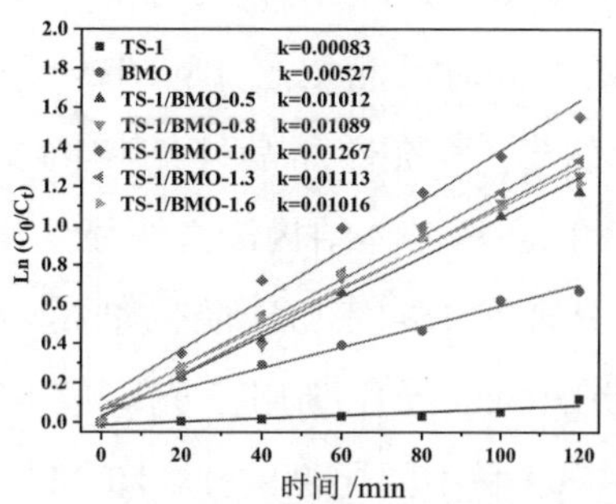

图 12.20 TS-1、BMO 和 TS-1/BMO 的 C/C_0 随辐照时间的反应动力图

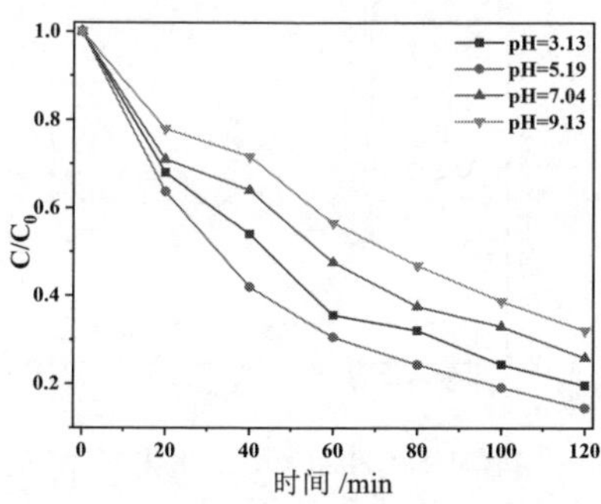

图 12.21 初始 pH 对 TS-1/BMO-1.0 光催化降解 TCH 效率的影响

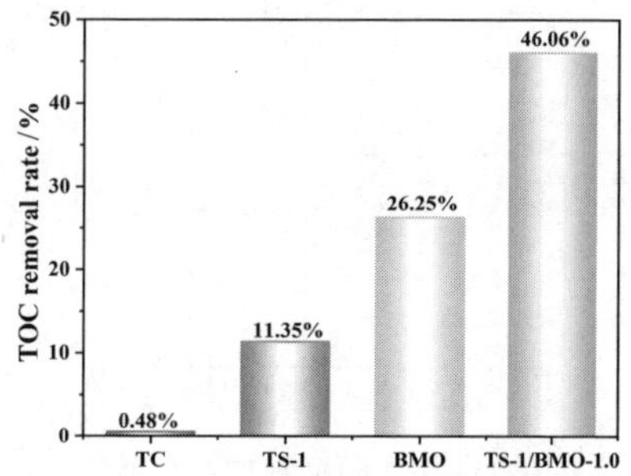

图 12.22 TS-1、BMO 和 TS-1/BMO-1.0 对 TOC 的去除效率

溶液初始 pH 也是影响样品光催化性能的一个重要因素。TS-1/BMO-1.0 在不同初始 pH 下降解 TCH 的性能如图 12.21 所示。TS-1/BMO-1.0 在 pH = 5.19（未调 pH）时对 TCH 的降解效率最高。pH 为 3.13、7.04 和 9.13 时，TCH 的光降解活性受到轻微抑制，轻微失活是由于 TS-1/BMO-1.0 和 TCH 的表面电荷随 pH 的变化引起的，结果表明光催化剂在较宽的 pH 范围内具有较高的催化活性。TS-1、BMO 和 TS-1/BMO 对 TCH 光降解反应 120min 后 TOC 的去除效率如图 12.22 所示，在没有催化剂的情况下，TOC 的去除率仅为 0.48%。TS-1/BMO-1.0 异质结对 TOC 的去除率（46.06%）明显高于 TS-1（11.35%）和 BMO（26.25%）。结果表明，TS-1/BMO-1.0 异质结对 TCH 具有良好的矿化效率。从实际应用的角度来看，光稳定性是评价光催化剂性能的另一个关键方面。因此，通过 4 次循环，研究了 TS-1/BMO-1.0 光催化剂的稳定性。TS-1/BMO-1.0 循环回收后经过离心、洗涤和干燥等过程。图 12.23 显示 TS-1/BMO-1.0 对 TCH 的降解效率从 81.76%

逐渐下降到 67.22%，这是由于催化剂的损失和催化剂的活性位点被中间体占据导致的。同时，测定了 TS-1/BMO-1.0 催化剂经过 4 次循环后的 XRD 谱图和 Raman 谱图，考察样品晶体结构的变化（图 12.24 和图 12.25），TS-1/BMO-1. 经过 4 次循环后晶体结构没有明显变化，表明 TS-1/BMO-1.0 具有较好的稳定性。

为了研究 TS-1/BMO 催化剂是否能有效去除其他常见的染料，将不同比例的 TS-1/BMO 催化剂用于光降解 RhB，如图 12.26 所示。在全光谱照射下，TS-1、BMO 和不同比例的 TS-1/BMO 复合材料对 RhB 的降解活性并不好，可能由于 TS-1 带隙较宽，仅对可见光响应，TS-1 和 BMO 复合之后光吸收能力、光生载流子的分离性能和氧化还原能力并没有得到很大提升。

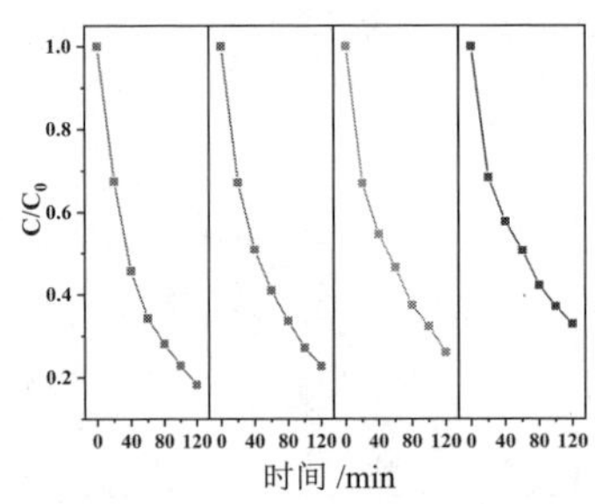

图 12.23 TS-1/BMO-1.0 对 TCH 光催化降解循环实验

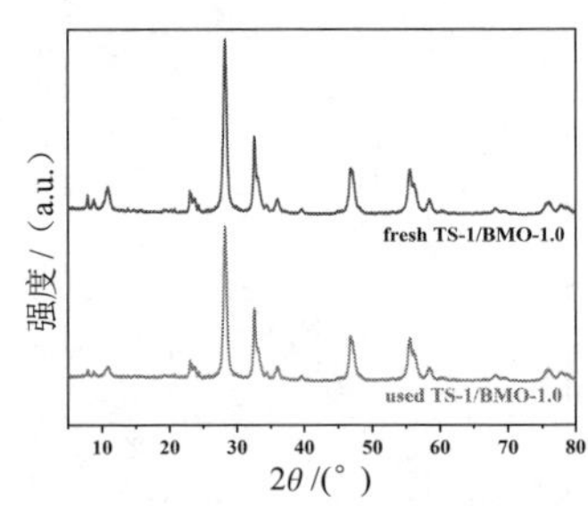

图 12.24 TS-1/BMO-1.0 催化剂循环前后的 XRD 谱图

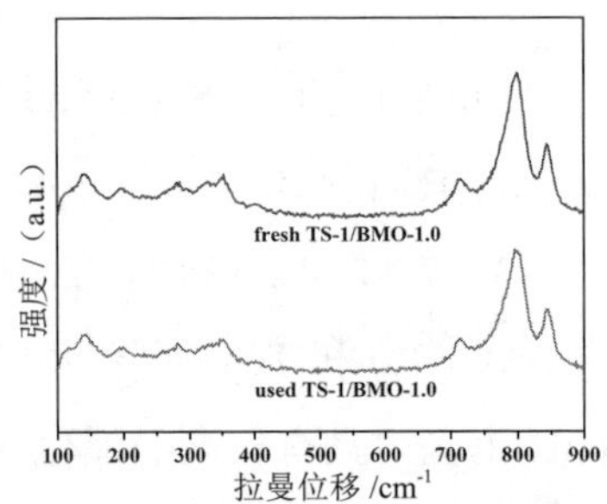

图 12.25 TS-1/BMO-1.0 催化剂循环前后的 Raman 谱图

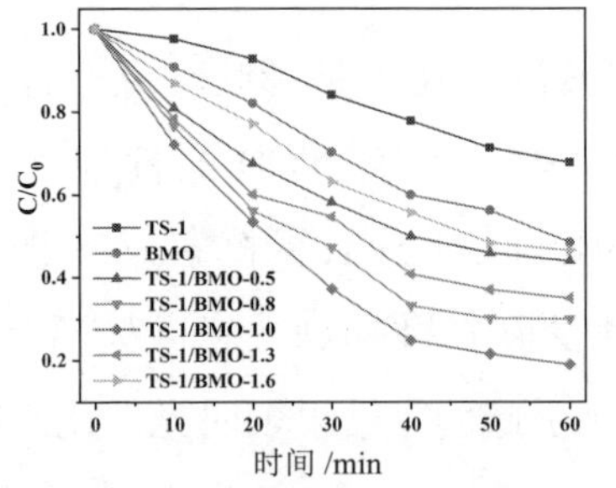

图 12.26 TS-1/BMO-1.0 对 RhB 的降解效率

12.3.4 TS–1/Bi_2MoO_6 对 TCH 催化降解机理

通过高效液相色谱 - 质谱（HPLC-MS）图鉴定 TCH 催化降解过程中可能产生的中间产物。根据这些中间产物，提出了 TS-1/BMO-1.0 降解 TCH 的三种可能的降解途径，如图 12.27 所示。光催化过程产生的中间产物对应的 HPLC-MS 谱图，

如图 12.28 所示。途径 I 中，由于 TCH 中 C = C 双键高度不稳定，容易被 •OH 氧化，导致羟基化反应生成 P1（m/z = 461）。当 •OH 持续氧化时，多个羟基化反应将 P1 转化为 P2（m/z = 477）。途径 II 中，由于 TCH 中 N-C 的键能较低，容易发生 N- 去甲基化过程，从而转化为 P3（m/z = 417）。P3 中的氨基被去除形成 P4（m/z = 402），通过脱酰胺和环裂解进一步转化为 P5（m/z = 318）。P5 经过去甲基化过程得到 P6（m/z = 274），进一步环裂解生成 P7（m/z = 238）。途径III中，TCH 经过羟基化和去甲基化形成 P8（m/z = 400）。接着，通过脱氨和环裂解使 P8 转变为 P6（m/z = 274）。这些中间体通过一系列官能团消除和环裂解反应进一步氧化为低分子量有机物，包括 P9（m/z = 113）和 P10 （m/z = 90）。最终，上述产物在光催化反应体系中产生的活性自由基的攻击下，可以分解成 H_2O 和 CO_2，TOC 结果证实了这一点。

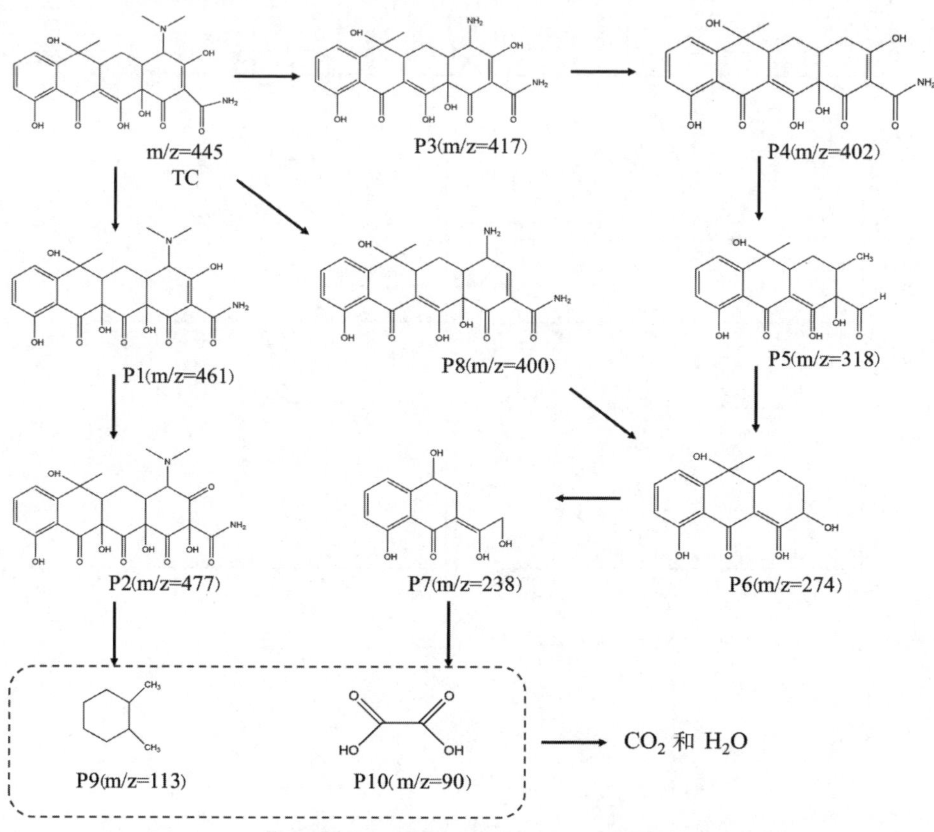

图 12.27 TS-1/BMO-1.0 样品光催化降解 TCH 的可能途径

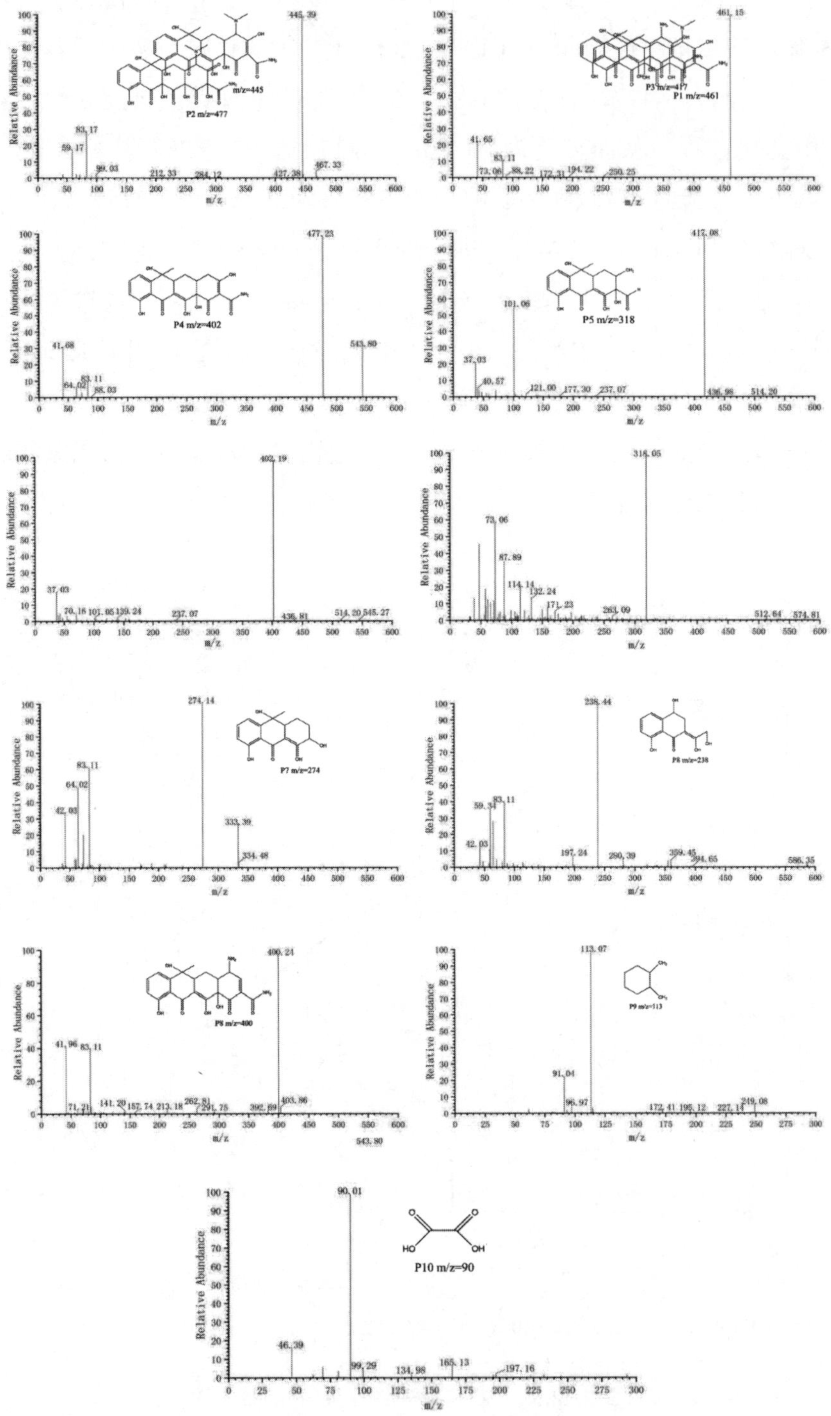

图 12.28 TS-1/BMO-1.0 降解 TCH 过程中的 HPLC-MS 测试结果

自由基捕获实验揭示了 TS-1/BMO-1.0 降解 TCH 过程中产生的活性自由基，如图 12.29 所示。L- 抗坏血酸、IPA、$K_2S_2O_8$ 和 TEOA 分别作为 $\cdot O_2^-$、$\cdot OH$、e^- 和 h^+ 的捕获剂。在反应体系中加入 L- 抗坏血酸、TEOA 和 IPA 后，TS-1/BMO-1.0 对 TCH 的降解效率明显降低，从 85.49% 分别降低至 9.20%、56.35% 和 61.08%。而加入 $K_2S_2O_8$ 后，TS-1/BMO-1.0 对 TCH 的降解效率略有降低，从 81.22% 降低至 73.64%。以上结果表明，TS-1/BMO-1.0 降解 TCH 过程中 O_2^-、h^+ 和 $\cdot OH$ 自由基发挥了重要作用。为了进一步验证光催化过程中的活性自由基的种类，以 5,5- 二甲基 -1- 吡咯烷 - N- 氧化物（DMPO）为捕获剂，分别在甲醇和水溶液中测试了 ESR 谱图，如图 12.30 所示。黑暗中，没有观察到 $\cdot OH$ 和 $\cdot O_2^-$ 信号峰。氙灯照射下，检测到 4 个强度比为 1∶2∶2∶1 的 DMPO-$\cdot OH$ 信号峰，并且检测到 DMPO-$\cdot O_2^-$ 信号峰。ESR 谱图证明光降解过程中产生了 $\cdot OH$ 和 $\cdot O_2^-$ 自由基。TS-1 与 BMO 复合形成 TS-1/BMO 异质结抑制了光致活性因子的复合，优化其光氧化还原能力，使其光催化活性和稳定性得到显著提升。

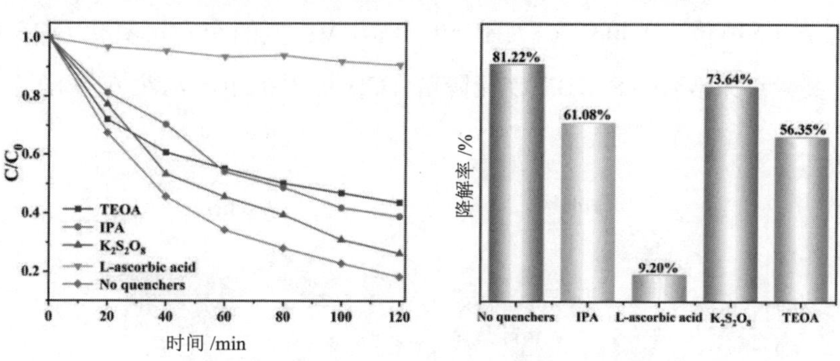

图 12.29 TS-1/BMO-1.0 催化剂的捕获实验

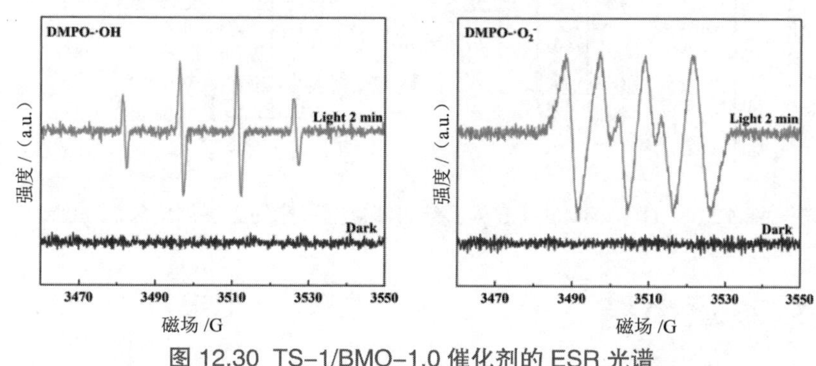

图 12.30 TS-1/BMO-1.0 催化剂的 ESR 光谱

基于 TS-1 和 BMO 的能带结构和自由基捕获实验结果，提出了两种可能存在的电荷转移机制，如图 12.31 所示。图 12.31 左侧图为电子和空穴迁移遵循传统 II 型异质结机制。光照射下，TS-1 和 BMO 均能被激发并在 CB 和 VB 上产生电子和空穴。由于 TS-1 VB 电位高于 BMO VB，TS-1 VB 上的光致空穴转移到 BMO VB 上。BMO CB 电位比 TS-1 更负，BMO CB 上的电子转移到 TS-1 CB 上。然而，由于 BMO VB 电位（1.39eV vs NHE）低于 OH^- /•OH 电位（2.40eV vs. NHE），TS-1 的 CB（0.88eV vs. NHE）低于 $O_2/\cdot O_2^-$ 电位（－0.33eV vs. NHE），因此 BMO VB 上的空穴不能氧化 OH^- 或 H2O 产生活性 •OH 自由基，TS-1 CB 上的电子不能还原 O_2 产生 $\cdot O_2^-$ 自由基。然而，捕获实验和 ESR 光谱显示，$\cdot O_2^-$、h^+ 和 •OH 是光催化过程中的活性物种。因此，TS-1/BMO 体系中的电子和空穴转移不遵循 II 型异质结机制。图 12.31 右侧图电子与空穴迁移遵循 Z 型异质结机制。光照射下，TS-1 CB 上的电子可以转移并与 BMO VB 上的空穴结合。由于 BMO CB 电位（－1.10eV vs NHE）比 $O_2/\cdot O_2^-$ 电位（－0.33eV vs NHE）更负，BMO CB 上的电子可以还原 O_2 生成 $\cdot O_2^-$。TS-1 VB 电位（3.81eV vs NHE）高于 OH^- /•OH 电位（2.40eV vs NHE），TS-1 VB 上的空穴可氧化 OH− 生成活性 •OH。实验结果表明 TS-1/BMO 光降解 TCH 过程中电子与空穴转移遵循 Z 型异质结机制。

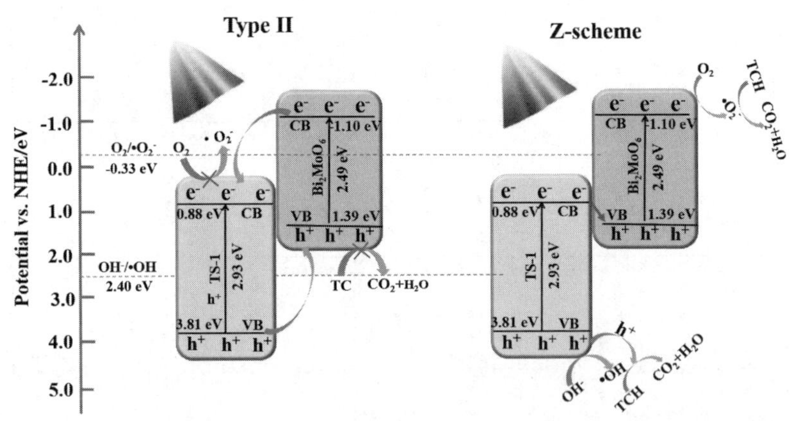

图 12.31 TS-1/BMO-1.0 异质结光催化剂可能的光催化反应机理图

12.4 本章小结

本书通过水热法成功构建了 TS-1/BMO 异质结。首先，通过 SEM、TEM 和

XRD 等表征手段观察催化剂的形貌、结构。其次，利用 UV-vis DRS 光谱确定了催化剂的吸光性能和能带结构。再次，通过降解实验研究了催化剂对 RhB 和 TCH 的降解效率，并利用电化学和 TRPL 测试研究了光生电荷的分离和迁移机制，还利用 HPLC-MS 揭示了 TCH 降解路径。最后，利用捕获实验和 ESR 表征识别了催化体系中产生的活性自由基。得到的主要结论如下：

（1）构建 Z 型 TS-1/BMO 异质结在全光谱照射下对 TCH 和 RhB 的光催化降解效率分别为 85.49%（120min）和 81.03%（60min），优于纯 TS-1 和 BMO 光催化剂。

（2）TS-1/BMO 的光催化活性和良好的光稳定性可归因于异质结的构建形成的有效电荷分离和增强的光吸收能力。

（3）通过能带结构和自由基捕获实验，结果表明 TS-1/BMO 受光激发产生的电子与空穴的转移遵循 Z 型机制。

（4）在 TS-1/BMO 光催化降解 TCH 的过程中，共检测出 11 种转化产物，可推断 TCH 可能的降解途径包括羟基化、环裂解、脱酰胺和去甲基化等。

参考文献

[1] Soflaei F，Shokouhian M，Zhu W.Socio-environmental sustainability in traditional courtyard houses of Iran and China[J]. Renew. Sustain. Energ. Rev.，2017，69： 1147-1169.

[2] Oree V，Hassen S Z S，Fleming P J. Generation expansion planning optimisation with renewable energy integration： a review[J]. Renew. Sustain. Energ. Rev.，2017，69： 790-803.

[3] Chen W，Wu F，Geng W，et al. Carbon emissions in China’ s industrial sectors[J]. Resour. Conserv. Recycl.，2017，117： 264-273.

[4] Sun W，Sun J. Daily PM2.5 concentration prediction based on principal component analysis and LSSVM optimized by cuckoo search algorithm[J]. J. Environ. Manage，2017，188： 144-152.

[5] Huang H，Ouyang W，Wu H，et al. Long-term diffuse phosphorus pollution dynamics under the combined influence of land use and soil property variations[J]. Sci. Total Environ.，2017，579： 1894-1903.

[6] Li Z，Galván M J G，Ravesteijn W，et al. Towards low carbon based economic development：Shanghai as a C40 city[J]. Sci. Total Environ.，2017，576：538-548.

[7] Mi Z-F，Wei Y-M，He C-Q，et al. Regional efforts to mitigate climate change in China： a multi-criteria assessment approach[J]. Mitig. Adapt. Strat. Gl.，2015：1-22.

[8] Chen Y，Lu H，Li J，et al. Regional planning of new-energy systems within multi-period and multi-option contexts： A case study of Fengtai，Beijing，China[J]. Renew. Sustain. Energ. Rev.，2016，65： 356-372.

[9] Fujishima A. Electrochemical photolysis of water at a semiconductor electrode[J]. Nature，1972，238： 37-38.

[10] Zhang L，Shen Q，Zhan R，et al. Oxygen-vacancy-mediated photocatalytic degradation of tetracycline under weak visible-light irradiation over hierarchical Bi_2MoO_6@ Bi_2O_3 core-shell fibers[J]. Catalysis Science & Technology，2022，12(5)： 1685-1696.

[11] Huang B，Fu X，Wang K，et al. Chemically bonded $BiVO_4$/$Bi_{19}C_{13}S_{27}$ heterojunction with fast hole extraction dynamics for continuous CO_2 photoreduction[J]. Advanced Powder Materials，2024，3(1)： 100140.

[12] Yu B，Wu Y，Meng F，et al. Formation of hierarchical Bi_2MoO_6/ln_2S_3 S-scheme

heterojunction with rich oxygen vacancies for boosting photocatalytic CO_2 reduction. Chemical Engineering Journal，2022，429： 132456.

[13] Gogoi D，Shah A K，Rambabu P，et al. Step-Scheme Heterojunction between CdS Nanowires and Facet-Selective Assembly of MnO_x-$BiVO_4$ for an Efficient Visible-Light-Driven Overall Water Splitting[J]. ACS Applied Materials & Interfaces，2021，13(38)： 45475-45487.

[14] Zhao Z，Cheng D，Chen F，et al. Hierarchical porous TS-1/Pd/CdS catalysts for enhanced photocatalytic hydrogeneVolution[J]. International Journal of Hydrogen Energy，2020，45(58)： 33532-33542.

[15] Gao C，Xie Y，Chen Y，et al. Construction of $ZnIn_2S_4$/Bi_2MoO_6 heterojunction enhancement photocatalytic hydrogen evolution performance under visible light[J]. International Journal of Hydrogen Energy，2024，52： 90-99.

[16] Tao X，Zhou H，Zhang C，et al. Triclinic-Phase Bismuth Chromate： A Promising Candidate for Photocatalytic Water Splitting with Broad Spectrum Ranges[J]. Advanced Materials，2023，35： 2211182.

[17] Lan G-L，Yuan Z-K，Maddock J E，et al. Public perception of air pollution and health effects in Nanchang，China[J]. Air Quality，Atmosphere & Health，2016，9(8)： 951-959.

[18] Singh D，Kumar A，Kumar K，et al. Statistical modeling of O_3，NO_x，CO，PM2.5，VOCs and noise levels in commercial complex and associated health risk assessment in an academic institution[J]. Sci. Total Environ.，2016，572： 586-594.

[19] Hamilton P B，Cowx I G，Oleksiak M F，et al. Population-level consequences for wild fish exposed to sublethal concentrations of chemicals-a critical review[J]. Fish Fish.，2015，17(3)： 545-566.

[20] Barakat M. New trends in removing heavy metals from industrial wastewater[J]. Arabian J. Chem.，2011，4(4)： 361-377.

[21] Gutierrez A M，Dziubla T D，Hilt J Z. Recent advances on iron oxide magnetic nanoparticles as sorbents of organic pollutants in water and wastewater treatment[J]. Rev. Environ. Health，2017，32(2)： 111-117.

[22] Lv W，Kong L，Lan S，et al. Enhancement effect in the piezoelectric degradation of organic pollutants by piezo-Fenton process[J]. J. Chem. Technol. Biotechnol.，2017，92(1)： 152-156.

[23] Yi Q，Zhang Y，Gao Y，et al. Anaerobic treatment of antibiotic production wastewater pretreated with enhanced hydrolysis： Simultaneous reduction of COD and ARGs[J]. Water Res.，2017，110： 211-217.

[24] Koschorreck K，Wahrendorff F，Biemann S，et al. Cell thermolysis-A simple and fast approach for isolation of bacterial laccases with potential to decolorize industrial dyes[J]. Process Biochem.，2017，5(4)：341-343.

[25] Zeng Q，Hao T，Robert M H，et al. Alkaline textile wastewater biotreatment： A sulfate-reducing granular sludge based lab-scale study [J]. J. Hazard. Mater.，2017，2(4)：241-245.

[26] Sewu D D, Boakye P, Woo S H. Highly efficient adsorption of cationic dye by biochar produced with Korean cabbage waste[J]. Bioresour. Technol., 2017, 224: 206-213.

[27] Rajoriya S, Bargole S, Saharan V K. Degradation of a cationic dye (Rhodamine 6G) using hydrodynamic cavitation coupled with other oxidative agents: Reaction mechanism and pathway[J]. Ultrason. Sonochem., 2017, 34: 183-194.

[28] Khan M, Lo I M. Removal of ionizable aromatic pollutants from contaminated water using nano γ-Fe_2O_3 based magnetic cationic hydrogel: Sorptive performance, magnetic separation and reusability[J]. J. Hazard. Mater., 2017, 322: 195-204.

[29] Ghosh A, Dastidar M G, Sreekrishnan T. Bioremediation of chromium complex dyes and treatment of sludge generated during the process[J]. Int. Biodeterior. Biodegrad., 2017, 119: 448-460.

[30] Sakamoto M, Kakita A, Domingo J L, et al. Stable and episodic/bolus patterns of methylmercury exposure on mercury accumulation and histopathologic alterations in the nervous system[J]. Environ. Res., 2017, 152: 446-453.

[31] Huang X, Zheng J, Liu C, et al. Performance and bacterial community dynamics of vertical flow constructed wetlands during the treatment of antibiotics-enriched swine wastewater[J]. Chem. Eng. J., 2017, 316: 727-735.

[32] Silber J, Kramer A, Labes A, et al. From Discovery to Production: Biotechnology of Marine Fungi for the Production of New Antibiotics[J]. Mar. Drugs, 2016, 14(7): 137-157.

[33] Liu F, Myers A G. Development of a platform for the discovery and practical synthesis of new tetracycline antibiotics[J]. Curr. Opin. Chem. Biol., 2016, 32: 48-57.

[34] Ben W, Wang J, Pan X, et al. Dissemination of antibiotic resistance genes and their potential removal by on-farm treatment processes in nine swine feedlots in Shandong Province, China[J]. Chemosphere, 2017, 167: 262-268.

[35] Zeng L, Hu D, Choonara I, et al. A prospective study of the use of antibiotics in the Emergency Department of a Chinese University Hospital[J]. Int. J. Pharma. Pract., 2017, 25(1): 89-92.

[36] Marcelino R, Andrade L, Starling M, et al.eValuation of aerobic and anaerobic biodegradability and toxicity assessment of real pharmaceutical wastewater from industrial production of antibiotics[J].Braz.J. Chem. Eng., 2016, 33(3): 445-452.

[37] Napoleone E, Lavalle A, Scasserra C, et al. Active Surveillance on the Use of Antibiotics in Children, Particularly in the Age Group from 0 to 2 Years[J]. J. Pharmacovigil, 2016, 4(8): 2-10.

[38] Ronquillo M G, Hernandez J C A. Antibiotic and synthetic growth promoters in animal diets: Review of impact and analytical methods[J]. Food Control, 2017, 72: 255-267.

[39] Ben W, Wang J, Cao R, et al. Distribution of antibiotic resistance in the effluents of ten municipal wastewater treatment plants in China and the effect of treatment processes[J]. Chemosphere, 2017, 172: 392-398.

[40] Liu X，Zhang H，Li L，et al. Levels，distributions and sources of veterinary antibiotics in the sediments of the Bohai Sea in China and surrounding estuaries[J]. Marine Pollution Bulletin.，2016，109(1)：597-602.

[41] Ghorbani B，Ghorbani M，Abedi M，et al. Effect of antibiotics overuse in animal food and its link with public health risk[J]. Sci. Total Environ.，2016，2(1)：46-50.

[42] Neyestani M，Dickenson E，Mclain J，et al. Occurrence and proliferation of antibiotics and antibiotic resistance during wastewater treatment[J]. Proc. Water Environ. Federation，2016，(7)：3856-3865.

[43] Bello M M，Raman A A，Purushothaman M. Applications of fluidized bed reactors in wastewater treatment-A review of the major design and operational parameters [J]. J. Cleaner Prod.，2017，141：1492-1514.

[44] Liu Z-H，Kanjo Y，Mizutani S. Removal mechanisms for endocrine disrupting compounds (EDCs) in wastewater treatment-physical means，biodegradation，and chemical advanced oxidation：a review[J].Sci. Total Environ.，2009，407(2)：731-748.

[45] Malik S N，Ghosh P C，Vaidya A N，et al. Comparison of coagulation，ozone and ferrate treatment processes for color，COD and toxicity removal from complex textile wastewater[J]. Water Sci Technol，2017，40(2)：25-37.

[46] Bhatnagar A，Minocha A. Conventional and non-conventional adsorbents for removal of pollutants from water:a review[J]，Journal of Chemical Technology，2006，13(3)：203-217.

[47] Mohan D，Pittman C U. Arsenic removal from water/wastewater using adsorbents-a critical review[J]. J. Hazard. Mater.，2007，142(1)：1-53.

[48] Murcia J，vila-Martínez E，Rojas H，et al. Study of the E. coli elimination from urban wastewater over photocatalysts based on metallized TiO_2[J]. Appl. Catal. B，2017，200：469-476.

[49] Zhao W，He X，Peng Y，et al. Preparation of mesoporous TiO_2 with enhanced photocatalytic activity towards tannery wastewater degradation[J]. Water Sci. Technol.，2017，12(15)：8-10.

[50] Watkinson A，Murby E，Costanzo S. Removal of antibiotics in conventional and advanced wastewater treatment：implications for environmental discharge and wastewater recycling[J]. Water Res.，2007，41(18)：4164-4176.

[51] Zheng J，Su C，Zhou J，et al. Effects and mechanisms of ultraviolet，chlorination，and ozone disinfection on antibiotic resistance genes in secondary effluents of municipal wastewater treatment plants[J]. Chem. Eng. J.，2017，317：309-316.

[52] Guo X，Yan Z，Zhang Y，et al. Removal mechanisms for extremely high-level fluoroquinolone antibiotics in pharmaceutical wastewater treatment plants[J]. Environ. Sci. Pollut. Res.，2017，5(12)：1-9.

[53] Nguyen T-T，Bui X-T，Luu V-P，et al. Removal of antibiotics in sponge membrane bioreactors treating hospital wastewater：Comparison between hollow fiber and flat sheet

membrane systems[J]. Bioresour. Technol，2017，2：118.

[54] Elmolla E S，Chaudhuri M. Combined photo-Fenton–SBR process for antibiotic wastewater treatment[J]. J. Hazard. Mater.，2011，192(3)：1418-1426.

[55] Bhanvase B，Shende T，Sonawane S. A review on grapheme-TiO_2 and doped grapheme-TiO_2 nanocomposite photocatalyst for water and wastewater treatment [J]. Environmental Technology Reviews，2017，6(1)：1-14.

[56] 韩世同，习海玲，史瑞雪，等 . 半导体光催化研究进展与展望 [J]. 环境科学，2003，16(5)：339-349.

[57] Gupta V，Carrott P，Ribeiro Carrott M，et al. Low-cost adsorbents：growing approach to wastewater treatment：a review[J]. Critical Reviews in Environmental Science and Technology，2009，39(10)：783-842.

[58] Zhang W，Zou L，Wang L. Photocatalytic TiO_2/adsorbent nanocomposites prepared via wet chemical impregnation for wastewater treatment：a review[J]. Appl. Catal. A，2009，371(1)：1-9.

[59] 时桂杰 . 光催化氧化处理水中污染物的研究现状及发展趋向 [J]. 环境科学与技术，1998，(3)：1-4.

[60] Devi T B，Ahmaruzzaman M. Bio-inspired facile and green fabrication of Au@ Ag@ AgCl core-double shells nanoparticles and their potential applications for elimination of toxic emerging pollutants：A green and efficient approach for wastewater treatment[J]. Chem. Eng. J.，2017，317：726-741.

[61] Hua M，Yang B，Shan C，et al. Simultaneous removal of As (V) and Cr (VI) from water by macroporous anion exchanger supported nanoscale hydrous ferric oxide composite[J]. Chemosphere，2017，171：126-133.

[62] Peiter A，Fiuza T E，De Matos R，et al. System development for concomitant degradation of pesticides and power generation[J]. Water Air Soil Pollut，2017，228(3)：114.

[63] Venieri D，Mantzavinos D. Disinfection of waters/wastewaters by solar photocatalysis[J]. Advances in Photocatalytic Disinfection：Springer，2017，10(5)：177-198.

[64] Reddy P V L，Kavitha B，Reddy P A K，et al. TiO_2-based photocatalytic disinfection of microbes in aqueous media：a review[J]. Environ Res，2017，154：296-303.

[65] Periyat P，Naufal B，Ullattil S G. A review on high temperature stable anatase TiO_2 Photocatalysts[C]. Mater Sci Forum，2016，35(12)：78-93.

[66] 席北斗，刘鸿亮 . 半导体光催化剂研究 [J]. 环境科学，2001，48(2)：144-147.

[67] Tan L-L，Ong W-J，Chai S-P，et al. Photocatalytic reduction of CO_2 with H_2O over graphene oxide-supported oxygen-rich TiO_2 hybrid photocatalyst under visible light irradiation：Process and kinetic studies[J]. Chem. Eng. J.，2017，308：248-255.

[68] Schneider J，Matsuoka M，Takeuchi M，et al. Understanding TiO_2 photocatalysis：mechanisms and materials[J]. Chem. Rev.，2014，114(19)：9919-9986.

[69] Mills A，Davies R H，Worsley D. Water purification by semiconductor photocatalysis [J].

Chem. Soc. Rev., 1993, 22(6): 417-425.

[70] Mills A, Le Hunte S. An overview of semiconductor photocatalysis[J]. J. Photoch. Photobio. A, 1997, 108(1): 1-35.

[71] Prabakaran, E, Kriveshini P. Synthesis of N-doped ZnO nanoparticles with cabbage morphology as a catalyst for the efficient photocatalytic degradation of methylene blue under UV and visible light[J]. RSC advances, 2019, 9(13): 7509-7535.

[72] Binto R, Correa O, Pillis M. Photocatalytic activity of undoped and sulfur-doped TiO_2 films grown by MOCVD for water treatment under visible light[J]. Journal of the European Ceramic Society, 2019, 39(12): 3498-3504.

[73] Tie L, Sun R, Jiang H, et al. Facile fabrication of N-doped ZnS nanomaterials for effcient photocatalytic performance of organic pollutant removal and H_2 production[J]. Journal of Alloys and Compounds, 2019, 807: 151670.

[74] Chiang T, Viswanath G, Chen Y-S. Effects of RhCrOx cocatalyst loaded on different metal doped $LaFeO_3$ perovskites with photocatalytic hydrogen performance under visible light irradiation[J]. Catalysts, 2021, 11(5): 612.

[75] Vaiano V, Iervolino G. Photocatalytic hydrogen production from glycerol aqueous solution using cu-doped ZnO under visible light irradiation[J]. Applied Sciences, 2019, 9(13): 2741.

[76] Sumadevi K, Krishnamurthy G, Walmik P, et al. Photocatalytic degradation of Eriochrome black-T andeVan's blue dyes under the visible light using PVA capped and uncapped Ag doped ZnS nanoparticles[J]. Emergent Materials, 2021, 4(2): 447.

[77] Li H, Zhou Y, Tu W, et al. State-of-the-art progress in diverse heterostructured photocatalysts toward promoting photocatalytic performance[J]. Adv. Funct. Mater., 2015, 25(7): 998-1013.

[78] Marschall R. Semiconductor composites: strategies for enhancing charge carrier separation to improve photocatalytic activity[J]. Adv. Funct. Mater., 2014, 24(17): 2421-2440.

[79] Bai Y, Ye L, Wang L, et al. g-C_3N_4/$Bi_4O_5I_2$ heterojunction with I^{3-}/I^- redox mediator for enhanced photocatalytic CO_2 conversion[J]. Appl. Catal. B, 2016, 194: 98-104.

[80] Martin D J, Reardon P J T, Moniz S J, et al. Visible light-driven pure water splitting by a nature-inspired organic semiconductor-based system[J]. Journal of the American Chemical Society, 2014, 136(36): 12568-12571.

[81] Zhou F Q, Fan J C, Xu Q J, et al. $BiVO_4$ nanowires decorated with CdS nanoparticles as Z-scheme photocatalyst with enhanced H_2 generation[J]. Appl. Catal. B, 2017, 201: 77-83.

[82] Tan P, Chen X, Wu L, et al.Hierarchical flower-like $SnSe_2$ supported Ag_3PO_4 nanoparticles: Towards visible light driven photocatalyst with enhanced performance[J]. Appl. Catal. B, 2017, 202: 326-334.

[83] Zhao X, Yu J, Cui H, et al. Preparation of direct Z-scheme $Bi_2Sn_2O_7$/g-C_3N_4 composite with enhanced photocatalytic performance[J]. J. Photoch. Photobio. A, 2017, 335: 130-139.

[84] Tada H, Mitsui T, Kiyonaga T, et al. All-solid-state Z-scheme in CdS-Au-TiO_2 three-

component nanojunction system[J]. Nat. Mater., 2006, 5(10): 782-786.

[85] Wang Q, Hisatomi T, Suzuki Y, et al. Particulate photocatalyst sheets based on carbon conductor layer for efficient Z-scheme pure-water splitting at ambient pressure[J]. J. Am. Chem. Soc., 2017, 139(4): 1675-1683.

[86] Zhu R, Tian F, Cao G, et al. Construction of Z scheme system of $ZnIn_2S_4$/RGO/$BiVO_4$ and its performance for hydrogen generation under visible light[J]. Int. J. Hydrogen Energ., 2017, 19(5): 575-600.

[87] Ma D, Wu J, Gao M, et al. Fabrication of Z-scheme g-C_3N_4/RGO/Bi_2WO_6 photocatalyst with enhanced visible-light photocatalytic activity[J]. Chem. Eng. J., 2016, 290: 136-146.

[88] Shi Q, Zhao W, Xie L, et al. Enhanced visible-light driven photocatalytic mineralization of indoor toluene via a $BiVO_4$/reduced graphene oxide/Bi_2O_3 all-solid-state Z-scheme system[J]. J. Alloy. Compd., 2016, 662: 108-117.

[89] Wang Q, Hisatomi T, Jia Q, et al. Scalable water splitting on particulate photocatalyst sheets with a solar-to-hydrogen energy conversion efficiency exceeding 1%[J]. Nat. Mater., 2016, 15(6): 611-615.

[90] Zhang L-S, Wong K-H, Yip H-Y, et al. Effective photocatalytic disinfection of E. coli K-12 using AgBr-Ag-Bi_2WO_6 nanojunction system irradiated by visible light: the role of diffusing hydroxyl radicals[J]. Environ Sci Technol, 2010, 44(4): 1392-1398.

[91] Tao L, Wang J, Luo Z, et al. Fabrication of an S-scheme heterojunction photocatalyst MoS_2/PANI with greatly enhanced photocatalytic performance[J]. Langmuir, 2023, 39(32): 11426-11438.

[92] Liu Z, Xu J, Xiang C, et al. S-scheme heterojunction based on ZnS/$CoMoO_4$ ball-and-rod composite photocatalyst to promote photocatalytic hydrogen production[J]. Applied Surface Science, 2021, 569: 150973.

[93] 张琪，孙丽霞，孙建华，等. Z 型异质结 CdS/ZnO 薄膜的光催化性能 [J]. 广西大学学报（自然科学版），2023，48(02): 414-424.

[94] Wang H, Zhang L, Chen Z, et al. Semiconductor heterojunction photocatalysts: design, construction, and photocatalytic performances[J]. Chem. Soc. Rev., 2014, 43(15): 5234-5244.

[95] Yu J, Wang W, Cheng B. Synthesis and enhanced photocatalytic activity of a hierarchical porous flowerlike p-n junction NiO/TiO_2 photocatalyst[J]. Chemistry-An Asian Journal, 2010, 5(12): 2499-2506.

[96] Cao J, Li X, Lin H, et al. In situ preparation of novel p-n junction photocatalyst BiOI/$(BiO)_2CO_3$ with enhanced visible light photocatalytic activity[J]. J. Hazard. Mater., 2012, 239: 316-324.

[97] Ao Y H, Wang K D, Wang P F, et al. Synthesis of novel 2D-2D p-n heterojunction BiOBr/$La_2Ti_2O_7$ composite photocatalyst with enhanced photocatalytic performance under both UV and visible light irradiation[J]. Appl. Catal. B, 2016, 194: 157-168.

[98] Guo Y，Li J，Gao Z，et al. A simple and effective method for fabricating novel p-n heterojunction photocatalyst g-C_3N_4/$Bi_4Ti_3O_{12}$ and its photocatalytic performances [J]. Appl. Catal. B，2016，192：57-71.

[99] Liu J，Wu W，Tian Q，et al. Anchoring of $Ag_6Si_2O_7$ nanoparticles on α-Fe_2O_3 short nanotubes as a Z-scheme photocatalyst for improving their photocatalytic performances[J]. Dalton Trans.，2016，45(32)：12745-12755.

[100] Liu Y，Li G，Mi R，et al. An environment-benign method for the synthesis of p-NiO/n-ZnO heterostructure with excellent performance for gas sensing and photocatalysis[J]. Sens. Actuators. B，2014，191：537-544.

[101] Dong C，Xiao X，Chen G，et al. Synthesis and photocatalytic degradation of methylene blue over p-n junction Co_3O_4/ZnO core/shell nanorods[J]. Mater. Chem. Phys.，2015，155：1-8.

[102] Guan M-L，Ma D-K，Hu S-W，et al. From hollow olive-shaped $BiVO_4$ to n-p core-shell $BiVO_4$@Bi_2O_3 Microspheres：controlled synthesis and enhanced visible-light-responsive photocatalytic properties[J]. Inorg. Chem.，2010，50(3)：800-805.

[103] Xu M，Han L，Dong S. Facile fabrication of highly efficient g-C_3N_4/Ag_2O heterostructured photocatalysts with enhanced visible-light photocatalytic activity[J]. ACS Appl. Mater. Interfaces，2013，5(23)：12533-12540.

[104] Hu C-C，Nian J-N，Teng H. Electrodeposited p-type Cu_2O as photocatalyst for H_2 evolution from water reduction in the presence of WO_3[J]. Sol. Energ. Mater. Sol. Cells，2008，92(9)：1071-1076.

[105] Kezzim A，Nasrallah N，Abdi A，et al. Visible light induced hydrogen on the novel hetero-system $CuFe_2O_4$/TiO_2[J]. Energy Conversion and Managent，2011，52(8)：2800-2806.

[106] Zhang J，Zhu Z，Feng X. Construction of two-dimensional MoS_2/CdS p-n nanohybrids for highly efficient photocatalytic hydrogeneVolution[J]. Chem. Eur. J.，2014，20(34)：10632-10635.

[107] Wang X，Xu Q，Li M，et al. Photocatalytic overall water splitting promoted by an α-β phase junction on Ga_2O_3[J]. Angew. Chem. Int. Ed.，2012，51(52)：13089-13092.

[108] Zhang J，Xu Q，Feng Z，et al. Importance of the relationship between surface phases and photocatalytic activity of TiO_2[J]. Angew. Chem. Int. Ed.，2008，47(9)：1766-1769.

[109] Li P，Zhou Y，Zhao Z，et al. Hexahedron prism-anchored octahedronal CeO_2：crystal facet-based homojunction promoting efficient solar fuel synthesis[J]. J. Am. Chem. Soc.，2015，137(30)：9547-9550.

[110] Cui Z，Zeng D，Tang T，et al. Enhanced visible light photocatalytic activity of QDS modified Bi_2WO_6 nanostructures[J]. Catal. Commun.，2010，11(13)：1054-1057.

[111] Lin Y，Xu Y，Mayer M T，et al. Growth of p-type hematite by atomic layer deposition and its utilization for improved solar water splitting[J]. J. Am. Chem. Soc.，2012，134(12)：5508-5511.

[112] Sun Y，Wang W，Zhang L，et al. Design and controllable synthesis of α-/γ-Bi_2O_3

homojunction with synergetic effect on photocatalytic activity [J]. Chem. Eng. J., 2012, 211: 161-167.

[113] Weng S, Fang Z, Wang Z, et al. Construction of teethlike homojunction BiOCl nanosheets by selective etching and its high photocatalytic activity[J]. ACS Appl. Mater. Interfaces, 2014, 6(21): 18423-18428.

[114] Abdi F F, Han L, Smets A H, et al. Efficient solar water splitting by enhanced charge separation in a bismuth vanadate-silicon tandem photoelectrode[J]. Nat. Commun., 2013, 4: 2195-2201.

[115] Liu G, Zhao G, Zhou W, et al. In situ bond modulation of graphitic carbon nitride to construct p-n homojunctions for enhanced photocatalytic hydrogen production[J]. Adv. Funct. Mater., 2016, 26(37): 6822-6829.

[116] Yu L, Xiong L, Yu Y. Cu_2O homojunction solar cells: F-doped N-type thin film and highly improved efficiency[J]. J. Phys. Chem. C, 2015, 119(40): 22803-22811.

[117] Varkey K, Vijayakumar K, Yoshida T, et al. Spray pyrolised thin film CdS homojunction solar cell with improved performance[J]. Renew. Energ., 1999, 18(4): 465-472.

[118] Kong Y, Sun H, Zhao X, et al. Fabrication of hexagonal/cubic tungsten oxide homojunction with improved photocatalytic activity[J]. Appl. Catal.A, 2015, 505: 447-455.

[119] Zhang P, Wang T, Gong J. Mechanistic understanding of the plasmonic enhancement for solar water splitting[J]. Adv. Mater., 2015, 27(36): 5328-5342.

[120] Tanaka A, Hashimoto K, Kominami H.Visible-light-induced hydrogen and oxygen formation over Pt/Au/WO_3 photocatalyst utilizing two types of photoabsorption due to surface plasmon resonance and band-gap excitation[J]. J. Am. Chem. Soc., 2014, 136(2): 586-589.

[121] Hao C H, Guo X N, Pan Y T, et al. Visible-light-driven selective photocatalytic hydrogenation of cinnamaldehyde over Au/SiC catalysts[J]. J. Am. Chem. Soc., 2016, 138(30): 9361-9364.

[122] Gao G, Jiao Y, Waclawik E R, et al. Single Atom (Pd/Pt) Supported on graphitic carbon nitride as an efficient photocatalyst for visible-light reduction of carbon dioxide[J]. J. Am. Chem. Soc., 2016, 138(19): 6292-6297.

[123] Trinh N B, Nguyen T A, Vu S V, et al. In Park and Khuong Quoc VoModified hydrothermal method for synthesizing titanium dioxide-decorated multiwalled carbon nanotube nanocomposites for the solar-driven photocatalytic degradation of dyes[J], RSC Adv., 2024, 14: 34037-34050.

[124] Cao S, Yu J. Carbon-based H_2-production photocatalytic materials[J]. J. Photoch. Photobio. C, 2016, 27: 72-99.

[125] Torimoto T, Okawa Y, Takeda N, et al. Effect of activated carbon content in TiO_2-loaded activated carbon on photodegradation behaviors of dichloromethane[J]. J. Photoch. Photobio. A, 1997, 103(2): 153-157.

[126] Liu J, Liu Y, Liu N, et al. Metal-free efficient photocatalyst for stable visible water splitting

via a two-electron pathway[J]. Science，2015，347(6225)：970-974.

[127] Chen P，Wang F，Chen Z-F，et al. Study on the photocatalytic mechanism and detoxicity of gemfibrozil by a sunlight-driven TiO_2/carbon dots photocatalyst：The significant roles of reactive oxygen species[J]. Appl. Catal. B，2017，204：250-259.

[128] Liu S，Ke J，Sun H，et al. Size dependence of uniformed carbon spheres in promoting graphitic carbon nitride toward enhanced photocatalysis[J]. Appl. Catal. B，2017，204：358-364.

[129] Young A F，Kim P. Electronic transport in graphene heterostructures[J]. Annu. Rev. Condens. Matter Phys.，2011，2(1)：101-120.

[130] Li X，Yu J，Wageh S，et al. Graphene in photocatalysis：a review[J]. Small，2016，12：6640-6696.

[131] Upadhyay R K，Soin N，Roy S S. Role of graphene/metal oxide composites as photocatalysts，adsorbents and disinfectants in water treatment：a review [J]. RSC Adv.，2014，4(8)：3823-3851.

[132] Liu T，Liu B，Yang L，et al. RGO/Ag_2S/TiO_2 ternary heterojunctions with highly enhanced UV-NIR photocatalytic activity and stability[J]. Appl. Catal. B，2017，204：593-601.

[133] Zhang C，Chen G，Li C，et al. In situ fabrication of Bi_2WO_6/MoS_2/RGO heterojunction with nanosized interfacial contact via confined space effect toward enhanced photocatalytic properties[J]. ACS Sustain. Chem. Eng.，2016，4(11)：5936-5942.

[134] Pirhashemi M，Habibi-Yangjeh A. Ultrasonic-assisted preparation of novel ternary ZnO/Ag_3VO_4/Ag_2CrO_4 nanocomposites and their enhanced visible-light activities in degradation of different pollutants[J]. Solid State Sci.，2016，55：58-68.

[135] Zhang Z，Liu K，Bao Y，et al. Photo-assisted self-optimizing of charge-carriers transport channel in the recrystallized multi-heterojunction nanofibers for highly efficient photocatalytic H_2 generation[J]. Appl. Catal. B，2017，203：599-606.

[136] Hou W，Cronin S B. A review of surface plasmon resonance-enhanced photocatalysis[J]. Adv. Funct. Mater.，2013，23(13)：1612-1619.

[137] Linic S，Christopher P，Ingram D B. Plasmonic-metal nanostructures for efficient conversion of solar to chemical energy[J]. Nat. Mater.，2011，10(12)：911-921.

[138] Wang P，Huang B，Dai Y，et al. Plasmonic photocatalysts：Harvesting visible light with noble metal nanoparticles[J]. PCCP，2012，14(28)：9813-9825.

[139] Han T，Chen Y，Tian G，et al. Hydrogenated TiO_2/$SrTiO_3$ porous microspheres with tunable band structure for solar-light photocatalytic H_2 and O_2 evolution[J]. Sci. China Mater.，2016，59(12)：1003-1016.

[140] Zhang G，Sun S，Jiang W，et al. A novel perovskite $SrTiO_3$-Ba_2FeNbO_6 solid solution for visible light photocatalytic hydrogen production[J]. Adv. Energy Mater.，2017，7(2)：1-7.

[141] Yamakata A，Kawaguchi M，Murachi R，et al. Dynamics of photogenerated charge carriers on Ni-and Ta-doped $SrTiO_3$ photocatalysts studied by time-resolved absorption and emission

spectroscopy[J]. J. Phys. Chem. C，2016，120(15)：7997-8004.

[142] Lu D，Ouyang S，Xu H，et al. Designing Au surface-modified nanoporous-single-crystalline $SrTiO_3$ to optimize diffusion of surface plasmon resonance-induce photoelectron toward enhanced visible-light photoactivity[J]. ACS Appl. Mater. Interfaces，2016，8(14)：9506-9513.

[143] Zhang Q，Huang Y，Xu L，et al. Visible-light-active plasmonic Ag-$SrTiO_3$ nanocomposites for the degradation of NO in air with high selectivity[J]. ACS Appl. Mater. Interfaces，2016，8(6)：4165-4174.

[144] Zhang G，Liu G，Wang L，et al. Inorganic perovskite photocatalysts for solar energy utilization[J]. Chem. Soc. Rev.，2016，45(21)：5951-5984.

[145] Shi H，Li Z，Ye J，et al. 2-propanol photodegradation over molybdates：Effects of chemical compositions and electronic structures[J]. J Phys D：Appl Phys，2010，43(8)：85402.

[146] Zhang L，Dai J-S，Lian L，et al. Microwave-assisted hydrothermal synthesis，optical and electrochemical properties of $AgBi(MoO_4)_2$ nanospheres[J]. Funct. Mater. Lett.，2013，6(2)：1350017.

[147] Qiao R，Mao M，Hu E，et al. Facile formation of mesoporous $BiVO_4$/Ag/AgCl heterostructured microspheres with enhanced visible-light photoactivity[J]. Inorg. Chem.，2015，54(18)：9033-9039.

[148] Lou S，Jia X，Wang Y，et al. Template-assisted in-situ synthesis of porous AgBr/Ag composite microspheres as highly efficient visible-light photocatalyst[J]. Appl. Catal. B，2015，176：586-593.

[149] Liu J，Li R，Hu Y，et al. Harnessing Ag nanofilm as an electrons transfer mediator for enhanced visible light photocatalytic performance of Ag@AgCl/Ag nanofilm/ZIF-8 photocatalyst[J]. Appl. Catal. B，2017，202：64-71.

[150] Granbohm H，Singh V K，Ge Y，et al. Effect of graphene oxide loading in GO/SiO_2/Ag/AgCl photocatalyst[J]. Int. J. Nanotechnol.，2017，14(1-6)：87-99.

[151] Purbia R，Paria S. An Au/AgBr-Ag heterostructure plasmonic photocatalyst with enhanced catalytic activity under visible light[J]. Dalton Trans.，2017，46(3)：890-898.

[151] Wen X-J，Niu C-G，Zhang L，et al. In-situ synthesis of visible-light-driven plasmonic Ag/AgCl-$CdWO_4$ photocatalyst[J]. Ceram. Int.，2017，43(2)：1922-1929.

[152] Kato H，Matsudo N，Kudo A. Photophysical and photocatalytic properties of molybdates and tungstates with a scheelite structure[J]. Chem. Lett.，2004，33(9)：1216-1217.

[153] Huang H，Li X，Wang J，et al. Anionic group self-doping as a promising strategy：Band-gap engineering and multi-functional applications of high-performance CO_3^{2-}-doped $Bi_2O_2CO_3$[J]. ACS Catal.，2015，5(7)：4094-4103.

[154] Wu Z，Wang X，Li Y，et al. Converting water impurity in organic solvent into hydrogen and hydrogen peroxide by organic semiconductor photocatalyst[J]. Applied Catalysis B：

Environmental，2022，305：121047.

[155] Dai Y M，Wu W T，Lin Y Y，et al. Photocatalytic CO_2 Reduction to CH_4 and Dye Degradation Using Bismuth Oxychloride/Bismuth Oxyiodide/Graphitic Carbon Nitride Nanocomposite with Enhanced Visible-Light Photocatalytic Activity[J]. Catalysts，2023，13(3)：522.

[156] Muthuvel I，Gowthami K，Thirunarayanan G，et al. Solar light-driven $CeVO_4/ZnO$ nanoheterojunction for the mineralization of reactive Orange 4[J]. Environmental Science and Pollution Research，2020，27：43262-43273.

[157] Liu H，Zhang Y，Li D，et al. Design and preparation of a $CeVO_4/Zn_{0.5}Cd_{0.5}S$ S-scheme heterojunction for efficient photocatalytic hydrogeneVolution[J]. ACS Applied Energy Materials，2022，5(2)：2474-2483.

[158] Zonarsaghar A，Mousavi-Kamazani M，Zinatloo-Ajabshir S. Co-precipitation synthesis of $CeVO_4$ nanoparticles for electrochemical hydrogen storage[J]. Journal of Materials Science：Materials in Electronics，2022，33(9)：6549-6554.

[159] Ding W，Zhang X，Liu X，et al. Structural phase-transition in $CeVO_4$ nanobelts by P-doping enables better levofloxacin photocatalysis[J]. Journal of Environmental Chemical Engineering，2021，9(5)：105985.

[160] Lu G，Song B，Li Z，et al. Photocatalytic degradation of naphthalene on $CeVO_4$ nanoparticles under visible light[J]. Chemical Engineering Journal，2020，402：125645.

[161] Song J，Wu F，Lu Y，et al. $CeVO_4/CeO_2$ heterostructure-supported Co nanoparticles for photocatalytic H_2 production from ammonia borane under visible light[J]. ACS Applied Nano Materials，2021，4(5)：4800-4809.

[162] Jin Z，Li H，Gong H，et al. Eosin Y-sensitized rose-like MoS_x and $CeVO_4$ construct a direct Z-scheme heterojunction for efficient photocatalytic hydrogeneVolution[J]. Catalysis Science & Technology，2021，11(14)：4749-4762.

[163] Madigasekara I，Perera H，Kumari J，et al. Photoanode modification of dye-sensitized solar cells with $Ag/AgBr/TiO_2$ nanocomposite for enhanced cell efficiency[J]. Solar Energy，2021，230：59-72.

[164] Zhu Y，Han Z，Zhao S，et al. In-situ growth of Ag/AgBr nanoparticles on a metal organic framework with enhanced visible light photocatalytic performance[J]. Materials Science in Semiconductor Processing，2021，133：105973.

[165] Khan A，Raizada P，Singh P，et al. A Z-scheme photocatalysis for phenol eradication from water using peroxymonosulfate activation Ag/AgBr/SCN nanocomposite[J]. Journal of the Taiwan Institute of Chemical Engineers，2023，144：104722.

[166] 黄建舒，苏复，刘志英，等 .$Ag/AgBr/Bi_2MoO_6$ 等离子体光催化剂的制备及其降解罗丹明 B 性能的研究 [J]. 现代化工，2020，40(9)：89-95.

[167] Wang C，Li X，Ren Y，et al. Synergy of Ag and AgBr in a Prcssurized Flow Reactor for Selective Photocatalytic Oxidative Coupling of Methane[J]. ACS Catalysis，2023，13：

3768-3774.

[168] Zhang G C，Zhong J，Xu M，et al. Ternary $BiVO_4$/NiS/Au nanocomposites with efficient charge separations for enhanced visible light photocatalytic performance[J]. Chemical Engineering Journal，2019，375： 122093.

[169] Li S，Hu S，Zhang J，et al. Facile synthesis of Fe_2O_3 nanoparticles anchored on Bi_2MoO_6 microflowers with improved visible light photocatalytic activity[J]. Journal of Colloid and Interface Science，2017，497： 93-101.

[170] Gan W，Zhang J，Niu H，et al. Fabrication of Ag/AgBr/TiO_2 composites with enhanced solar-light photocatalytic properties[J]. Colloids and Surfaces A： Physicochemical and Engineering Aspects，2019，583： 123968.

[171] Chen Y，Pu S，Wang D，et al. Facile synthesis of AgBr@ZIF-8 hybrid photocatalysts for degradation of Rhodamine B[J]. Journal of Solid State Chemistry，2023，321： 123857.

[172] Zhang L，Zhu Y. A review of controllable synthesis and enhancement of performances of bismuth tungstate visible-light-driven photocatalysts[J]. Catal. Sci. Technol.，2012，2(4)： 694-706.

[173] Shekofteh-Gohari M，Habibi-Yangjeh A. Fe_3O_4/ZnO/$CoWO_4$ nanocomposites： Novel magnetically separable visible-light-driven photocatalysts with enhanced activity in degradation of different dye pollutants[J]. Ceram. Int.，2017，43(3)： 3063-3071.

[174] Jothivenkatachalam K，Prabhu S，Nithya A，et al. Solar，visible and UV light photocatalytic activity of $CoWO_4$ for the decolourization of methyl orange[J]. Desalin Water Treat.，2015，54(11)： 3134-3145.

[175] Jia L，Wang D-H，Huang Y-X，et al. Highly durable N-doped graphene/CdS nanocomposites with enhanced photocatalytic hydrogeneVolution from water under visible light irradiation[J]. J. Phys. Chem. C，2011，115(23)： 11466-11473.

[176] Liu Y，Yu Y-X，Zhang W-D.MoS_2/CdS heterojunction with high photoelectrochemical activity for H_2 evolution under visible light： the role of MoS_2[J]. J. Phys. Chem. C，2013，117(25)： 12949-12957.

[177] Li Q，Kako T，Ye J. PbS/CdS nanocrystal-sensitized titanate network films： enhanced photocatalytic activities and super-amphiphilicity[J]. J. Mater. Chem.，2010，20(45)： 10187-10192.

[178] Alborzi A，Abedini A. Synthesis，characterization，and investigation of magnetic and photocatalytic property of cobalt tungstate nanoparticles[J]. J. Mater. Sci.，2016，27(4)： 4057-4061.

[179] Chen F，Yang Q，Li X，et al. Hierarchical assembly of graphene-bridged Ag_3PO_4 /Ag/ $BiVO_4$ (040) Z-scheme photocatalyst： An efficient，sustainable and heterogeneous catalyst with enhanced visible-light photoactivity towards tetracycline degradation under visible light irradiation[J]. Appl. Catal. B，2017，200： 330-342.

[180] Deng Y，Tang L，Zeng G，et al. Facile fabrication of a direct Z-scheme Ag_2CrO_4/g-C_3N_4

photocatalyst with enhanced visible light photocatalytic activity[J]. J.mol. Catal. A: Chem., 2016, 421: 209-221.

[181] Ungelenk J, Speldrich M, Dronskowski R, et al. Polyol-mediated low-temperature synthesis of crystalline tungstate nanoparticles MWO_4 [J]. Solid State Sci., 2014, 31: 62-69.

[182] Dey S, Ricciardo R A, Cuthbert H L, et al. Metal-to-metal charge transfer in AWO_4 compounds with the wolframite structure[J]. Inorg. Chem., 2014, 53(9): 4394-4399.

[183] Wu W, Qin W, He Y, et al. The effect of pH value on the synthesis and photocatalytic performance of $MnWO_4$ nanostructure by hydrothermal method[J]. J. Exp. Nanosci., 2012, 7(4): 390-398.

[184] Chakraborty A K, Ganguli S, Kebede M A. Photocatalytic degradation of 2-propanol and phenol using Au loaded $MnWO_4$ nanorod under visible light irradiation[J]. J. Cluster Sci., 2012, 23(2): 437-448.

[185] Hassan M S, Amna T, Al-Deyab S S, et al. Monodispersed 3D $MnWO_4$-TiO_2 composite nanoflowers photocatalysts for environmental remediation[J]. Curr. Appl. Phys., 2015, 15(6): 753-758.

[186] Zhang L J, Li S, Liu B K, et al. Highly efficient CdS/WO_3 photocatalysts: Z-scheme photocatalytic mechanism for their enhanced photocatalytic H_2 evolution under visible light[J]. ACS Catal., 2014, 4(10): 3724-3729.

[187] Zong X, Wu G, Yan H, et al. Photocatalytic H_2 evolution on MoS_2/CdS catalysts under visible light irradiation[J]. J. Phys. Chem. C, 2010, 114(4): 1963-1968.

[188] Zhang J, Wang Y, Jin J, et al. Efficient visible-light photocatalytic hydrogen evolution and enhanced photostability of core/shell CdS/g-C_3N_4 nanowires[J]. ACS Appl. Mater. Interfaces, 2013, 5(20): 10317-10324.

[189] Sadeghinezhad E, Mehrali M, Saidur R, et al. A comprehensive review on graphene nanofluids: recent research, development and applications[J]. Energ. Convers. Manage., 2016, 111: 466-487.

[190] Nieto A, Bisht A, Lahiri D, et al. Graphene reinforced metal and ceramic matrix composites: a review[J]. Int. Mater. Rev., 2016, 4(12): 1-62.

[191] Lee H C, Liu W-W, Chai S-P, et al. Synthesis of single-layer graphene: A review of recent development[J]. Procedia Chem., 2016, 19: 916-921.

[192] Li M, Zhang J, Gao H, et al. Microsized BiOCl square nanosheets as ultraviolet photodetectors and photocatalysts[J]. ACS Appl. Mater. Interfaces, 2016, 8(10): 6662-6668.

[193] Li B, Zhang Y, Du R, et al. Synthesis of Bi_2S_3-Au Dumbbell Heteronanostructures with Enhanced Photocatalytic and Photoresponse Properties[J]. Langmuir, 2016, 32(44): 11639-11645.

[194] Bhoi Y, Mishra B. Single step combustion synthesis, characterization and photocatalytic application of α-Fe_2O_3-Bi_2S_3 heterojunctions for efficient and selective reduction of

structurally diverse nitroarenes[J]. Chem. Eng. J.，2017，316： 70-81.

[195] Zhang S，Li J，Wang X，et al. In situ ion exchange synthesis of strongly coupled Ag@ $AgCl/g-C_3N_4$ porous nanosheets as plasmonic photocatalyst for highly efficient visible-light photocatalysis[J]. ACS Appl. Mater. Interfaces，2014，6(24)： 22116-22125.

[196] Li H，Sun Y，Cai B，et al. Hierarchically Z-scheme photocatalyst of Ag@ AgCl decorated on $BiVO_4$ with enhancing photoelectrochemical and photocatalytic performance[J]. Appl. Catal. B，2015，170： 206-214.

[197] Liu Y，Liang J，Luo J，et al. Phase diagram of the Bi_2O_3-Cr_2O_3 system[J]. Materials Chemistry and Physics，2008，112(1)： 239-243.

[198] Zou X，Sun B，Wang L，et al. Enhanced photocatalytic degradation of tetracycline by SnS_2/Bi_2MoO_6-x heterojunction： Multi-electric field modulation through oxygen vacancies and Z-scheme charge transfer[J]. Chemical Engineering Journal，2024，482： 148818.

[199] Guo X，Liu C，Hu W，et al. Construction of functional group-grafted OVs $Bi_2O_2CO_3$-BiOI heterojunction photocatalyst for high adsorption and photocatalytic degradation activity[J]. Colloids and Surfaces A： Physicochemical and Engineering Aspects，2024，685： 133333.

[200] Sun X，Liu J，Wang H，et al. In-situ detection technique for charge transfer behavior of direct Z-scheme $BiVO_4$/UiO-66-NH_2 composites during photocatalytic thioanisole conversion[J]. Chemical Engineering Journal，2023，472： 144750.

[201] Cui H，Dong S，Wang K，et al. Synthesis of a novel Type-II In_2S_3/Bi_2MoO_6 heterojunction photocatalyst： Excellent photocatalytic performance and degradation mechanism for Rhodamine B[J]. Separation and Purification Technology，2021，255： 117758.

[202] Wei H，Meng F，Yu W，et al. Highly efficient photocatalytic degradation of levofloxacin by novel S-scheme heterojunction Co_3O_4/Bi_2MoO_6@g-C_3N_4 hollow microspheres： performance，degradation pathway and mechanism[J]. Separation and Purification Technology，2023，318： 123940.

[203] Yang J，Liu S，Liu Y，et al. Review and perspectives on TS-1 catalyzed propylene epoxidation[J]. Iscience，2024，27(3)： 109064.

[204] 徐莉，柯学斌，曾昌凤，等. 干胶转化法合成条件及磷酸处理对 TS-1 分子筛性能的影响 [J]. 分子催化，2008，22(1)： 48-53.

[205] Zhang J，Zhang D，Yang L，et al. Photocatalytic oxidation dibenzothiophene using TS-1[J]. Chemical Engineering Journal，2010，156(3)： 528-531.

[206] Yuan W，Yuan P，Liu D，et al. In situ hydrothermal synthesis of a novel hierarchically porous TS-1/modified-diatomite composite for methylene blue (MB) removal by the synergistic effect of adsorption and photocatalysis[J]. Journal of Colloid and Interface Science，2016，462： 191-199.